JN183808

実時間最適化による制御の実応用

博士(工学)　大塚　敏之　編著

浜松　正典
永塚　　満
工学博士　川邊　武俊
博士(工学)　向井　正和
博士(学術)　M.A.S. Kamal　共著
西羅　　光
工学博士　山北　昌毅
李　　俊黙
博士(工学)　橋本　智昭

コロナ社

まえがき

実時間で非線形最適制御問題を解いて制御入力を決定するフィードバック制御手法は，実現できれば適用範囲がきわめて広いものの，多大な計算量のため，前世紀には不可能とされていた。しかし，今世紀に入ると，コンピュータの急速な発展により実現の可能性が高まり，実時間最適化に特化した数値解法が活発に研究されはじめた。そして，近年，実時間最適化によるフィードバック制御が実問題に適用されつつあり，幅広い分野への波及効果が期待される。

本書は，実時間最適化による制御として特にモデル予測制御（receding horizon 制御）を取り上げ，その問題設定と数値計算アルゴリズム，プログラミングツールを概説し，自動操船システムにおける実用化事例，航空機誘導の飛行実験事例の他，自動車，ロボットなどへの適用事例を解説する。特に，制御目的をどのように最適化問題として定式化するか，計算環境と計算時間，評価関数の調整方法など，実応用におけるポイントに重点を置き，実問題に携わる技術者にとって有用な情報を提供する。さらに，偏微分方程式で記述される熱流体システムへの適用，他の問題設定など，今後の発展の可能性についても解説し，研究者に研究動向の情報を提供する。

本書は，大塚敏之「非線形最適制御入門（システム制御工学シリーズ）」コロナ社 (2011) の発展編と位置づけられるが，ある程度の数学に関する知識（ベクトルと行列，多変数の微積分，常微分方程式）があれば単独で読み進められるよう，最適制御と実時間最適化アルゴリズムについても概説している。各章の担当は以下のとおりである。

1 章，2 章： 大塚 敏之（京都大学）

3 章： 浜松 正典（川崎重工業株式会社）

4 章： 永塚　満（川崎重工業株式会社）

5章：川邊 武俊（九州大学），向井 正和（工学院大学），M.A.S. カマル（株式会社豊田中央研究所）

6章：西羅　光（日産自動車株式会社）

7章：山北 昌毅（東京工業大学），李 俊黙（Hyundai Autron 株式会社）

8章：橋本 智昭（大阪大学）

9章：大塚 敏之（京都大学）

本書で紹介する制御手法は数値計算に大きく依存しており，その性質上，どのような問題でも確実に解けるとは限らない。適用のノウハウについてできる限り述べるよう努めたが，産業応用においては，適用する問題との相性や問題固有の工夫など，いくつかのハードルは避けられないと思われる。とはいえ，一昔前には想像もできなかったほど複雑な問題が現在では実時間で解けるようになりつつあり，今後，実時間最適化の適用範囲はますます拡がっていくと考えられる。本書に記した適用事例が技術者を鼓舞し，実時間最適化に限らず新しい手法への挑戦によって価値を生み出す一助になれば，執筆者一同にとって大きな喜びである。

末筆ながら，本書の実現に関わったすべての方々に感謝の意を表したい。まず，各章で紹介する事例は，各執筆者の学生や同僚をはじめとする関係者の貢献があってこそ実現したものである。特に，2章で紹介する自動コード生成システム（Maple 版）は，サイバネットシステム（株）の石塚真一氏，松永奈美氏，郭 蕾氏によって開発された。編著者の要望を実現してくださったことに深く感謝したい。また，コロナ社には本書の企画実現にご支援をいただいた。京都大学の河野 佑氏と大阪大学の湯野剛史氏には草稿に対して貴重なコメントをいただいた。そして，執筆者各位には，本書の企画に快く賛同しご寄稿いただくとともに，編著者のさまざまなお願いと作業遅れにも寛容に対応していいただいた。ここに記して心からお礼申し上げたい。

2014年11月

編著者しるす

目　　　次

1.　問題設定とアルゴリズム

2.　自動コード生成

3. 自動操船システム

4. 航空機の衝突回避

5. 自動車の省燃費運転

6. 自動車の経路生成

7. 衝突現象を含むロボットの制御

8. 熱流体システムの制御

9. 他の応用と展開

1 問題設定とアルゴリズム

1.1 本章の概要

本書では，**実時間最適化**（real-time optimization）による制御の手法として，**モデル予測制御**（model predictive control，**MPC**）を扱う。モデル予測制御とは，各時刻で有限時間未来までの**最適制御問題**（optimal control problem）を解いて制御入力を決定するフィードバック制御手法であり，最適制御問題を十分速く数値的に解くことさえできれば，さまざまなシステムに対してさまざまな目的や拘束を考慮した制御が行える。モデル予測制御を適切に設計するには最適制御問題の知識が必要であり，モデル予測制御を実現するには最適制御問題をフィードバック制御のサンプリング周期内に解くための数値計算アルゴリズムが必要である。そこで，本章では，まず最初に最適制御の問題設定と最適制御が満たすべき条件を概説する。続いて，モデル予測制御の問題設定を述べ，モデル予測制御を実現するための実時間最適化アルゴリズムについて概説する。

1.2 最適制御問題

最適制御問題とは，ダイナミカルシステムが何らかの意味で最適な応答を達成するよう制御入力（操作量）を決定する問題である。一般に，ダイナミカルシステムは，次のような**状態方程式**（state equation）で表される。

$$\dot{x}(t) = f(x(t), u(t), p(t)) \tag{1.1}$$

ここで，$x(t)$ は状態ベクトルと呼ばれ，システムの振る舞いを表す変数（状態変数）を要素に持つベクトルである。また，$u(t)$ は制御入力ベクトルと呼ばれ，システムに対する制御入力（操作量）を要素に持つベクトルである。さらに，$p(t)$ はシステムに含まれる時変パラメータのベクトルである。システムの応答を最適化するという目的は，しばしば次のような**評価関数**（performance index）を最小化することに帰着される。

$$J = \varphi(x(t_f), p(t_f)) + \int_{t_0}^{t_f} L(x(t), u(t), p(t))dt \tag{1.2}$$

ここで，t_0 は制御を開始する初期時刻，t_f は制御を終了する終端時刻であり，初期時刻から終端時刻までの時間区間を**評価区間**（horizon）という。評価関数におけるスカラー値関数 φ と L を適切に設定することで，さまざまな目的を表現できる。例えば，状態が追従すべき参照軌道を時変パラメータ $p(t)$ に含めれば，軌道追従問題を扱うこともできる。制御にあたっては，システムの初期状態 $x(t_0)$ が与えられている場合や，終端時刻において到達すべき終端状態 $x(t_f)$ が与えられている場合などがある。より一般には，初期時刻において成り立つべき初期条件 $\chi(x(t_0), p(t_0)) = 0$ や終端時刻において成り立つべき終端条件 $\psi(x(t_f), p(t_f)) = 0$ が課される場合もある。

状態方程式に加えて，制御を行うすべての時刻において守らなければならない条件が，**拘束条件**（constraint）として

$$C(x(t), u(t), p(t)) = 0 \quad (t_0 \leqq t \leqq t_f) \tag{1.3}$$

と与えられることもある。ここで，C は，0 に拘束されるべき関数を要素に持つベクトルである。なお，拘束条件が等式ではなく不等式 $C(x(t), u(t), p(t)) \leqq 0$（$C$ はスカラー）の場合は，仮想的な制御入力（**ダミー入力**）$v(t)$ を導入して，$C(x(t), u(t), p(t)) + v^2(t) = 0$ という等価な等式拘束条件に変換することができる。もしくは，拘束条件が破られると発散する**バリア関数** $-\log(-C(x(t), u(t), p(t)))$ や $-1/C(x(t), u(t), p(t))$ を評価関数に加える方法もある。

例 1.1 (セミアクティブダンパ) ばね質点ダンパシステムの振動を減衰係数によって制御することを考えよう。外力でなく減衰係数を(非負の範囲で)操作して振動を減衰させる装置をセミアクティブダンパという。セミアクティブダンパは，例えば自動車のサスペンションやビルの制振装置などに使われている。**図 1.1** のように，質点の変位を $y(t)$，質点の質量を m，ばねのばね係数を k とし，制御入力である減衰係数を $u(t)$ で表すと，運動方程式は

$$m\ddot{y}(t) + u(t)\dot{y} + ky(t) = 0 \tag{1.4}$$

となる。ここで，減衰係数の大きさには制約があり

$$0 \leqq u(t) \leqq u_{max} \quad (u_{max} > 0) \tag{1.5}$$

を満たさなければならないものとする。

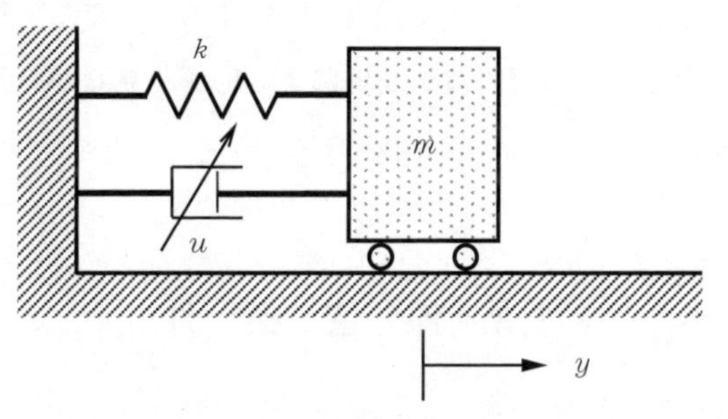

図 1.1 セミアクティブダンパ

状態ベクトルを $x = [x_1\ x_2]^{\mathrm{T}} = [y\ \dot{y}]^{\mathrm{T}}$ と定義すると，運動方程式から次のような状態方程式が得られる。

$$\begin{bmatrix} \dot{x}_1(t) \\ \dot{x}_2(t) \end{bmatrix} = \begin{bmatrix} x_2(t) \\ -\dfrac{k}{m}x_1(t) - \dfrac{1}{m}x_2(t)u(t) \end{bmatrix}$$

この式の右辺が，式 (1.1) の f に相当する。これは，状態変数 $x_2(t)$ と制御入力 $u(t)$ の積が含まれる非線形システムになっている。また，式 (1.5) の不等式拘束条件は

$$C(x(t), u(t), v(t)) = \left(u(t) - \frac{u_{max}}{2}\right)^2 + v^2(t) - \frac{u_{max}^2}{4} = 0$$

という等式拘束条件に書き替えることができる。上式は，u-v 平面において，中心が $(u_{max}/2, 0)$ で半径が $u_{max}/2$ の円を表しており，その円周上の点 (u, v) は，必ず $0 \leqq u \leqq u_{max}$ を満たす。

制御の目的を，できるだけ小さい入力で速やかに変位を 0 に収束させることとすると，評価関数は，例えば

$$J = \frac{1}{2}x^{\mathrm{T}}(t_f)S_f x(t_f) + \frac{1}{2}\int_{t_0}^{t_f} \left(x^{\mathrm{T}}(t)Qx(t) + ru^2(t)\right) dt$$

のように選ぶことが考えられる。ここで，S_f と Q は準正定な 2×2 行列，r は正のスカラーであり，いずれも重みと呼ばれる。2 次形式 $x^{\mathrm{T}}(t_f)S_f x(t_f)$ と $x^{\mathrm{T}}(t)Qx(t)$ は状態ベクトル x が原点からどれだけ離れているかを表し，$ru^2(t)$ は入力の大きさを表している。変位，速度，入力それぞれの大きさをどれくらい重視するかに応じて重みを設定する。ただし，重みと応答の関係は定性的なものなので，最適制御による応答を見ながら重みを調整する必要がある。

1.3　停　留　条　件

最適制御問題の評価関数 J は，状態 $x(t)$ と制御入力 $u(t)$ という時間関数によって値が決まる汎関数と見なすことができる。したがって，最適制御問題は，状態方程式と等式拘束条件の下で汎関数を最小化する変分問題になっている。例えば，初期状態 $x(t_0) = x_0$ が与えられていて終端状態 $x(t_f)$ が自由な場合，変分法によって汎関数の**停留条件**（stationary condition）を求めると，最適制御が満たすべき必要条件が次のように得られる[1),2)]。

$$\dot{x}(t) = f(x(t), u(t), p(t)) \tag{1.6}$$

$$x(t_0) = x_0 \tag{1.7}$$

$$\dot{\lambda}(t) = -\left(\frac{\partial H}{\partial x}\right)^{\mathrm{T}} (x(t), u(t), \lambda(t), \mu(t), p(t)) \tag{1.8}$$

$$\lambda(t_f) = \left(\frac{\partial \varphi}{\partial x}\right)^{\mathrm{T}} (x(t_f), p(t_f)) \tag{1.9}$$

$$\frac{\partial H}{\partial u}(x(t), u(t), \lambda(t), \mu(t), p(t)) = 0 \tag{1.10}$$

$$C(x(t), u(t), p(t)) = 0 \tag{1.11}$$

ここで

$$H(x, u, \lambda, \mu, p) = L(x, u, p) + \lambda^{\mathrm{T}} f(x, u, p) + \mu^{\mathrm{T}} C(x, u, p)$$

は**ハミルトン関数**（Hamiltonian）と呼ばれるスカラー値関数であり，λ は**随伴変数**（adjoint variables）または**共状態**（costate）と呼ばれる変数のベクトル，μ は拘束条件 $C(x, u, p) = 0$ に対応する**ラグランジュ乗数**（Lagrange multipliers）のベクトルである。式 (1.6)～(1.11) は**オイラー・ラグランジュ方程式**（Euler-Lagrange equations）と呼ばれ，最適制御問題において基本的な条件である。また，随伴変数の微分方程式 (1.8) を**随伴方程式**（adjoint equation）という。

オイラー・ラグランジュ方程式 (1.6)～(1.11) を見ると，式 (1.6), (1.7), (1.11) はもともと与えられた状態方程式，初期条件，拘束条件そのものである。式 (1.10) は制御入力 u と同じ数の代数方程式を与えており，式 (1.11) と併せて，$(u(t), \mu(t))$ に対する代数方程式を与えている。したがって，適切な問題設定がなされていれば，$(u(t), \mu(t))$ は $(x(t), \lambda(t), p(t))$ によって定まる。その結果，式 (1.6)，(1.8) は $(x(t), \lambda(t))$ の連立常微分方程式になる。ただし，$x(t)$ に対しては初期条件 (1.7) が与えられているのに対し，$\lambda(t)$ に対しては終端条件 (1.9) が与えられているため，いわゆる**2 点境界値問題**（two-point bondary-value problem）になっている。常微分方程式の初期値問題であればルンゲ・クッタ法などさまざまな数値解法によって解くことができるが，2 点境界値問題の場合は，初期条件と終端条件の両方を満たすような解を何らかの方法で探索する必要がある。そのため，最適制御問題の数値解法は複雑となり，計算量も多くなる。最適制御問題の数値解法としては，例えば，勾配法やニュートン法がある。いずれも解の修正を反復する方法であり，コンピュータの急速な進歩をもってしても，与えられた初期状態に対する最適制御を即座に計算することは一般に困難である。また，数値解法によって求められる最適制御は時刻 t の関数であり，**フィードフォワード制御** (feedforward control) になる。したがって，システムの状態に応じて制御入力を決める**フィードバック制御** (feedback control) に比べて外乱やモデル誤差の影響を受けやすい。仮に，すべての状態と時刻に対する最適制御をあらかじめ計算して保存しておけば，状態フィードバック制御が実現できるが，状態の次元が大きい場合には膨大な計算量と記憶量が必要となり現実的ではない。

以上で述べた停留条件や数値解法の詳細については，最適制御に関する成書[1),2)] を参照されたい。現実的な最適制御問題の例については，文献3),4) が参考になる。

1.4　モデル予測制御

式 (1.2) の評価関数を最小にする最適制御問題は，たとえわずかな計算量で解けるとしても，フィードバック制御の用途には向かない。なぜなら，フィードバック制御は，通常，継続的に行われるものであって，開始時刻や終了時刻が決まっていないのに対し，初期時刻と終端時刻の固定された最適制御問題では評価区間以外の時刻における制御入力が決まらないからである。最適制御問題によって継続的なフィードバック制御を実現するためには，しばしば無限評価区間が用いられるが，特殊な場合を除いて解くことができない。

そこで，有限な評価区間の最適制御問題を数値的に解くことで継続的なフィードバック制御を実現する方法を考える必要がある。そのような問題設定として，有限な評価区間が時間とともに移動していく最適制御問題が考えられる。すなわち，各時刻 t における評価関数が

$$J = \varphi(x(t+T), p(t+T)) + \int_t^{t+T} L(x(\tau), u(\tau), p(\tau))d\tau \qquad (1.12)$$

で与えられる最適制御問題である。ここで，T はどれだけ未来までを最適化する

かを表す評価区間長さである。この評価関数を最小にする最適制御 $u_{opt}(\tau)$ は，現在時刻 t から有限時間未来 $t+T$ までの評価区間[†]にわたる時間関数として定められ，その時間関数は現在の時刻 t と状態 $x(t)$ にも依存するので，$u_{opt}(\tau; t, x(t))$ と表せる。したがって，各時刻における実際の制御入力 $u(t)$ を，その時刻で数値的に求めた最適制御の初期値によって

$$u(t) = u_{opt}(t; t, x(t)) \tag{1.13}$$

と与えることにすれば，状態フィードバック制御が実現できることになる。図 **1.2** のように，ある時刻 t_1 における最適化で決定された評価区間上の制御入力の時刻 t $(t_1 \leqq t \leqq t_1 + T)$ における値 $u_{opt}(t; t_1, x(t_1))$ は，あくまでその時点での予測値であって，実際の制御入力である $u(t) = u_{opt}(t; t, x(t))$ とは一般に異なることに注意されたい。また，制御入力は，その時刻の状態 $x(t)$ から数値計算によって決定されるので，状態フィードバック制御則 $u_{opt}(t; t, x(t))$ は陽に求められない。これは，オンラインでの最適化を前提としない従来のフィードバック制御系との大きな違いである。このように，各時刻で有限時間未来までの応答を最適化してフィードバック制御を実現する手法を，モデル予測制御ないし **receding horizon 制御**（receding horizon control）という。

本書では，実時間最適化による制御としてこのモデル予測制御を扱う。なぜ

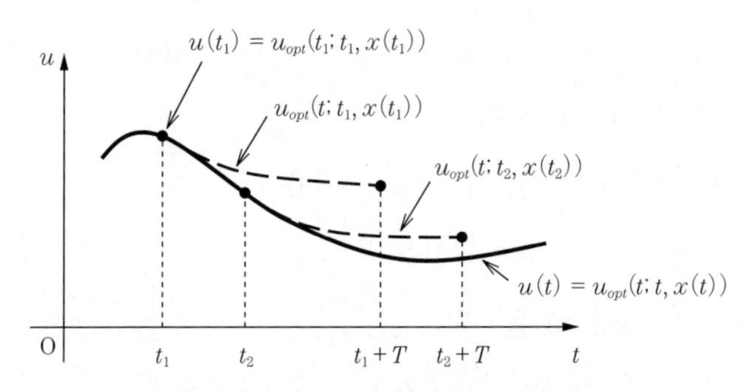

図 1.2 各時刻における有限時間未来までの最適化によって決まる制御入力

† モデル予測制御における評価区間を**予測ホライズン**（prediction horizon）ともいう。

なら，未来の応答を考慮して各時刻における制御入力を決定することがフィードバック制御の方法として合理的と考えられるからである。仮に，未来を考慮せず各時刻の制御入力に対する最適化問題を解いて制御を行う場合でも，モデル予測制御の評価区間の長さ T が 0 になった特殊な場合として扱うことができる。なお，モデル予測制御は，ここで述べたものとは異なる形の数学モデルや評価関数を用いて問題設定されることも多く，モデルに基づく予測を利用したフィードバック制御という一般的な枠組みの総称として用いられることもある。それらについては，文献5) を参照されたい。一方，receding horizon 制御は，未来に向かって後ずさる評価区間（receding horizon）という最適制御問題の特徴に着目した呼称であり，基本的にはここで述べたような問題設定を指す。

モデル予測制御では，各時刻で求めた最適制御をすべて使うのではなく，その初期値のみを実際の制御入力として用いる。求める最適制御と実際の制御入力との関係をより明確にするために，現実の世界の時刻 t とは別に，評価区間上の経過時間を新しい時間軸で表そう。その変数名を τ とするが，時刻 t からの経過時間なので，τ は 0 から T までの範囲になる。各時刻 t では τ 軸上の最適制御を求めるので，t はパラメータと見なすことができる。そこで，時刻 t で解く最適制御問題の状態を $x^*(\tau;t)$，制御入力を $u^*(\tau;t)$ と表すことにすると，解くべき最適制御問題は，次のようになる†。

$$\frac{d}{d\tau}x^*(\tau;t) = f(x^*(\tau;t), u^*(\tau;t), p(t+\tau)), \quad x^*(0;t) = x(t) \tag{1.14}$$

$$J = \varphi(x^*(T;t), p(t+T)) + \int_0^T L(x^*(\tau;t), u^*(\tau;t), p(t+\tau))d\tau \tag{1.15}$$

$$C(x^*(\tau;t), u^*(\tau;t), p(t+\tau)) = 0 \tag{1.16}$$

評価区間である τ 軸上の状態や制御入力は，あくまで最適制御問題におけるもので，現実のシステムの状態や制御入力と一致するとは限らない。ただし，最

† 状態を 2 変数関数 $x^*(\tau,t)$ と見なし，その τ 軸上の微分を $\partial x^*(\tau,t)/\partial\tau$ と表すこともある。制御入力に関しても同様である。

適制御問題の初期状態である $x^*(0;t)$ は，現実のシステムの状態 $x(t)$ によって与えられる。そして，この問題に対する最適制御は，初期状態である $x(t)$ にも依存するので，それを $u^*_{opt}(\tau;t,x(t))$ で表そう。モデル予測制御では，現実のシステムに加える制御入力が，最適制御の初期値によって

$$u(t) = u^*_{opt}(0;t,x(t)) \tag{1.17}$$

と与えられる。

結局，モデル予測制御の各時刻 t で解くのは通常の最適制御問題であり，その停留条件は，以下のオイラー・ラグランジュ方程式によって与えられる。

$$\frac{d}{d\tau}x^*(\tau;t) = f(x^*(\tau;t),u^*(\tau;t),p(t+\tau)) \tag{1.18}$$

$$x^*(0;t) = x(t) \tag{1.19}$$

$$\frac{d}{d\tau}\lambda^*(\tau;t) = -\left(\frac{\partial H}{\partial x}\right)^{\mathrm{T}}(x^*(\tau;t),u^*(\tau;t),\lambda^*(\tau;t),\mu^*(\tau;t),p(t+\tau)) \tag{1.20}$$

$$\lambda^*(T;t) = \left(\frac{\partial \varphi}{\partial x}\right)^{\mathrm{T}}(x^*(T;t),p(t+T)) \tag{1.21}$$

$$\frac{\partial H}{\partial u}(x^*(\tau;t),u^*(\tau;t),\lambda^*(\tau;t),\mu^*(\tau;t),p(t+\tau)) = 0 \tag{1.22}$$

$$C(x^*(\tau;t),u^*(\tau;t),p(t+\tau)) = 0 \tag{1.23}$$

ここで，$\lambda^*(\tau;t)$ と $\mu^*(\tau;t)$ は随伴変数とラグランジュ乗数である。各時刻 t における具体的な処理は，以下のようになる。

1) システムの状態 $x(t)$ を計測する。
2) $x(t)$ を初期状態とする式 (1.18)～(1.23) の 2 点境界値問題を勾配法やニュートン法で数値的に解いて最適制御 $u^*_{opt}(\tau;t,x(t))$ $(0 \leqq \tau \leqq T)$ を求める。
3) $u(t) = u^*_{opt}(0;t,x(t))$ をシステムに対する制御入力として加える。

一般的なフィードバック制御に比べると複雑であるが，状態 $x(t)$ に依存して制御入力 $u(t)$ が決まる状態フィードバック制御になっている。もしもシステムの

状態が直接計測できない場合には，計測できる出力から何らかの方法で状態を推定する必要がある。状態推定については文献6),7) を参照されたい。

1.5　実時間最適化アルゴリズム

1.5.1　フィードバック制御における最適化の特徴

最適制御問題の停留条件は，オイラー・ラグランジュ方程式という 2 点境界値問題になり，一般には解析的に解くことができない。その場合は，勾配法やニュートン法などの反復法によって，制御入力や状態の時間関数を数値的に求めることになる。しかし，モデル予測制御によってフィードバック制御を実現するためには，有限時間未来までの最適制御問題を各時刻で解き直さなければならず，反復法では計算が間に合わない場合がある。すなわち，通常のフィードバック制御では制御入力の更新周期（**サンプリング周期**）が与えられており，そのサンプリング周期内に反復法が収束し最適制御が求められなければ，フィードバック制御が実現できないことになる。制御対象の時間発展がゆっくりで，十分長いサンプリング周期が取れるなら，計算時間は問題にならないかもしれない。しかし，例えば機械システムではミリ秒単位のサンプリング周期が一般的であり，コンピュータが速くなったとはいえ，複雑な非線形最適制御問題をミリ秒単位の計算時間で解くのは依然として困難である。特に，反復法は，解が収束するまでの計算時間を事前に見積もるのが難しく，一定サンプリング周期でのフィードバック制御に向いているとはいえない。したがって，モデル予測制御の実現は，単独の最適制御問題を解く以上に難しいと考えられる。

一方，単独の最適制御問題を解くのとは違ったモデル予測制御に固有な特徴もある。それは，各時刻で解くべき問題が少しずつ変わっていくことである。すなわち，各時刻 t で解くべき最適制御問題の初期状態として与える $x(t)$ は時間とともに少しずつ変化していくので，ある時刻で解く問題は，直前の問題の初期状態をわずかに変化させたものとなる。したがって，最適制御が初期状態に対して連続ならば，求める最適制御も，直前の時刻の最適制御からわずかしか違わないことになる。この性質を利用すれば，各時刻で解き直すからこそ計算を簡単化できる可能性が出てくる。本節では，そのようなアイディアによるアルゴリズムを紹介する。

1.5.2 離散化された停留条件

オイラー・ラグランジュ方程式 (1.18)〜(1.23) を数値計算に適した問題で近似的に置き換えよう。評価区間 ($0 \leqq \tau \leqq T$) を N ステップに離散化し，その時間刻みを $\Delta\tau = T/N$ と置く。また，評価区間上 i 番目の時間ステップにおける状態 $x^*(i\Delta\tau; t)$ を $x_i^*(t)$ と表し，$u_i^*(t)$，$\lambda_i^*(t)$，$\mu_i^*(t)$ も同様とする（図 **1.3**）。そして，微分方程式である式 (1.18)，(1.20) を差分近似すると，以下のような離散時間 2 点境界値問題が得られる。

$$x_{i+1}^*(t) = x_i^*(t) + f(x_i^*(t), u_i^*(t), p(t+i\Delta\tau))\Delta\tau \tag{1.24}$$

$$x_0^*(t) = x(t) \tag{1.25}$$

$$\lambda_i^*(t) = \lambda_{i+1}^*(t) + \left(\frac{\partial H}{\partial x}\right)^{\mathrm{T}}(x_i^*(t), u_i^*(t), \lambda_{i+1}^*(t), \mu_i^*(t), p(t+i\Delta\tau))\Delta\tau \tag{1.26}$$

$$\lambda_N^*(t) = \left(\frac{\partial \varphi}{\partial x}\right)^{\mathrm{T}}(x_N^*(t), p(t+T)) \tag{1.27}$$

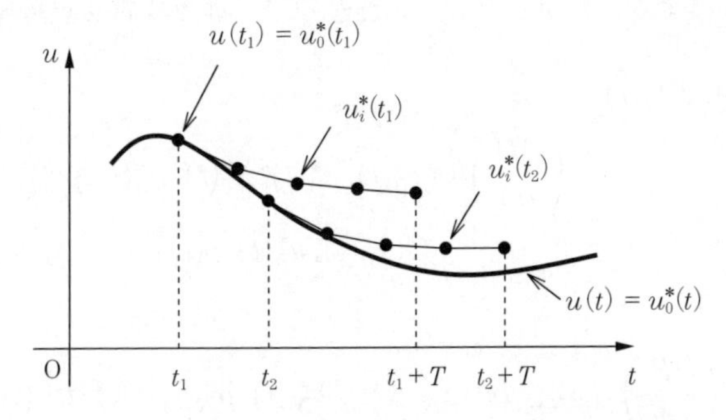

図 **1.3** 各時刻において離散化された評価区間上の最適制御問題によって決まる制御入力

$$\frac{\partial H}{\partial u}(x_i^*(t), u_i^*(t), \lambda_{i+1}^*(t), \mu_i^*(t), p(t+i\Delta\tau)) = 0 \tag{1.28}$$

$$C(x_i^*(t), u_i^*(t), p(t+i\Delta\tau)) = 0 \tag{1.29}$$

これは, 状態の系列 $x_i^*(t)$ $(i=0,\cdots,N)$, 制御入力の系列 $u_i^*(t)$ $(i=0,\cdots,N-1)$, 随伴変数の系列 $\lambda_i^*(t)$ $(i = 0,\cdots,N)$, ラグランジュ乗数の系列 $\mu_i^*(t)$ $(i=0,\cdots,N-1)$ に対する連立代数方程式と見なすことができる。さらに, その特殊な構造により, 本質的な未知量は制御入力の系列 $u_i^*(t)$ $(i=0,\cdots,N-1)$ とラグランジュ乗数の系列 $\mu_i^*(t)$ $(i=0,\cdots,N-1)$ であることが, 次のようにしてわかる。まず, 制御入力とラグランジュ乗数の系列からなるベクトル $U(t)$ を

$$U(t) := \begin{bmatrix} u_0^*(t) \\ \mu_0^*(t) \\ \vdots \\ u_{N-1}^*(t) \\ \mu_{N-1}^*(t) \end{bmatrix}$$

と定義する。すると, 式 (1.24), (1.25) から, 状態の系列 $x_i^*(t)$ $(i=0,\cdots,N)$ が $x(t)$ と $U(t)$ および t によって決まることがわかる。そして, それらに依存して, 式 (1.26), (1.27) から随伴変数の系列 $\lambda_i^*(t)$ $(i=0,\cdots,N)$ が決まる。すると, 残る条件は式 (1.28), (1.29) であり, それらの左辺もやはり $U(t)$ と $x(t)$ および t に依存することがわかる。したがって, 離散時間 2 点境界値問題は

$$\begin{aligned} &F(U(t), x(t), t) \\ &:= \begin{bmatrix} \left(\frac{\partial H}{\partial u}\right)^{\mathrm{T}} (x_0^*(t), u_0^*(t), \lambda_1^*(t), \mu_0^*(t), p(t)) \\ C(x_0^*(t), u_0^*(t), p(t)) \\ \vdots \\ \left(\frac{\partial H}{\partial u}\right)^{\mathrm{T}} (x_{N-1}^*(t), u_{N-1}^*(t), \lambda_N^*(t), \mu_{N-1}^*(t), p(t+(N-1)\Delta\tau)) \\ C(x_{N-1}^*(t), u_{N-1}^*(t), p(t+(N-1)\Delta\tau)) \end{bmatrix} \\ &= 0 \end{aligned} \tag{1.30}$$

という代数方程式として表すことができる。モデル予測制御の各時刻 t では，測定した状態 $x_0^*(t) = x(t)$ に対して式 (1.30) を解いて $U(t)$ を求め，その最初の成分 $u_0^*(t)$ を実際の制御入力として用いる。

1.5.3 時間変化する解の追跡

未知量 $U(t)$ に関する代数方程式 (1.30) は，例えばニュートン法で数値的に解くことができるが，反復回数が多いとサンプリング周期内に計算が終わらず，フィードバック制御を実現できない可能性がある。しかも，各時刻での反復回数は一定とは限らず，最も長い計算時間がサンプリング周期より短くなければならない。したがって，ニュートン法のような反復計算を必要とせず，かつ，計算時間の短い数値解法が望ましい。そこで，時間とともに少しずつ変化していく解の追跡という，1.5.1 項で述べたアイディアを使って効率的な数値解法を導出しよう。

式 (1.30) は，すべての時刻 t で成り立たなければならないので，F の初期値と時間微分も 0 でなければならない。逆に，F の初期値と時間微分が 0 ならば，F は恒等的に 0 である。つまり，式 (1.30) は次の条件と等価である。

$$\frac{d}{dt}F(U(t), x(t), t) = 0, \quad F(U(0), x(0), 0) = 0 \tag{1.31}$$

ここで，初期時刻は一般性を失うことなく $t = 0$ としている。さらに，式 (1.31) は次の条件とも等価である。

$$\frac{d}{dt}F(U(t), x(t), t) = -\zeta F(U(t), x(t), t), \ F(U(0), x(0), 0) = 0 \tag{1.32}$$

ここで，ζ は正の実数である。式 (1.32) の一つ目の条件から

$$F(U(t), x(t), t) = F(U(0), x(0), 0)e^{-\zeta t}$$

となるので，初期値 $F(U(0), x(0), 0)$ が 0 なら $F(U(t), x(t), t)$ もつねに 0 になることがわかる。さらに，ζ を導入したことにより，もしも $F(U(0), x(0), 0)$ が 0 からずれていても，$F(U(t), x(t), t)$ は指数関数的に 0 へ収束していく。こ

れは，数値計算誤差や外乱などの影響を受ける実際のフィードバック制御において重要な性質である。

以下，F の引数は適宜省略することとし，式 (1.32) の時間による全微分を実行すると

$$\frac{\partial F}{\partial U}\dot{U} = -\zeta F - \frac{\partial F}{\partial x}\dot{x} - \frac{\partial F}{\partial t} \tag{1.33}$$

を得る。これは，$\dot{U}$ に対する連立 1 次方程式と見なすことができる。式に現れる F やその偏微分は，$(U(t), x(t), t)$ によって決まり，$\dot{x}$ は状態方程式から $(x(t), u(t), t)$ によって決まる。したがって，式 (1.33) を $\dot{U}$ について解いた

$$\dot{U} = -\left(\frac{\partial F}{\partial U}\right)^{-1}\left(\zeta F + \frac{\partial F}{\partial x}\dot{x} + \frac{\partial F}{\partial t}\right) \tag{1.34}$$

は，$U(t)$ の常微分方程式と見なすことができる。以上をまとめると，初期条件 $F(U(0), x(0), 0) = 0$ を満たすように $U(0)$ を求め，式 (1.34) を数値積分して $U(t)$ を求めていけば，式 (1.30) がすべての t で成り立つことになる。このとき，ニュートン法のような反復法は不要になる。そして，各時刻の $\dot{U}$ は連立 1 次方程式 (1.33) を 1 回解くのみで求められる。解の時間微分である $\dot{U}$ は，解がどの方向へ変化していくかを表しており，その数値積分が解の追跡に相当する。一般に，解の変化を追跡する数値計算手法を**連続変形法**（continuation method）ないし**ホモトピー法**（homotopy method）という[8)]。ただし，通常の連続変形法では人工的なパラメータを導入して，解きやすい問題の解から本来の問題の解へと解の変化をたどっていくのに対し，実時間でのフィードバック制御であるモデル予測制御では，必然的に時刻 t がパラメータとなる点が特徴である。

なお，制御開始時に $U(0)$ を求める方法としては，最初だけニュートン法などを用いて $F(U(0), x(0), 0) = 0$ を数値的に解くほか，モデル予測制御の評価区間長さ T を時変の関数 $T(t)$ として，$T(0) = 0$ に対する解から出発してなめらかに $T(t)$ を一定値に増やしていくことも考えられる。評価区間長さ $T(0) = 0$ のときは，$x(0) = x_0^*(0) = \cdots = x_N^*(0)$，$u_0^*(0) = \cdots = u_{N-1}^*(0)$，$\mu_0^*(0) = \cdots = \mu_{N-1}^*(0)$，$\lambda(0) = \cdots = \lambda_N^*(0) = (\partial\varphi/\partial x)^{\mathrm{T}}(x(0), p(0))$ が成

り立つので，$F(U(0), x(0), 0) = 0$ という条件は

$$\frac{\partial H}{\partial u}\left(x(0), u_0^*(0), \left(\frac{\partial \varphi}{\partial x}\right)^{\mathrm{T}}(x(0), p(0)), \mu_0^*(0), p(0)\right) = 0 \tag{1.35}$$

$$C(x(0), u_0^*(0), p(0)) = 0 \tag{1.36}$$

という $u_0^*(0), \mu_0^*(0)$ のみに対する条件と等価になり，解くべき方程式のサイズが小さくなる。最終的な評価区間長さが T_f のとき，時変の評価区間長さ $T(t)$ は，例えば

$$T(t) = T_f(1 - e^{-\alpha t}) \quad (\alpha > 0) \tag{1.37}$$

などとすればよい。

1.5.4 連立1次方程式の解法

各時刻で $\dot{U}$ を求めるために解く連立1次方程式 (1.33) の係数行列は，F の U によるヤコビ行列 $\partial F/\partial U$ であり，そのサイズは，制御入力 u とラグランジュ乗数 μ を合わせた次元を m と置くと，$mN \times mN$ となる。したがって，状態 x の次元にはよらないものの，評価区間の分割数 N が大きいと，解くべき連立1次方程式も大規模になり，その計算量削減が重要となる。特に，ヤコビ行列自体の厳密な計算やヤコビ行列全体の差分近似を避けることが望ましい。

式 (1.33) のように係数行列がヤコビ行列になっている連立1次方程式を解くのに適した数値解法が **GMRES 法** (generalized minimum residual method) である[9),10)]。GMRES 法はクリロフ部分空間法と呼ばれる反復法の一種であるが，連立1次方程式の係数行列が正則であれば，未知変数の次元と同じ回数以下の反復で必ず解に到達する。さらに，反復するたびに連立1次方程式の残差が単調減少し，サイズの大きい問題に対しても少ない反復回数で十分な精度の解が得られることがある。

ここで，いったんモデル予測制御を離れて，正則な行列 $A \in \mathbb{R}^{n\times n}$ を係数に持つ n 次元連立1次方程式 $Ax = b$ を考える。GMRES 法による k 回目の反復では

$$\min_{x_k \in x_0 + \mathcal{K}_k} \|b - Ax_k\| \tag{1.38}$$

という残差の最小化問題（最小二乗問題）を解いて解の推定値 x_k を決定する。ここで，x_0 は反復を開始するときの初期推定解であり

$$\mathcal{K}_k := \mathrm{span}\{r_0, Ar_0, \cdots, A^{k-1}r_0\} \subset \mathbb{R}^n \tag{1.39}$$

をクリロフ部分空間という†。ただし，$r_0 := b - Ax_0$ は初期残差である。クリロフ部分空間の定義より，明らかに $\mathcal{K}_1 \subset \mathcal{K}_2 \subset \cdots \subset \mathcal{K}_k$ が成り立ち，式(1.38) の最小値は k に関して単調減少する。特に，$\mathcal{K}_1 \subsetneq \mathcal{K}_2 \subsetneq \cdots \subsetneq \mathcal{K}_k$ が成り立つとすると，各 $\mathcal{K}_l$ $(l = 1, \cdots, k)$ は正規直交基底 $\{v_1, \cdots, v_l\}$ を持ち，$l = 1, \cdots, k-1$ に対して

$$Av_l \in \mathrm{span}\{v_1, \cdots, v_{l+1}\} \tag{1.40}$$

が成り立つ。

つぎに，$\mathcal{K}_k \subsetneq \mathcal{K}_{k+1}$ が成り立つ場合は，式(1.40) が $l = k$ に対しても成り立つ。このとき，$V_l := [v_1 \ \cdots \ v_l]$ と置くと，ある行列 $H_k \in \mathbb{R}^{(k+1)\times k}$ が存在して

$$AV_k = V_{k+1}H_k$$

が成り立つ。特に，以上の議論から，$H_k = [h_{ij}]$ は，$i > j+1$ に対して $h_{ij} = 0$ となる上ヘッセンベルク行列である。また，$\beta = \|r_0\|$ と置くと，$v_1 = r_0/\beta$ なので，$r_0 = \beta V_{k+1}e_1$ $(e_1 = [1 \ 0 \ \cdots \ 0]^{\mathrm{T}} \in \mathbb{R}^{k+1})$ と表すことができる。さらに，式(1.38) の最小化における条件 $x_k \in x_0 + \mathcal{K}_k$ より，あるベクトル $y_k \in \mathbb{R}^k$ に対して $x_k - x_0 = V_k y_k$ が成り立つ。したがって，残差を

$$b - Ax_k = (b - Ax_0) - A(x_k - x_0) = r_0 - AV_k y_k = V_{k+1}(\beta e_1 - H_k y_k)$$

と表すことができ，V_{k+1} は正規直交基底をまとめた行列で $V_{k+1}^{\mathrm{T}} V_{k+1} = I_{k+1}$ が成り立つから

† ベクトルの集合 $S \subset \mathbb{R}^n$ に対して，$\mathrm{span}\, S$ は S の元の 1 次結合（実係数をかけて加えることで作られるベクトル）全体の集合であり，$\mathbb{R}^n$ の部分ベクトル空間になる。

$$\min_{x_k \in x_0 + \mathcal{K}_k} \|b - Ax_k\| = \min_{y_k \in \mathbb{R}^k} \|\beta e_1 - H_k y_k\|$$

となる。つまり，式 (1.38) は x_k より次元の小さい y_k による最小化問題に帰着される。しかも，H_k は上ヘッセンベルク行列という上三角行列に近い形をしているため，変換された最小化問題を解くのは容易である。詳細については文献9), 10) を参照されたい。そして，求めた y_k から，$x_k = x_0 + V_k y_k$ によって解の推定値 x_k が求められる。反復を行っている途中に x_k を計算する必要はない。

なお，もしも $\mathcal{K}_k = \mathcal{K}_{k+1}$ となった場合は，式 (1.40) が $l = 1, \cdots, k-1$ に対してしか成り立たず，$l = k$ に対しては $Av_k \in \mathcal{K}_k = \mathrm{span}\{v_1, \cdots, v_k\}$ となるから，ある行列 $H \in \mathbb{R}^{k \times k}$ が存在して

$$AV_k = V_k H$$

が成り立つ。ここで，A が正則かつ V_k のランクは k だから，H も正則でなければならない。このとき，$x_k - x_0 \in V_k y_k$ であり，先ほどと同様の変形によって

$$b - Ax_k = V_k(\beta e_1 - H y_k)$$

となるから，$y_k = \beta H^{-1} e_1$ によって残差の最小値が 0 になる。すなわち，$x_k = x_0 + \beta V_k H^{-1} e_1$ が解になる。結局，クリロフ部分空間の次元が増加しなかったときには解が求められていることになる。このことから，遅くとも $k = n$ までに解が求められることもわかる。

GMRES 法における 1 回の反復では，$\mathcal{K}_k$ の基底 $\{v_1, \cdots, v_k\}$ および Av_k から，$\mathcal{K}_{k+1}$ の基底に必要な新しいベクトル v_{k+1} を計算する必要がある。これは，グラム・シュミットの直交化法によって行うことができる。また，ベクトル Av_k の計算は，モデル予測制御の場合だとヤコビ行列 $\partial F/\partial U$ とベクトル v_k の積に相当し，計算量が多くなる。ところが，ヤコビ行列とベクトルの積は方向微分に他ならないので，十分小さい正の実数 h によって

$$\frac{\partial F}{\partial U}(U, x, t) v_k \approx \frac{F(U + h v_k, x, t) - F(U, x, t)}{h} \tag{1.41}$$

と差分近似できる。したがって，ヤコビ行列自体を求める必要はない。これがGMRES法の大きな特徴である。GMRES法以外のクリロフ部分空間法も提案されているが，係数行列の転置が必要な方法だとヤコビ行列自体が必要になってしまう。また，行列とベクトルの積が2回以上必要な方法だと，1回の反復に必要な計算が増えてしまう。

1.5.5 実時間最適化アルゴリズムのまとめ

ここまでで述べたことをまとめると，各時刻 t において式 (1.33) をGMRES法によって解いて $\dot{U}(t)$ を求め，それを実時間で数値積分することで $U(t)$ を更新していけば，ニュートン法のような反復計算なしに非線形方程式 (1.30) の解 $U(t)$ を追跡することができる。GMRES法自体は反復法であるが，あくまで連立1次方程式を解くためのものであり，その反復回数を固定しておけば，$U(t)$ の更新に必要な計算時間は一定となる。連続変形法をGMRES法と組み合わせているので，このアルゴリズムをC/GMRES法[1),11)]といい，まとめると以下のようになる。

アルゴリズム 1.1　(C/GMRES法)†

1) サンプリング周期を Δt とし，評価区間長さ T を式 (1.37) で与える。
2) 初期時刻 $t=0$ において $x(0)$ を測定し，式 (1.35)，(1.36) をニュートン法などで数値的に解いて $u_0^*(0)$, と $\mu_0^*(0)$ を求め，それぞれを $u_1^*(0),\cdots,$ $u_{N-1}^*(0)$ と $\mu_0^*(0),\cdots,\mu_{N-1}^*(0)$ に代入する。
3) $u(t)=u_0^*(t)$ をシステムへの制御入力とする。
4) 時刻 $t+\Delta t$ において，状態 $x(t+\Delta t)$ を測定する。
5) 連立1次方程式 (1.33) をGMRES法で解いて $\dot{U}(t)$ を求める。その際，F およびその偏導関数の引数は $(U(t),x(t),t)$ とし，$\dot{x}(t)$ は $(x(t+\Delta t)-x(t))/\Delta t$ によって差分近似する。

---

† C/GMRESはシー・ジーエムレスと読む。

6) $U(t+\Delta t) = U(t) + \dot{U}(t)\Delta t$ とする。

7) $t := t + \Delta t$ としてステップ 3) へ。

アルゴリズム 1.1 のステップ 5) では，時刻 t における変化率を考えているため，連立 1 次方程式 (1.33) における F およびその偏導関数の引数は $(U(t), x(t), t)$ としている。一方，連立 1 次方程式 (1.33) の各偏導関数をそれぞれ前進差分近似する代わりに，元の条件 (1.32) を前進差分近似すると

$$\frac{F(U + h\dot{U}, x + h\dot{x}, t + h) - F(U, x, t)}{h} = -\zeta F$$

となる。左辺の差分は

$$\begin{aligned}
&\frac{F(U + h\dot{U}, x + h\dot{x}, t + h) - F(U, x, t)}{h} \\
&\quad = \frac{F(U + h\dot{U}, x + h\dot{x}, t + h) - F(U, x + h\dot{x}, t + h)}{h} \\
&\qquad + \frac{F(U, x + h\dot{x}, t + h) - F(U, x, t)}{h}
\end{aligned}$$

と分解できるから，これを連立 1 次方程式 (1.33) の前進差分近似にも使って

$$\begin{aligned}
&\frac{F(U + h\dot{U}, x + h\dot{x}, t + h) - F(U, x + h\dot{x}, t + h)}{h} \\
&\quad = -\zeta F - \frac{F(U, x + h\dot{x}, t + h) - F(U, x, t)}{h}
\end{aligned}$$

とすることが考えられる。この式を満たす $\dot{U}$ を見つけるための GMRES 法では，左辺の $\dot{U}$ の代わりにクリロフ部分空間の基底 v_k を代入することになり，F の他の引数は (x, t) ではなく $(x + h\dot{x}, t + h)$ となる。ただし，$h \to 0$ の極限では両者に違いはない。

1.6 本章のまとめ

本章では，最適制御問題の問題設定と停留条件を述べ，各時刻で有限時間未来までの最適制御問題を解くことで，フィードバック制御を実現するモデル予測制御の問題設定およびモデル予測制御に特化した実時間最適化アルゴリズムを概観した。ここで述べたC/GMRES法以外にもモデル予測制御のための実時間最適化アルゴリズムは近年活発に研究されている。例えば，各時刻で2次計画問題を解いて解を更新する方法[12)]では，評価関数の形は若干限定されるものの不等式拘束条件を直接扱うことができる。ただし，解の更新に必要な計算は連立1次方程式より多くなる。また，評価区間にわたる制御入力の時間関数を数少ないパラメータで表現しておき，そのパラメータを最適化する方法[13)]も提案されている。一方，実時間最適化とは対照的なアプローチとして，状態空間の適当な領域にわたってモデル予測制御の制御入力をあらかじめ計算しておく方法[14)]も拘束条件付き線形システムをおもな対象として研究されている。

なお，フィードバック制御においては閉ループ系の安定性が重要であり，モデル予測制御の閉ループ安定性についても理論的な研究が行われている。非線形システムに対して安定性を保証することは一般に困難だが，安定性を示せる場合もあることが知られている。モデル予測制御の安定性については文献1)で基本的な結果が紹介されているほか，ロバスト性などを含めた理論については文献15)が詳しい。

引用・参考文献

1) 大塚敏之：非線形最適制御入門（システム制御工学シリーズ），コロナ社 (2011)
2) A. E. Bryson and Jr., Y.-C. Ho：Applied Optimal Control, Hemisphere (1975)
3) 加藤寛一郎：工学的最適制御，東京大学出版会 (1988)

4) J. T. Betts：Practical Methods for Optimal Control Using Nonlinear Programming, SIAM (2001)
5) ヤン・M・マチエヨフスキー（足立修一，管野政明 訳）：モデル予測制御，東京電機大学出版局 (2005)
6) 足立修一，丸田一郎：カルマンフィルタの基礎，東京電機大学出版局 (2012)
7) 片山 徹：非線形カルマンフィルタ，朝倉書店 (2011)
8) S. L. Richter and R. A. DeCarlo：Continuation Methods: Theory and Applications, IEEE Transactions on Automatic Control, Vol. AC-28, No. 6, pp. 660～665 (1983)
9) C. T. Kelley：Iterative Methods for Linear and Nonlinear Equations, SIAM (1995)
10) 藤野清次，張 紹良：反復法の数理，朝倉書店 (1996)
11) T. Ohtsuka：A Continuation/GMRES Method for Fast Computation of Nonlinear Receding Horizon Control, Automatica, Vol. 40, No. 4, pp. 563～574 (2004)
12) M. Diehl, H. G. Bock and J. P. Schlöder：A Real-Time Iteration Scheme for Nonlinear Optimization in Optimal Feedback Control, SIAM Journal on Control and Optimization, Vol. 43, No. 5, pp. 1714～1736 (2005)
13) M. Alamir：Stabilization of Nonlinear Systems Using Receding-Horizon Control Schemes: A Parametrized Approach for Fast Systems, Springer (2006)
14) A. Bemporad, M. Morari, V. Dua and E. N. Pistikkopoulos：The Explicit Linear Quadratic Regulator for Constrained Systems, Automatica, Vol. 38, No. 1, pp. 3～20 (2002)
15) J. B. Rawlings and D. Q. Mayne：Model Predictive Control: Theory and Design, Nob Hill Publishing (2009)

2 自動コード生成

2.1 本 章 の 概 要

1 章で概観した最適制御およびモデル予測制御は一般的な問題であり，問題を設定するのに必要なのは，状態方程式 (1.1) の $f(x,u,p)$，評価関数 (1.2) または (1.12) の $\varphi(x,p)$ と $L(x,u,p)$，拘束条件 (1.3) の $C(x,u,p)$，評価区間，初期状態である。それらを与えさえすれば，ハミルトン関数の偏導関数などを計算することで，停留条件であるオイラー・ラグランジュ方程式 (1.6)～(1.11) または (1.18)～(1.23) が得られ，数値解法における具体的な計算も決まる。そこで，状態方程式や評価関数などの数式から，数式処理によって数値解法のプログラムを自動生成することができれば，プログラミングとデバッグの労力を大幅に減らすことができる。

おもな数式処理ソフトウェアとしては，市販の Maple[1)] と Mathematica[2)]，フリーの Maxima[3)]，SINGULAR[4)]，Risa/Asir[5)] などがある。本章では，Maple または Mathematica を利用して，1 章で述べた C/GMRES 法によるモデル予測制御のシミュレーションコードを自動生成するシステム **AutoGenU** を紹介する。AutoGenU では，状態方程式や評価関数などの設定をそれぞれの数式処理ソフトウェアの文法に従って定義すると，それを数式として処理して C 言語のソースファイルを自動的に生成する。そのソースファイルをコンパイルおよび実行すると，モデル予測制御の数値シミュレーションが実行され，シミュレーション結果が出力される。ここでは，OS として Windows を想定して使用方法を述べるが，生成されるソースファイルは標準的なC言語のプログラムであり，さまざまなCコンパイラによってコンパイル可能である。したがって，MapleやMathematicaが使用できる環境でありさえすれば，使用OSは限定されない。なお，AutoGenUはあくまで研究開発用のツールであり，使用は自己責任であること，そして，質問や要望には必ずしも応えられないことに注意されたい。

自動コード生成システムの説明では，以下の例題を扱うこととする。

例 2.1 (セミアクティブダンパのモデル予測制御) 例1.1で考えたセミアクティブダンパにモデル予測制御を適用する。状態方程式と拘束条件は

$$
\begin{aligned}
&\dot{x}(t) = f(x(t), u(t)) \\
&C(u(t)) = 0 \\
&f(x, u) = \begin{bmatrix} x_2 \\ ax_1 + bx_2u_1 \end{bmatrix} \\
&C(u) = \left(u_1 - \frac{u_{max}}{2}\right)^2 + u_2^2 - \frac{u_{max}^2}{4}
\end{aligned}
$$

となる。ここで，$x = [x_1\ x_2]^{\mathrm{T}}$ は，質点の位置 x_1 と速度 x_2 とからなる状態ベクトル，$u = [u_1\ u_2]^{\mathrm{T}}$ は制御入力である減衰係数 u_1 とダミー入力 u_2 とからなる制御入力ベクトルである。ダミー入力は，減衰係数に対する不等式拘束条件 $0 \leqq u_1 \leqq u_{max}$ を等式拘束条件 $C(u) = 0$ に変換するために導入されている。また，$a = -k/m$ と $b = -1/m$ は質点の質量 m とばねのばね係数 k によって決まる定数である。

制御の目的は，できるだけ小さい入力で速やかに変位を0に収束させることであり，モデル予測制御の評価関数を

$$
\begin{aligned}
J = &\frac{1}{2}x^{\mathrm{T}}(t+T)S_f x(t+T) \\
&+ \int_t^{t+T} \left\{\frac{1}{2}\left(x^{\mathrm{T}}(\tau)Qx(\tau) + r_1u_1^2(\tau)\right) - r_2u_2\right\} d\tau
\end{aligned}
$$

とする。ここで，重み行列は対角行列で $S_f = \mathrm{diag}(s_{f1}, s_{f2})$，$Q =$

diag(q_1, q_2) とし，対角要素はすべて非負とする。また，制御入力の重み r_1，r_2 はいずれも正とする。評価関数にダミー入力 u_2 の1次の項を加えたのは，等式拘束条件 $C(u) = 0$ が u_2 の2次の項しか含まないため，停留条件からダミー入力の符号が決まらず，解の追跡に失敗する場合があるためである。ただし，本来の問題の解からのずれを小さくするために，ダミー入力の重み r_2 は計算に失敗しない範囲でなるべく小さく選ぶことが望ましい。

2.2 Maple 版 AutoGenU

2.2.1 概　　要

Maple は Maplesoft によって開発されている数式処理ソフトウェアである。Maple の使用方法については，Maplesoft の親会社であるサイバネットシステムのウェブサイト[6] で各種資料が入手できる。本書で想定するバージョンは Maple 17 である。AutoGenU の Maple 版[7] もサイバネットシステムによって開発され，Maplesoft のウェブサイト[8] でファイル一式が公開されている。Maple 版 AutoGenU は，以下のファイルで構成される。

- AutoGenU.mw
  問題の定義，コード生成，コンパイル，実行，シミュレーション結果描画を行う Maple ワークシート（グラフィカルユーザインタフェース (GUI) 版）
- AutoGenU_CMD.mw
  AutoGenU.mw と同様の機能のワークシート（コマンド入力版）
- QuickGuide_AutoGenU.mw
  Maple 版 AutoGenU に関する説明を英語で記述したワークシート
- NMPCPackage.mla
  コード生成に用いる Maple 関数を集めたライブラリアーカイブ

- rhfuncu.c
  シミュレーションプログラムで使用される汎用関数のソースファイル
- rhmainu.c
  シミュレーションプログラムのメイン関数やデータ出力などのソースファイル
- plotsim.m
  シミュレーション結果の時間履歴を作図する Matlab M ファイル

これらのファイルを同じ作業フォルダに置いておく。

AutoGenU.mw と AutoGenU_CMD.mw は，どちらもコード生成を行うためのワークシートであるが，ここでは AutoGenU.mw のみを説明する。AutoGenU_CMD.mw では問題を定義する Maple コマンド自体を入力するため，実行される処理が把握でき，Maple に習熟したユーザであれば柔軟な変更が可能である。しかし，AutoGenU.mw の方が入力は容易であり，多少の工夫は必要なものの柔軟な問題設定も可能である。また，Maple 版 AutoGenU はシミュレーション結果の描画も Maple 上で行えるので，plotsim.m は使わなくてもよい。ただし，Mathematica 版 AutoGenU では plotsim.m を使って描画するので，plotsim.m については次節で Mathematica 版 AutoGenU と併せて説明する。

処理の流れは図 **2.1** のようになっている。AutoGenU.mw に状態方程式や評価関数などの問題設定を入力し，コンパイラの設定も入力してからワークシート全体を実行すると，数式処理の結果に基づいて問題に依存する C ソースファイルが出力される。また，問題設定を Maple の書式で保存するファイル（拡張子 mpl）も出力される。出力された C ソースファイルと問題に依存しない関数の C ソースファイル（rhfuncu.c，rhmainu.c）とを合わせてシミュレーションプログラムが構成される。C コンパイラは AutoGenU.mw から呼び出され，実行ファイルが生成される。さらに，実行ファイルも AutoGenU.mw から呼び出されて数値シミュレーションが実行され，シミュレーション結果のデータファイルが出力される。最後に，データファイルが AutoGenU.mw に読み込まれて，シミュレーション結果のグラフが描画される。

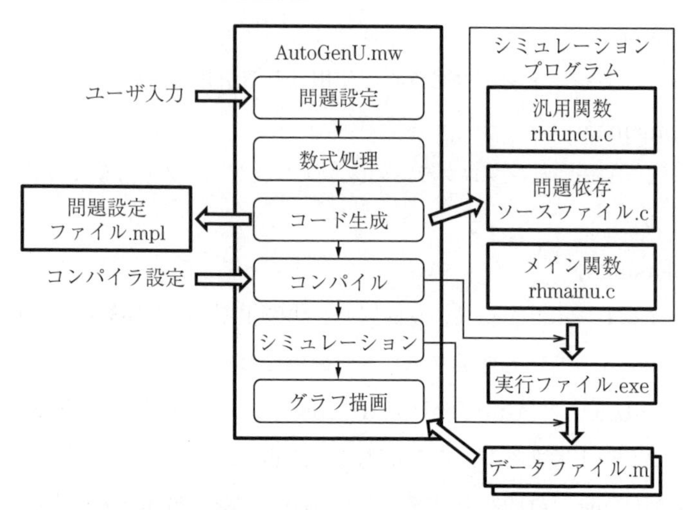

図 **2.1** Maple 版 AutoGenU における処理の流れ

AutoGenU.mw を Maple で開いたウィンドウを図 **2.2** に示す。全体の構成を見るために，コマンドのまとまりを表すセクションをすべて折り畳んでいる。図に示された各セクションは，それぞれ以下の処理を行う。

- Introduction
  非線形モデル予測制御の問題設定と数値解法に関する概説
- Initialize
  カレントディレクトリの設定
- Define Setting Parameters
  状態方程式，評価関数，シミュレーション条件の設定
- Function for C Code Generation
  コード生成で用いる Maple 関数を定義
- Generate Euler-Lagrange Equations
  問題設定に対する停留条件（オイラー・ラグランジュ方程式）を数式処理で計算
- Generate C Code
  C 言語のソースファイルを出力

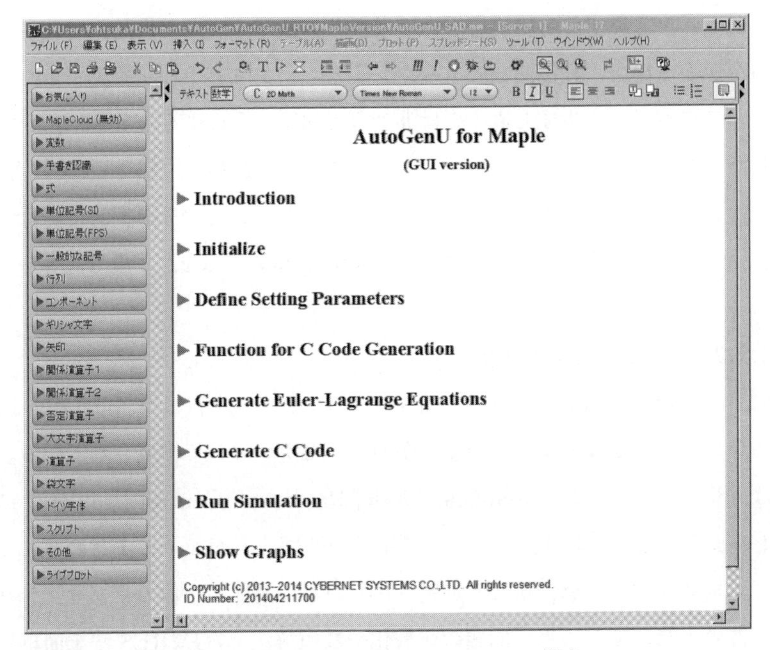

図 **2.2** AutoGenU.mw のセクション構成

- Run Simulation

  C コンパイラを設定し，生成された C ソースファイルをコンパイル，実行
- Show Graphs

  シミュレーション結果の時間履歴を描画

ユーザが設定するのは，“Initialize” セクションにおけるカレントディレクトリ，“Define Setting Parameters” セクションにおける問題設定とシミュレーション条件，そして，“Run Simulation” セクションにおけるコンパイラ設定である。これらを設定してワークシート全体を実行すれば，C プログラムの生成，実行，シミュレーション結果の描画までが自動的に行われる。ワークシート全体を実行するには，メニューボタンの「*!!!*」をクリックするか，「編集」メニューから，「実行 ▷ ワークシート」を選べばよい。Maple 上で C プログラムのコンパイルと実行および結果の描画まで行えるので，ユーザは生成される C

プログラムを意識する必要すらない。ただし，複雑な問題で自動コード生成に時間がかかる場合，評価関数の重みやシミュレーション条件を変更するたびにCソースファイルを生成し直すのは非効率である。そのようなときは，一度生成したCソースファイルを適当なエディタで直接編集し，コンパイルと実行，シミュレーション結果の描画など，必要なセクションだけを選択的に実行すればよい。生成されるCソースファイルの構成については2.2.3項で述べる。

2.2.2 各セクションの機能

（1） **“Introduction” セクション**　　ワークシート冒頭の “Introduction” セクションは図**2.3**のようにいくつかのサブセクションで構成されている。例えば，サブセクション “Nonlinear Model Predictive Control Problem” は図**2.4**のようになっており，モデル予測制御の問題設定が簡単にまとめられている。記号は本書の1章に準じて定義されている。同様に，他のサブセクションも本書の1章に準じる形で問題の離散化や数値解法C/GMRES法を簡単にまとめている。

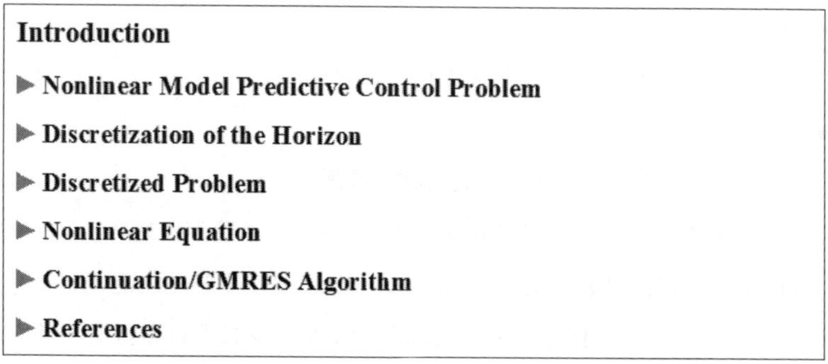

Introduction

▶ **Nonlinear Model Predictive Control Problem**

▶ **Discretization of the Horizon**

▶ **Discretized Problem**

▶ **Nonlinear Equation**

▶ **Continuation/GMRES Algorithm**

▶ **References**

図**2.3**　“Introduction” セクションの構成

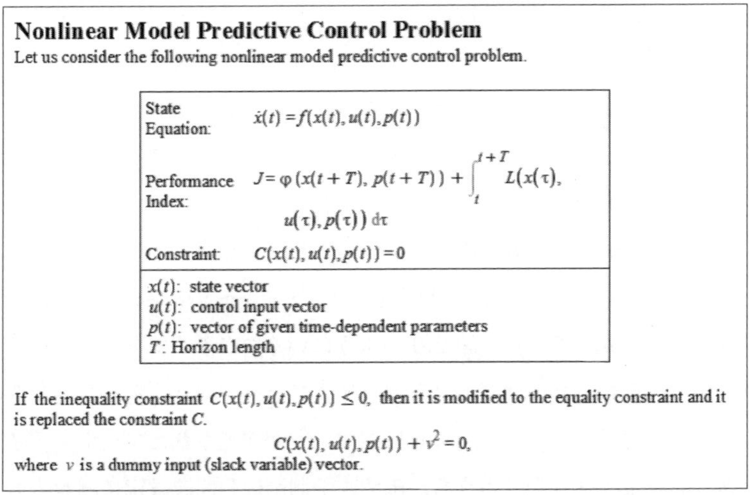

Nonlinear Model Predictive Control Problem

Let us consider the following nonlinear model predictive control problem.

State Equation:	$\dot{x}(t) = f(x(t), u(t), p(t))$
Performance Index:	$J = \varphi(x(t+T), p(t+T)) + \int_t^{t+T} L(x(\tau), u(\tau), p(\tau))\, d\tau$
Constraint:	$C(x(t), u(t), p(t)) = 0$

$x(t)$: state vector
$u(t)$: control input vector
$p(t)$: vector of given time-dependent parameters
T: Horizon length

If the inequality constraint $C(x(t), u(t), p(t)) \leq 0$, then it is modified to the equality constraint and it is replaced the constraint C.

$$C(x(t), u(t), p(t)) + v^2 = 0,$$

where v is a dummy input (slack variable) vector.

図 **2.4** サブセクション “Nonlinear Model Predictive Control Problem”

（**2**） **“Initialize” セクション**　二つめの “Initialize” セクションでは，作業ディレクトリを指定する。セクションを展開して実行したときの例を 図 **2.5** に示す。セクション名直後のアイコンは，コードエディタを表しており，右クリックから「コードエディタを展開」を選ぶと，内部の Maple コマンドを確認することができる。ただし，変更の必要はない。展開されたコードエディ

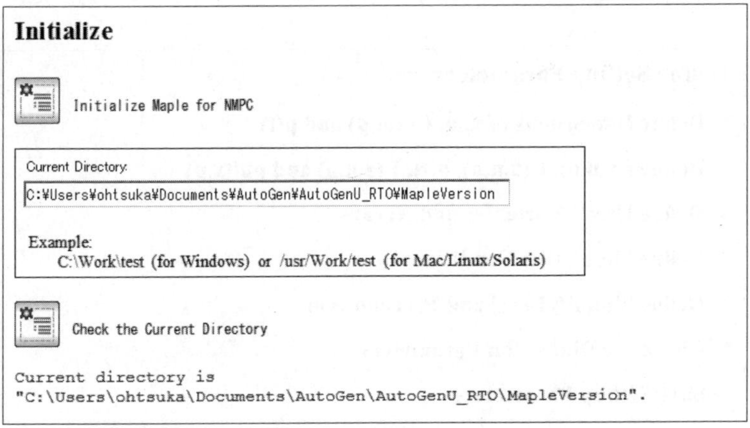

Initialize

Initialize Maple for NMPC

Current Directory:

C:¥Users¥ohtsuka¥Documents¥AutoGen¥AutoGenU_RTO¥MapleVersion

Example:
C:\Work\test (for Windows) or /usr/Work/test (for Mac/Linux/Solaris)

Check the Current Directory

```
Current directory is
"C:\Users\ohtsuka\Documents\AutoGen\AutoGenU_RTO\MapleVersion".
```

図 **2.5** “Initialize” セクションにおける作業ディレクトリの指定

タを折り畳むには，エディタ内部で右クリックして「コードエディタを折り畳む」を選ぶ。ここで指定したディレクトリには，C ソースファイルや実行結果のデータファイルが保存される。生成された C ソースファイルをコンパイルする際に，rhfuncu.c と rhmainu.c がインクルードされるので，それら二つの C ソースファイルも同じ作業ディレクトリに置いておく。

(3) “Define Setting Parameters” セクション　続く “Define Setting Parameters” セクションが問題設定やシミュレーション条件を設定する最も重要なセクションである。**図 2.6** のようにいくつかのサブセクションで構成されている。それぞれのサブセクションは表になっており，定義すべき変数名やその値を入力するボックス，Maple コマンドが記述されたコードエディタなどを含む。設定すべき変数のうち，モデル予測制御の問題設定に関わるものを**表 2.1** に，シミュレーション条件とコード生成に関わるものを**表 2.2** に，それぞれまとめる。個々の変数についてはワークシートに沿って以下で説明していく。

最初のサブセクション “Define Dimensions of x, u, C(x,u,p) and p(t)” では，**図 2.7** のように変数の次元を設定する。状態ベクトル x の次元が dimx，制御入力ベクトル u の次元が dimu，等式拘束条件を定めるベクトル値関数 C のサイズが dimc であり，それぞれ対応する入力ボックスに値を入力する。時変パラメータ $p(t)$ が与えられる場合は，その次元 dimp も設定する。拘束条件や時

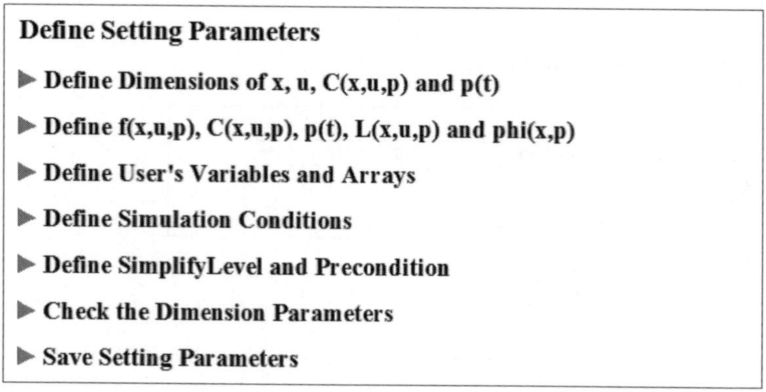

Define Setting Parameters

▶ **Define Dimensions of x, u, C(x,u,p) and p(t)**

▶ **Define f(x,u,p), C(x,u,p), p(t), L(x,u,p) and phi(x,p)**

▶ **Define User's Variables and Arrays**

▶ **Define Simulation Conditions**

▶ **Define SimplifyLevel and Precondition**

▶ **Check the Dimension Parameters**

▶ **Save Setting Parameters**

図 **2.6**　“Define Setting Parameters” セクションの構成

表 2.1 問題設定に関する変数

変数	意味
dimx	状態ベクトル x の次元
dimu	制御入力ベクトル u の次元
dimc	等式拘束条件 $C=0$ の次元
dimp	時変パラメータ p の次元
xv	状態ベクトル x
lmdv	随伴変数ベクトル λ
uv	制御入力ベクトル u
muv	等式拘束条件のラグランジュ乗数ベクトル μ
pv	時変パラメータベクトル p
fxu	状態方程式の関数 $f(x,u,p)$
Cxu	等式拘束条件の関数 $C(x,u,p)$
pt	時変パラメータの時間関数 $p(t)$
L	評価関数の被積分関数 $L(x,u,p)$
phi	評価関数の終端コスト $\varphi(x,p)$
MyVarNames	問題に固有な変数の名前を並べたリスト
MyVarValues	問題に固有な変数の値を並べたリスト
MyArrNames	問題に固有な 1 次元配列の名前を並べたリスト
MyArrDims	問題に固有な 1 次元配列の長さを並べたリスト
MyArrValues	問題に固有な 1 次元配列の値を並べたリスト

表 2.2 シミュレーション条件とコード生成に関する変数

変数	意味
tsim0	シミュレーションの開始時刻
tsim	シミュレーションの終了時刻
ht	シミュレーションの時間刻み
tf	モデル予測制御の定常的な評価区間長さ T_f
alpha	時変な評価区間 T のパラメータ α：$T=T_f(1-e^{-\alpha t})$
zeta	最適性条件 $F(U,x,t)=0$ 安定化のパラメータ ζ：$dF/dt=-\zeta F$
x0	シミュレーションの初期状態
u0	シミュレーション開始時における制御入力 u とラグランジュ乗数 μ の初期推定解
rtol	シミュレーション開始時における最適性条件残差 $\|F\|$ の許容値
hdir	ヤコビ行列とベクトルの積を前進差分近似する際の差分刻み h
kmax	GMRES 法の反復回数
dv	評価区間の分割数 N
dstep	シミュレーションにおいてデータを保存する頻度：dstep 回に 1 回データを保存
outfn	生成される C ソースファイルの名前
fndat	シミュレーション結果を保存するデータファイルの名前
SimplifyLevel	数式処理における数式簡単化の有無
Precondition	最適性条件に対する前処理の有無

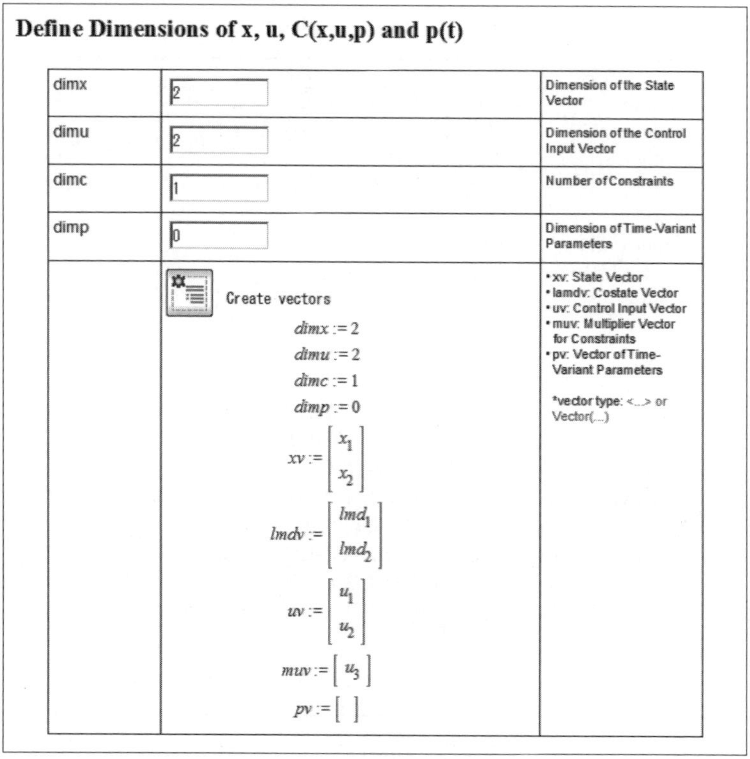

Define Dimensions of x, u, C(x,u,p) and p(t)

dimx	2	Dimension of the State Vector
dimu	2	Dimension of the Control Input Vector
dimc	1	Number of Constraints
dimp	0	Dimension of Time-Variant Parameters
	Create vectors $dimx := 2$ $dimu := 2$ $dimc := 1$ $dimp := 0$ $xv := \begin{bmatrix} x_1 \\ x_2 \end{bmatrix}$ $lmdv := \begin{bmatrix} lmd_1 \\ lmd_2 \end{bmatrix}$ $uv := \begin{bmatrix} u_1 \\ u_2 \end{bmatrix}$ $muv := \begin{bmatrix} u_3 \end{bmatrix}$ $pv := \begin{bmatrix} \end{bmatrix}$	• xv: State Vector • lamdv: Costate Vector • uv: Control Input Vector • muv: Multiplier Vector for Constraints • pv: Vector of Time-Variant Parameters *vector type: <...> or Vector(...)

図 **2.7** サブセクション “Define Dimensions of x, u, C(x,u,p) and p(t)”

変パラメータがなければ対応する次元は 0 とする。図 2.7 は例 2.1（2.1 節）の場合の入力を示している。コードエディタ “Create vectors” は変更しない。この中で，Maple のベクトルとして，状態ベクトル xv，随伴変数ベクトル lmdv，制御入力ベクトル uv，ラグランジュ乗数ベクトル muv，時変パラメータベクトル pv がそれぞれ定義される。

次のサブセクション “Define f(x,u,p), C(x,u,p), p(t), L(x,u,p) and phi(x,p)” では，状態方程式右辺の $f(x,u,p)$ を fxu に，等式拘束条件の $C(x,u,p)$ を Cxu に，時変パラメータ $p(t)$ を pt に，評価関数の被積分関数 $L(x,u,p)$ を L に，評価関数の終端コスト $\varphi(x,p)$ を phi に，それぞれ Maple の書式で入力する。例えば，例 2.1 の場合の fxu は図 **2.8** のようになる。fxu は Maple のベ

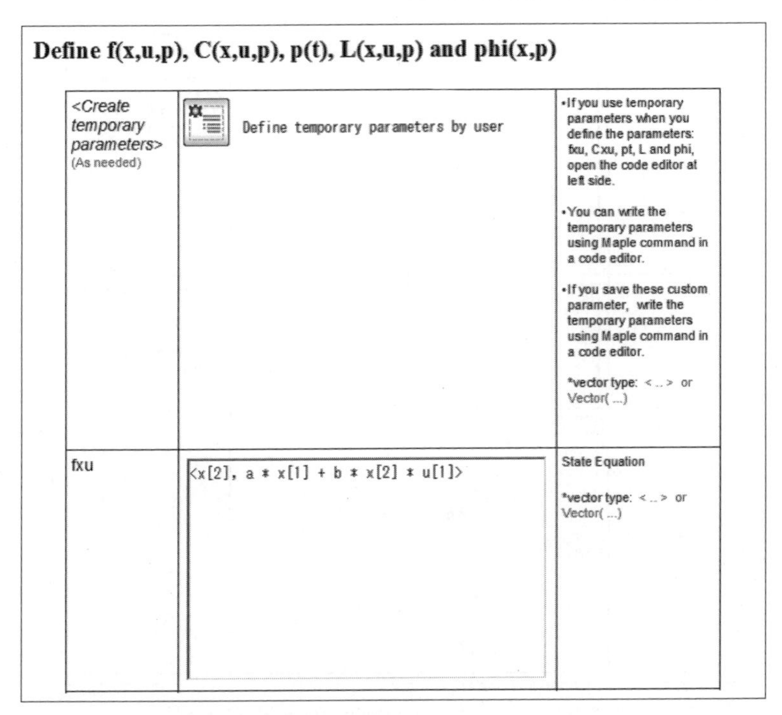

図 **2.8** サブセクション “Define f(x,u,p), C(x,u,p), p(t), L(x,u,p) and phi(x,p)”（その 1）

クトルであり，全体を $< \cdots >$ でくくって要素をカンマで区切るか，Vector コマンド の引数に要素をカンマで区切って並べるかによって与える。冒頭のコードエディタ “Define temporary parameters by user” は変更不要だが，状態方程式や評価関数の表現を簡潔にするための変数などを適宜定義してもよい。

このサブセクションでは，fxu に続いて Cxu と pt を定義する（図 **2.9**）。この例のように，Cxu は 1 次元でもベクトルとして定義する必要がある。また，時変パラメータ $p(t)$ が無い場合も，0 次元のベクトルとして定義しておく。続くコードエディタ “Set fxu, Cxu and pt” には，実際に fxu，Cxu，pt の定義を実行する Maple コマンドが記述されている。変更は不要である。

その次のコードエディタ “Create weight vectors and matrices for GUI” では重み行列が定義され，評価関数の被積分関数 L を定義する際に用いられる（図

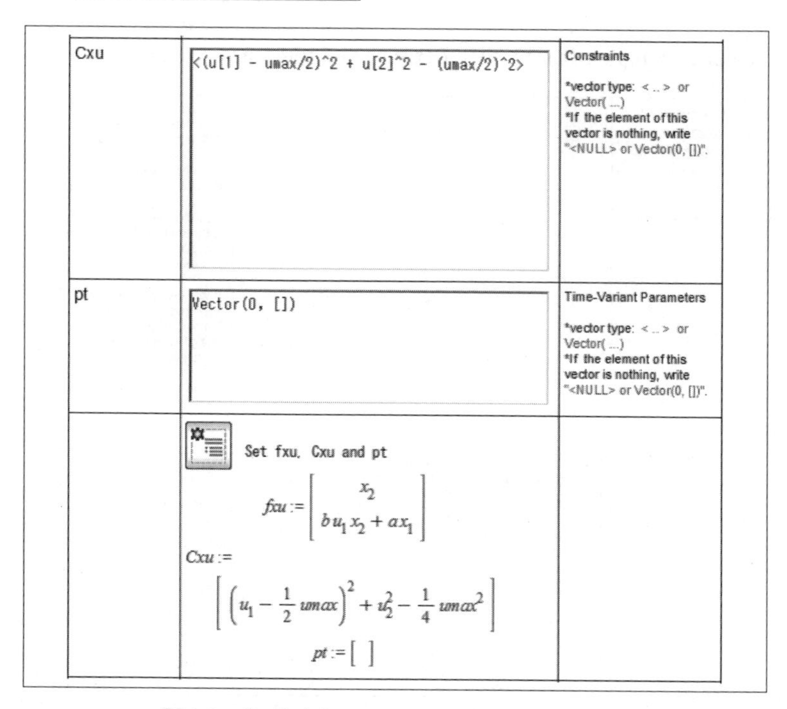

図 **2.9**　サブセクション “Define f(x,u,p), C(x,u,p), p(t), L(x,u,p) and phi(x,p)”（その 2）

2.10）。デフォルトでは，状態の重みとして対角行列 $Q = \mathrm{diag}(q_1, \ldots, q_n)$ および $S_f = \mathrm{diag}(s_{f1}, \ldots, s_{fn})$ が定義され，制御入力の重みとして $R = \mathrm{diag}(r_1, \ldots, r_{m_u})$ が定義される。ただし，S_f は後述する終端コスト用である。ここで，n と m_u はそれぞれ状態と制御入力の次元 dimx および dimu であり，Q，S_f，R の変数名はそれぞれ Q，Sf，R である。また，Q，Sf，R それぞれの対角要素を並べたベクトル q，sf，r も定義される。これらの行列やベクトルを用いることで，評価関数を簡潔に定義することができる。もしも対角とは限らない一般的な重み行列を使う必要がある場合には，コードエディタ “Create weight vectors and matrices for GUI” を変更すればよい。

そして，図 **2.11** のように被積分関数 L と終端コスト φ にあたる phi を定義する。ここで，前述の重み行列 Q，R, Sf を用いている。最後に，コードエディタ

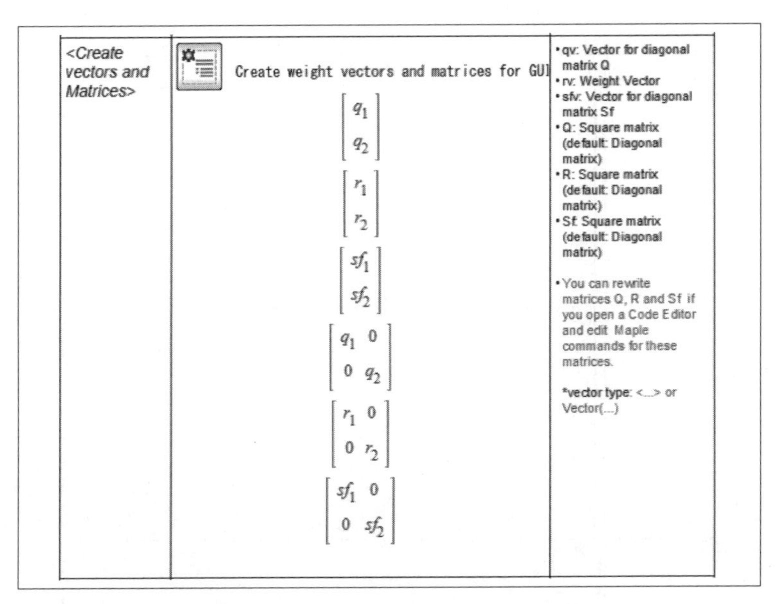

図 **2.10**　サブセクション “Define f(x,u,p), C(x,u,p), p(t), L(x,u,p) and phi(x,p)”（その 3）

“Set parameters: L and phi” によって L と phi の定義を実際に実行している。

次のサブセクション “Define User's Variables and Arrays” では，問題に固有の変数や配列の名前と値を定義する。例えば，例 2.1 の場合，a，b，u_{max} に対応する a，b，umax が問題に固有の変数であり，重み行列の対角要素の配列 q，r，sf が問題に固有の配列である。それらの名前と値を図 **2.12** のように定義する。MyVarNames は変数名の文字列のリスト，MyVarValues は対応する値のリストである。MyArrNames は配列名の文字列のリスト，MyArrDims は対応する配列長のリスト，MyArrValues は対応する値のリストである。ただし，MyArrValues の各要素はベクトルであることに注意されたい。このサブセクションの最後にあるコードエディタ “Set user's variables and arrays” に記述された Maple コマンドによって，実際の定義が実行される。

四つめのサブセクション “Define Simulation Conditions” では，シミュレーション実行の条件を設定する。まず，生成される C コードにおいて double 型のグローバル変数として定義されるのが図 **2.13** に示す変数である。tsim0 と

L	(xv^%T.Q.xv)/2 + r[1]*u[1]^2/2 - r[2]*u[2]	Integrand in the Performance Index
phi	(xv^%T.Sf.xv)/2	Terminal Penalty
	Set parameters: L and phi $L := \frac{1}{2} x_1^2 q_1 + \frac{1}{2} x_2^2 q_2 + \frac{1}{2} r_1 u_1^2 - r_2 u_2$ $\phi := \frac{1}{2} x_1^2 sf_1 + \frac{1}{2} x_2^2 sf_2$	Set parameters for L, and phi (Check the Maple command)

図 **2.11**　サブセクション "Define f(x,u,p), C(x,u,p), p(t), L(x,u,p) and phi(x,p)"（その 4）

Define User's Variables and Arrays

MyVarNames	["a", "b", "umax"]	List of Variable Names Defined by User * Use List type: [..] for MyVarNames * Use string type: ".." for elements of MyVarNames
MyVarValues	[-1, -1, 1]	List of Values for User's Variables * Use List type: [..] for elements of MyVarValues
MyArrNames	["q", "r", "sf"]	List of Array Names Defined by User * Use List type: [..] for MyArrNames * Use string type: ".." for elements of MyArrNames

図 **2.12**　サブセクション "Define User's Variables and Arrays"

MyArrDims	[dimx, dimu, dimx]	List of Dimensions of User's Arrays * Use List type: [..] for MyArrDims
MyArrValues	[<1,10>, <1,0.01>, <1,10>]	List of Values for User's Arrays * Use List type: [..] for MyArrValues * Use Vector type: < .. > or Vector([...]) for elements of MyArrValues
	Set user's variables and arrays $MyVarNames := [\text{"a"}, \text{"b"}, \text{"umax"}]$ $MyVarValues := [-1, -1, 1]$ $MyArrNames := [\text{"q"}, \text{"r"}, \text{"sf"}]$ $MyArrDims := [2, 2, 2]$ $MyArrValues := \left[\begin{bmatrix} 1 \\ 10 \end{bmatrix}, \begin{bmatrix} 1 \\ 0.01 \end{bmatrix}, \begin{bmatrix} 1 \\ 10 \end{bmatrix}\right]$	Set parameters for user's variables and arrays (Check the Maple command)

図 2.12　つづき

tsim はそれぞれシミュレーションの初期時刻および終了時刻，ht はシミュレーションで状態方程式を数値積分する際の時間刻みである。tf と alpha は，モデル予測制御の評価区間長さを式 (1.37) のような時変関数 $T(t)$ で与えた場合の定常値 T_f および増加率のパラメータ α である。zeta は，C/GMRES 法における誤差安定化条件 (1.32) のパラメータ ζ である。x0 はシミュレーションの初期状態である。u0 と rtol はシミュレーション開始時に式 (1.35)，(1.36) をニュートン法によって数値的に解く際の初期推定解および許容残差である。ただし，u0 には，制御入力（とダミー入力）だけでなく，ラグランジュ乗数の初期推定解も含むことに注意する。これは，C/GMRES 法内部では制御入力とラグランジュ乗数を区別する必要がないためである。x0 と u0 はベクトルとして与えることにも注意されたい。hdir は，GMRES 法の式 (1.41) における差分近似の刻み h である。

つぎに，int 型のグローバル変数として定義されるのが**図 2.14** の変数である。kmax は GMRES 法の反復回数，dv は評価区間の分割数 N，dstep はシミュレーション結果をファイルに保存する際の間引きをそれぞれ表す。すべての時

Define Simulation Conditions

<Doubles>		
tsim0	0.0	Initial Time of Simulation
tsim	20.0	Final Time of Simulation
ht	0.001	Time Step in Simulation
tf	1.0	Final Horizon Length
alpha	0.5	Parameter for Variable Horizon, T = tf*(1-exp(-alpha*t))
zeta	1000.0	Parameter for Stabilization of Continuation Method
x0	<2, 0>	Initial State *vector type: <...> or Vector(...)
u0	<0.01, 0.9, 0.03>	Initial Guess for Initial Control Input and Multipliers *vector type: <...> or Vector(...)
rtol	1.0e-6	Tolerance of Error in Initial Control Input and Multipliers, u0
hdir	0.002	Step in the Forward Difference Approximation

図 **2.13**　サブセクション “Define Simulation Conditions”（その 1）

<Integers>		
kmax	5	Number of Iteration in GMRES
dv	50	Number of Grids on the Horizon
dstep	5	Step for Saving Data

図 **2.14**　サブセクション “Define Simulation Conditions”（その 2）

間刻みのデータをファイルに保存するのではなく，dstep 回に 1 回だけ保存することによって，データファイルのサイズを抑えることができる。

文字列として定義するのは，**図 2.15** のように outfn と fndat である。outfn は，生成される C ソースファイルおよび実行ファイルの名前であり，fndat は，シミュレーション結果のデータファイル名を指定する。ただし，状態や入力な

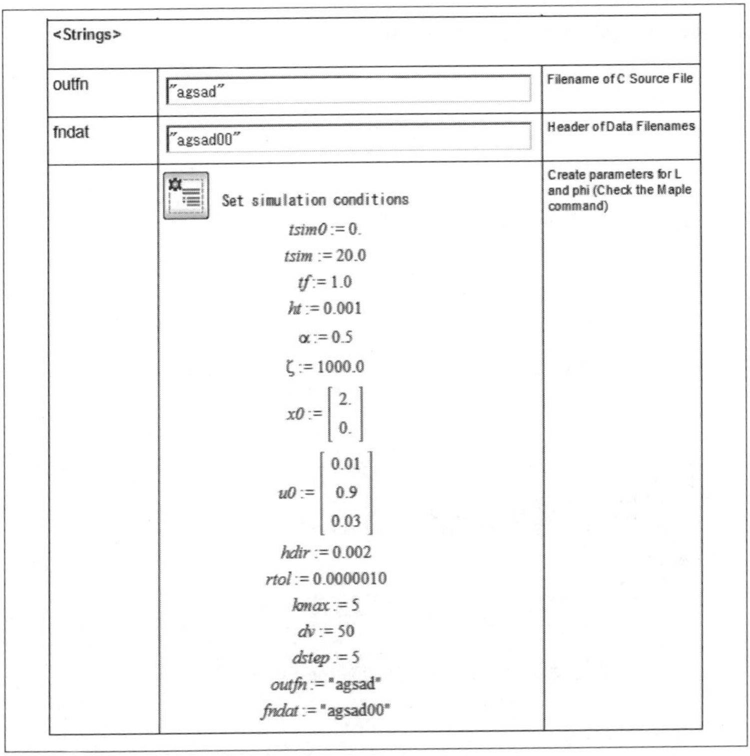

<Strings>		
outfn	"agsad"	Filename of C Source File
fndat	"agsad00"	Header of Data Filenames
	Set simulation conditions $tsim0 := 0.$ $tsim := 20.0$ $tf := 1.0$ $ht := 0.001$ $\alpha := 0.5$ $\zeta := 1000.0$ $x0 := \begin{bmatrix} 2. \\ 0. \end{bmatrix}$ $u0 := \begin{bmatrix} 0.01 \\ 0.9 \\ 0.03 \end{bmatrix}$ $hdir := 0.002$ $rtol := 0.0000010$ $kmax := 5$ $dv := 50$ $dstep := 5$ $outfn$:= "agsad" $fndat$:= "agsad00"	Create parameters for L and phi (Check the Maple command)

図 **2.15**　サブセクション “Define Simulation Conditions”（その 3）

ど変数ごとに別のファイルへシミュレーション結果を保存するため，fndat で指定した文字列に変数名を表す文字 x や u などが付加されたファイルが複数作られる。このサブセクションの最後にあるコードエディタ “Set simulation conditions” は変更不要であり，これを実行することで変数の値を確認することができる。

五つめのサブセクション “Define SimplifyLevel and Precondition” では，数式処理における簡単化のレベルと前処理を設定する（図 **2.16**）。まず，SimplifyLevel に正の値を設定すると，Maple における数式処理において simplify コマンドが実行され，数式が見やすく簡単な形に整理される。0 を設定すると，simplify コマンドは使われない。また，Precondition に 1 を設定すると，最適

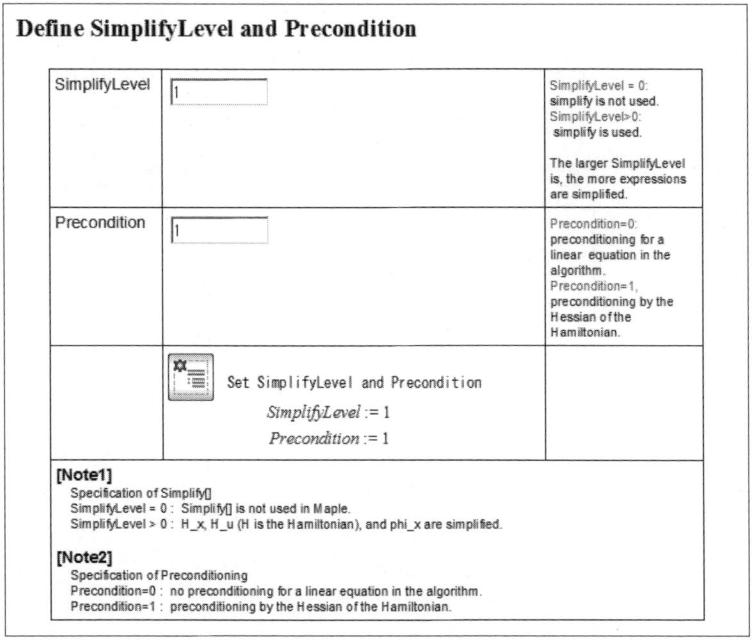

Define SimplifyLevel and Precondition

SimplifyLevel	1	SimplifyLevel = 0: simplify is not used. SimplifyLevel>0: simplify is used. The larger SimplifyLevel is, the more expressions are simplified.
Precondition	1	Precondition=0: preconditioning for a linear equation in the algorithm. Precondition=1, preconditioning by the Hessian of the Hamiltonian.
	Set SimplifyLevel and Precondition *SimplifyLevel* := 1 *Precondition* := 1	

[Note1]
Specification of Simplify[]
SimplifyLevel = 0 : Simplify[] is not used in Maple.
SimplifyLevel > 0 : H_x, H_u (H is the Hamiltonian), and phi_x are simplified.

[Note2]
Specification of Preconditioning
Precondition=0 : no preconditioning for a linear equation in the algorithm.
Precondition=1 : preconditioning by the Hessian of the Hamiltonian.

図 **2.16** サブセクション “Define SimplifyLevel and Precondition”

性条件 $\partial H/\partial u = 0$ に左からヘッセ行列の逆行列 $\left(\partial^2 H/\partial u^2\right)^{-1}$ を乗じた式を最適性条件として用いる。ヘッセ行列が正則であればこのような操作をしても最適性条件は数学的に等価であるが，数値計算の精度が向上する場合がある。例えば，評価関数における制御入力ベクトルの重みが成分ごとに大きく異なる場合，ヘッセ行列の逆行列を乗ずることで，最適性条件をスケーリングして重みの違いを補正していることになる。

セクションの最後には，サブセクション “Check the Dimension Parameters” で次元のチェックを行い，サブセクション “Save Setting Parameters” で問題設定とシミュレーション条件を Maple の書式で保存している（図 **2.17**）。これらのサブセクションを変更する必要はなく，また，保存されたファイル（拡張子 mpl）はあくまで確認用であり，後のコード生成やシミュレーションでは使用しない。

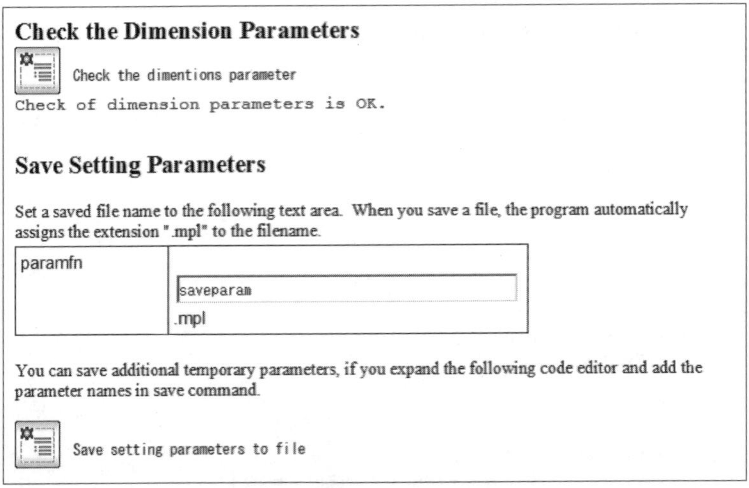

Check the Dimension Parameters

Check the dimentions parameter

Check of dimension parameters is OK.

Save Setting Parameters

Set a saved file name to the following text area. When you save a file, the program automatically assigns the extension ".mpl" to the filename.

paramfn	saveparam .mpl

You can save additional temporary parameters, if you expand the following code editor and add the parameter names in save command.

Save setting parameters to file

図 **2.17** サブセクション "Check the Dimension Parameters" および "Save Setting Parameters"

(4) **"Function for C Code Generation" セクション** 四つめのセクション "Function for C Code Generation" は，コード生成に用いる汎用的な Maple 関数を定義している。具体的には，スカラー値関数やベクトル値関数をベクトルによって偏微分して，勾配ベクトルやヤコビ行列を作る関数のみを定義している。ユーザが変更する箇所はない。

(5) **"Generate Euler-Lagrange Equations" セクション** 五つめのセクション "Generate Euler-Lagrange Equations" は，上述の設定を使って，実際にハミルトン関数を構成し，その導関数を計算して停留条件であるオイラー・ラグランジュ方程式を導出している。図 **2.18** にこのセクションの冒頭部分を示す。H がハミルトン関数になっている。また，制御入力ベクトル uv とラグランジュ乗数ベクトル muv をまとめて uv として定義しなおしていることに注意されたい。その次元は dimu と dimc の和 dimuc である。ハミルトン関数の偏導関数は，Hx と Hu に代入されている。前述の通り，SimplifyLevel が正ならばそれらに simplify コマンドが適用される。なお，実行結果右端の式番号は Maple の実行結果に付けられた番号であり，本書の式番号とは無関係であ

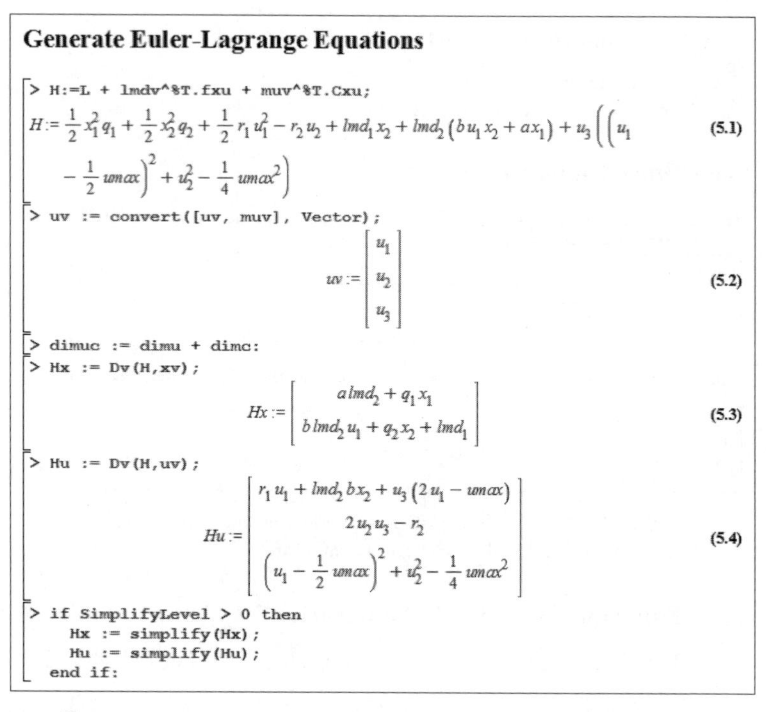

Generate Euler-Lagrange Equations

```
> H:=L + lmdv^%T.fxu + muv^%T.Cxu;
```

$$H := \frac{1}{2}x_1^2 q_1 + \frac{1}{2}x_2^2 q_2 + \frac{1}{2}r_1 u_1^2 - r_2 u_2 + lmd_1 x_2 + lmd_2 (b u_1 x_2 + a x_1) + u_3 \left(\left(u_1 - \frac{1}{2} umax \right)^2 + u_2^2 - \frac{1}{4} umax^2 \right) \qquad (5.1)$$

```
> uv := convert([uv, muv], Vector);
```

$$uv := \begin{bmatrix} u_1 \\ u_2 \\ u_3 \end{bmatrix} \qquad (5.2)$$

```
> dimuc := dimu + dimc:
> Hx := Dv(H,xv);
```

$$Hx := \begin{bmatrix} a\,lmd_2 + q_1 x_1 \\ b\,lmd_2 u_1 + q_2 x_2 + lmd_1 \end{bmatrix} \qquad (5.3)$$

```
> Hu := Dv(H,uv);
```

$$Hu := \begin{bmatrix} r_1 u_1 + lmd_2 b x_2 + u_3 (2 u_1 - umax) \\ 2 u_2 u_3 - r_2 \\ \left(u_1 - \frac{1}{2} umax \right)^2 + u_2^2 - \frac{1}{4} umax^2 \end{bmatrix} \qquad (5.4)$$

```
> if SimplifyLevel > 0 then
    Hx := simplify(Hx);
    Hu := simplify(Hu);
  end if:
```

図 **2.18**　“Generate Euler-Lagrange Equations” セクション（その 1）

る。その後，図 **2.19** のように随伴方程式 (1.20) の右辺である −Hx が dlmddt に代入され，続いて，Precondition が 1 であれば前述の前処理が実行される。

```
> dlmddt := -Hx;
```

$$dlmddt := \begin{bmatrix} -a\,lmd_2 - q_1 x_1 \\ -b\,lmd_2 u_1 - q_2 x_2 - lmd_1 \end{bmatrix} \qquad (5.5)$$

```
> if Precondition = 1 then
    Huu := Dv(Hu, uv);
    Hu := LinearAlgebra[LinearSolve](Huu,Hu);
    if SimplifyLevel > 0 then
      Hu := simplify(Hu);
    end if;
  end if;
```

$$Huu := \begin{bmatrix} r_1 + 2u_3 & 0 & 2u_1 - umax \\ 0 & 2u_3 & 2u_2 \\ 2u_1 - umax & 2u_2 & 0 \end{bmatrix}$$

図 **2.19**　“Generate Euler-Lagrange Equations” セクション（その 2）

$$
\begin{aligned}
Hu :=\ & \Big[\Big[\big(2\,b\,lmd_2\,u_2^2\,x_2 + umax^2\,u_1\,u_3 - 3\,umax\,u_1^2\,u_3 - umax\,u_2^2\,u_3 + 2\,r_1\,u_1\,u_2^2 + 2\,u_1^3\,u_3 + 2\,u_1 \\
& u_2^2\,u_3 - umax\,r_2\,u_2 + 2\,r_2\,u_1\,u_2\big) \Big/ \big(umax^2\,u_3 - 4\,umax\,u_1\,u_3 + 2\,r_1\,u_2^2 + 4\,u_1^2\,u_3 + 4\,u_2^2\,u_3\big)\Big], \\
& \Big[\frac{1}{2}\,\big(2\,b\,umax\,lmd_2\,u_2\,x_2 - 4\,b\,lmd_2\,u_1\,u_2\,x_2 - 4\,umax\,u_1\,u_2\,u_3 - 2\,r_1\,u_1^2\,u_2 + 2\,r_1\,u_2^3 + 4 \\
& u_1^2\,u_2\,u_3 + 4\,u_2^3\,u_3 - umax^2\,r_2 + 4\,umax\,r_2\,u_1 - 4\,r_2\,u_1^2\big) \Big/ \big(umax^2\,u_3 - 4\,umax\,u_1\,u_3 + 2\,r_1\,u_2^2 \\
& + 4\,u_1^2\,u_3 + 4\,u_2^2\,u_3\big)\Big], \\
& \Big[-\big(b\,umax\,lmd_2\,u_3\,x_2 - 2\,b\,lmd_2\,u_1\,u_3\,x_2 - umax^2\,u_3^2 + 2\,umax\,u_1\,u_3^2 - r_1\,u_1^2\,u_3 - r_1\,u_2^2\,u_3 \\
& - 2\,u_1^2\,u_3^2 - 2\,u_2^2\,u_3^2 + r_1\,r_2\,u_2 + 2\,r_2\,u_2\,u_3\big) \Big/ \big(umax^2\,u_3 - 4\,umax\,u_1\,u_3 + 2\,r_1\,u_2^2 + 4\,u_1^2\,u_3 \\
& + 4\,u_2^2\,u_3\big)\Big]\Big] \qquad (5.6)
\end{aligned}
$$

図 **2.19** つづき

さらに，**図 2.20** のように，終端コスト phi の偏導関数が phix に代入され，続いて，数式を最適化する optimize コマンドの適用範囲がチェックボックスで設定される。通常ここを変更する必要はないが，もしも数式の最適化処理に時間がかかりすぎるようなら適宜チェックボックスを外す。設定に応じて optimize コマンドが Hu などに適用され，繰り返し現れる数式を中間変数で置き換えた表現が simpliHu などの変数に保存される。

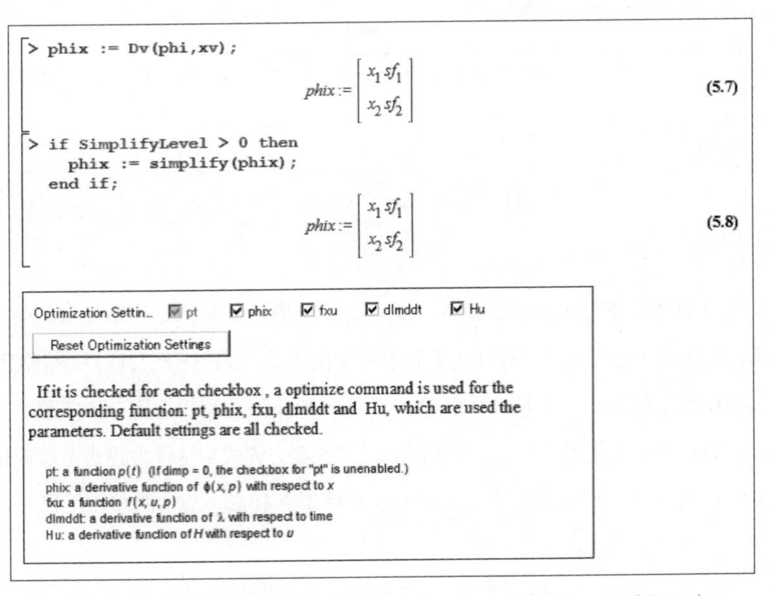

図 **2.20** “Generate Euler-Lagrange Equations” セクション（その 3）

（6）“Generate C Code” セクション　次の “Generate C Code” セクションでは，ここまでの処理結果を C ソースファイルとして出力する。図 **2.21** のように，“Generate C Code” セクションの冒頭では，C ソースファイル中のマクロをチェックボックスによって設定する。その後，C ソースファイルのパスが設定され，コードエディタ “Save to C File” によって実際に C ソースファイルが出力される。

Generate C Code

NMPC "#define" Option: ☐ HDIR_EQ_HT ☐ RESET_DU ☐ ADAMS

Reset option settings

If each checkbox is selected, you can use the corresponding "#define" option in C Code.

HDIR_EQ_HT: Flag for $\Delta\tau = \Delta t$, where $\Delta\tau$ is discretization step and Δt is sampling period
RESET_DU: Flag for reset to $\dot{U} = 0$ in GMRES method
ADAMS: Flag for using the Adams-Bashforth-Moulton method (If you do not check the checkbox, it is used the Euler method.)

```
> OutCFile:=cat(outfn,".c");
```

$$OutCFile := \text{"agsad.c"} \tag{6.1}$$

```
> cfile := cat(currentdir(),folderslash,OutCFile);
```

$$cfile := \text{"C:\textbackslash Users\textbackslash ohtsuka\textbackslash Documents\textbackslash AutoGen\textbackslash AutoGenU\_RTO\textbackslash MapleVersion\textbackslash agsad.c"} \tag{6.2}$$

Save to C File

図 **2.21**　“Generate C Code” セクション

マクロ HDIR_EQ_HT は，シミュレーション条件において hdir と ht が等しい場合に定義することで，計算式を若干簡単化する。RESET_DU は，GMRES 法の初期推定解として直前の解を使わず，0 ベクトルを用いる場合に定義する†。また，ADAMS を定義すると，評価区間上で状態方程式や随伴方程式を数値積分する際にオイラー法ではなくアダムス法が使用される。基本的な使用において

† 直前の解を初期推定解として用いることを**ウォームスタート**（warm start），用いずに 0 ベクトルで初期化することを**コールドスタート**（cold start）という。

これらのマクロ定義は不要である。チェックボックスを選択しなければマクロ定義はCソースファイル中でコメントアウトされる。なお，他にTRACE_ONというマクロもあり，デフォルトではコメントアウトされている。このマクロを定義すると，実行時に計算の途中経過が表示される。

（7） **“Run Simulation” セクション**　続いて，“Run Simulation” セクションでは，生成されたCソースファイルをコンパイルし，得られた実行ファイルを実行する。図**2.22**のように，コンパイラの種類として，Microsoft Visual C++ のコマンドラインコンパイラ cl.exe，GNU のCコンパイラ gcc.exe，その他 (custom) のいずれかをラジオボタンで選択する。コンパイラとして cl.exe を使用する場合は，cl.exe の環境変数を設定するバッチファイル（vcvarsall.bat や vcvars32.bat）を，パスも含めて “Setting for VC++” ボックスに指定する。その下の “Compile Command” ボックスには，実際に実行されるコンパイルコマンドを入力する。ただし，cl.exe と gcc.exe の場合には，“Define Setting Parameters” セクションで指定したファイル名 outfn から自動的にコマンドが生成される。一方，custom の場合には，ソースファイル名と実行ファイル名を指定でき，さらにバッチファイルを指定してコンパイルに用いることもできる。

実行ファイルを実行すると，モデル予測制御のシミュレーション結果が複数のファイルに保存される。それらのファイル名は，“Define Setting Parameters” セクションで指定した fndat によって決まる。例えば，fndat が “agsad00” であれば，シミュレーション条件や計算時間が agsad00c.m，状態の時間履歴が agsad00x.m，制御入力の時間履歴が agsad00u.m，最適性の誤差が agsad00e.m に，それぞれ保存される。拡張子が m なのは，Matlab の M ファイルとしても利用可能にするためである。なお，保存するデータ量を減らすため，評価区間上の状態や制御入力は保存しておらず，実時間 t に対応する値のみを保存している。また，最適性の誤差に関しては，シミュレーション中の処理を減らすため，F のノルム $\|F\|$ は計算せず，制御入力とラグランジュ乗数の各成分に対応する F の成分の2乗和の時間履歴を保存している。制御入力 u とラグランジュ乗数 μ の次元をそれぞれ m_u（= dimu），m_c（= dimc）と置くと，各時刻における

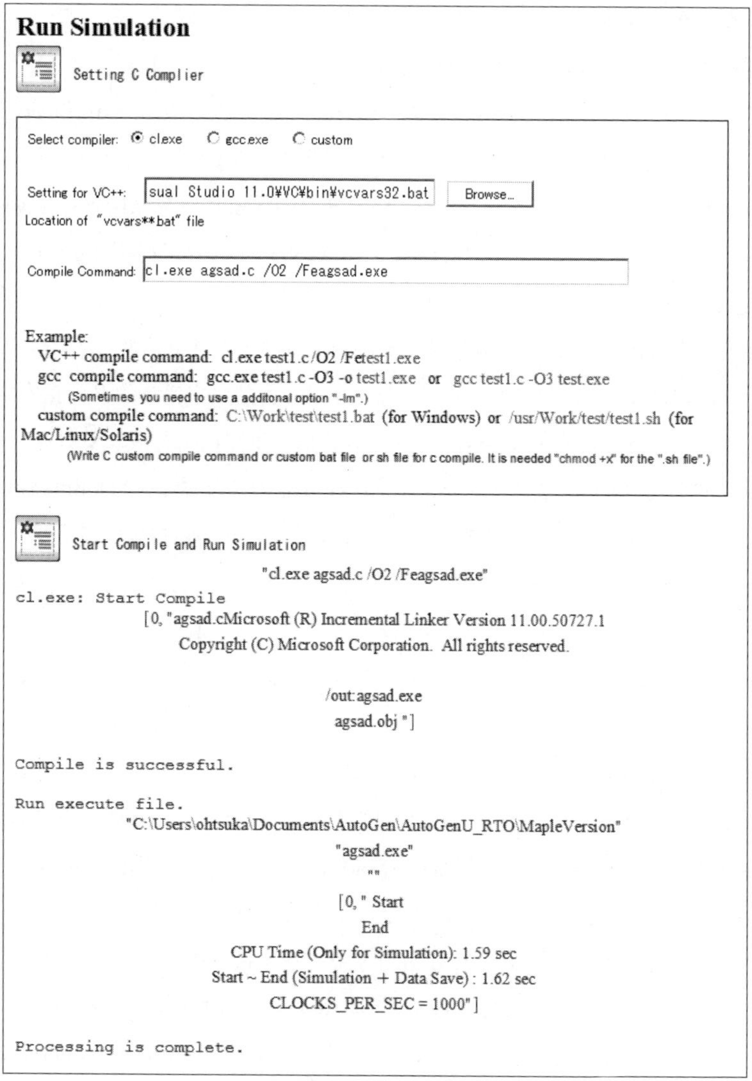

Run Simulation

Setting C Complier

Select compiler: (•) cl.exe ( ) gcc.exe ( ) custom

Setting for VC++: sual Studio 11.0¥VC¥bin¥vcvars32.bat [Browse...]

Location of "vcvars**bat" file

Compile Command: cl.exe agsad.c /O2 /Feagsad.exe

Example:
VC++ compile command: cl.exe test1.c /O2 /Fetest1.exe
gcc compile command: gcc.exe test1.c -O3 -o test1.exe or gcc test1.c -O3 test.exe
(Sometimes you need to use a additonal option "-lm".)
custom compile command: C:\Work\test\test1.bat (for Windows) or /usr/Work/test/test1.sh (for Mac/Linux/Solaris)
(Write C custom compile command or custom bat file or sh file for c compile. It is needed "chmod +x" for the ".sh file".)

Start Compile and Run Simulation

"cl.exe agsad.c /O2 /Feagsad.exe"

```
cl.exe: Start Compile
```

[0, "agsad.cMicrosoft (R) Incremental Linker Version 11.00.50727.1
Copyright (C) Microsoft Corporation. All rights reserved.

/out:agsad.exe
agsad.obj "]

```
Compile is successful.

Run execute file.
```

"C:\Users\ohtsuka\Documents\AutoGen\AutoGenU_RTO\MapleVersion"
"agsad.exe"
""
[0, " Start
End
CPU Time (Only for Simulation): 1.59 sec
Start ~ End (Simulation + Data Save) : 1.62 sec
CLOCKS_PER_SEC = 1000"]

```
Processing is complete.
```

図 2.22 "Run Simulation" セクション

最適性誤差のデータは $m_u + m_c$ 個ある。それを $E_j(t)$ $(j = 1, \cdots, m_u + m_c)$ とすると，最初の m_u 個は

$$E_j(t) := \sum_{i=0}^{N-1} \left(\frac{\partial H}{\partial u_j}(x_i^*(t), u_i^*(t), \lambda_{i+1}^*(t), \mu_i^*(t), p(t + i\Delta\tau)) \right)^2 \quad (j = 1, \cdots, m_u) \tag{2.1}$$

と定義され，残りの m_c 個は

$$E_{m_u+j}(t) := \sum_{i=0}^{N-1} \left(C_j(x_i^*(t), u_i^*(t), p(t + i\Delta\tau)) \right)^2 \quad (j = 1, \cdots, m_c) \tag{2.2}$$

と定義されている。したがって，実際に各時刻の $\|F\|$ を得るには

$$\|F\| = \sqrt{\sum_{i=1}^{m_u+m_c} E_i(t)} \tag{2.3}$$

のように，各時刻ごとのデータを足し合わせて平方根をとる必要がある。

（8） “Show Graphs” セクション　最後に，“Show Graphs” セクションでは，シミュレーション結果のデータを読み込み，時間履歴を描画する。データのパスとファイル名は，それぞれ “Initialize” セクションで指定した作業ディレクトリおよび “Define Setting Parameters” セクションで定義した fndat から決まるファイル名がデフォルトで使われる。もしも，それらを変更したい場合には，サブセクション “Initialize Parameters” 冒頭にある “#restart” を “restart” に変更し，その下の “Current Directory” と “Header of Data Filenames” を指定する（図 **2.23**）。データファイルの読み込みは，サブセクション “Read Data

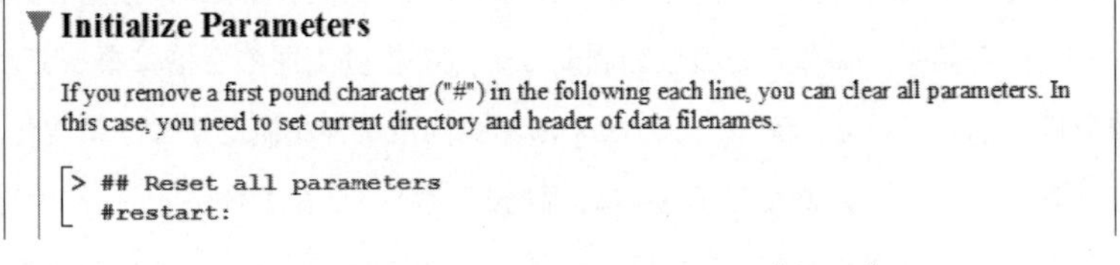

Show Graphs

▼ Initialize Parameters

If you remove a first pound character ("#") in the following each line, you can clear all parameters. In this case, you need to set current directory and header of data filenames.

```
> ## Reset all parameters
  #restart:
```

図 **2.23**　“Show Graphs” セクション（その 1）

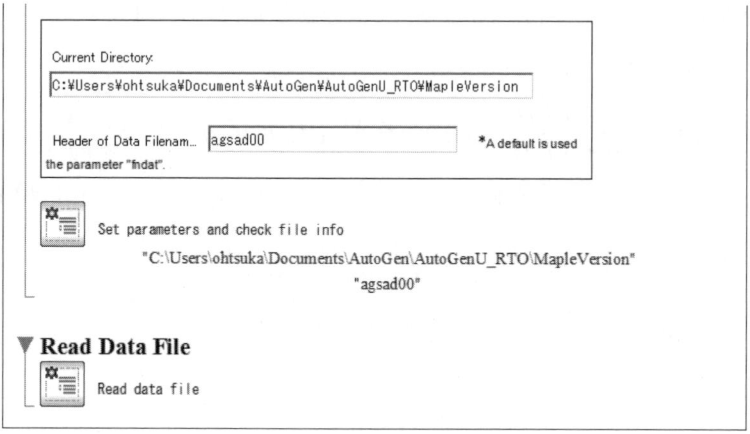

Current Directory:
C:¥Users¥ohtsuka¥Documents¥AutoGen¥AutoGenU_RTO¥MapleVersion

Header of Data Filenam... agsad00 *A default is used
the parameter "fndat".

Set parameters and check file info
"C:\Users\ohtsuka\Documents\AutoGen\AutoGenU_RTO\MapleVersion"
"agsad00"

Read Data File

Read data file

図 **2.23**　つづき

File” で実行される。ここは修正不要である。

グラフの描画はサブセクション “Create and Show Graph” で行われる。図 **2.24** のように，グラフ全体の幅と高さをピクセル数で指定することができる。また，描画するデータを，状態ベクトル (vector x)，制御入力ベクトル (vector u)，最適性の誤差 $\|F\|$ (error norm) からチェックボックスによって選択することができる。これらの設定を変更して再描画する際には，グラフ下の “Delete” ボタンでグラフをいったん消去してからコードエディタ “Create Graph and Show” を実行する。特定のコードエディタのみを実行するには，コードエディタのアイコンをダブルクリックするか，アイコン上で右クリックして「コードを実行する」を選ぶ。

図 2.24 を見ると，例 2.1 に対して，制御入力 u_1 が拘束条件 $0 \leqq u_1 \leqq u_{max}$ $(u_{max} = 1)$ を満たしていることがわかる。また，制御入力 u_1 は減衰係数であるため，速度 x_2 の絶対値が大きいときに大きな値をとって効果的に振動を抑制している。その結果，制御入力の振動周期は質点の振動周期の 2 倍になっており，非線形性を示している。ダミー入力 u_2 は等式拘束条件を満たすように変化している。ラグランジュ乗数である u_3 は，制御入力 u_1 が最大値 $u_{max} = 1$ で飽和したときに大きな値をとり，それ以外ではほぼ 0 になっている。これは，不等式

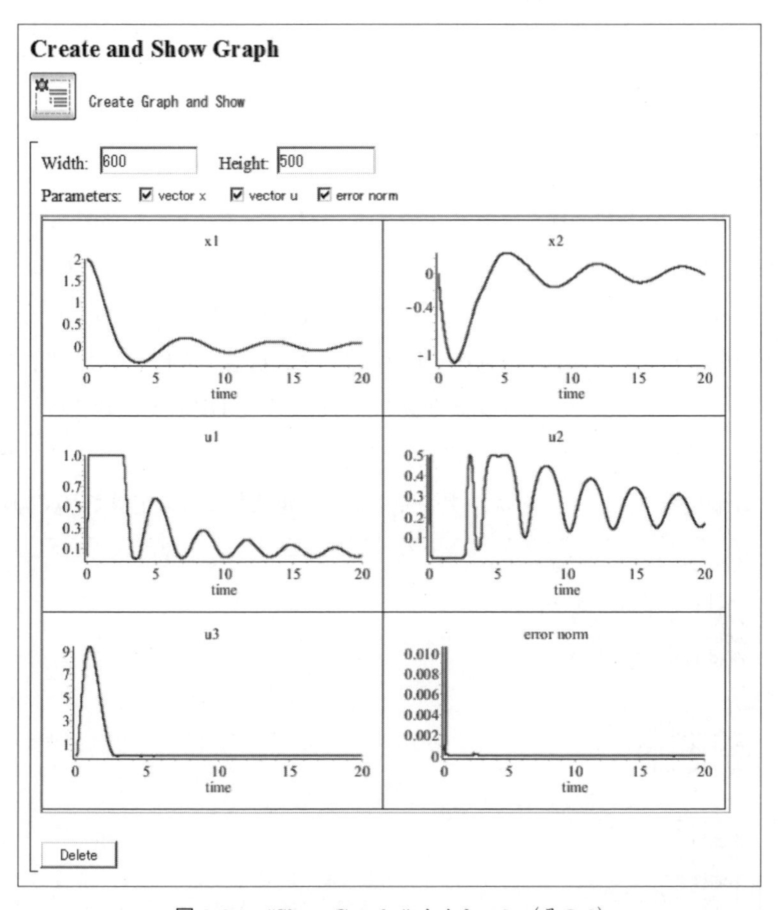

図 **2.24** "Show Graphs" セクション（その 2）

拘束条件に対するラグランジュ乗数の挙動と同じである。グラフの error norm は最適性誤差 $\|F\|$ の時間履歴であり，制御開始時に評価区間が増加する際にはやや大きな値をとっているが，それ以外ではほぼ 0 であり，最適性条件 $F=0$ が十分な精度で満たされていることがわかる。このシミュレーションの計算環境は，CPU: Intel Core i7-3520M 2.90 GHz, RAM: 8 GB, OS: Windows 7, C コンパイラ: Microsoft Visual Studio Ver. 11.0 32 ビットコマンドライン版 cl.exe である。このシミュレーションでは，制御入力の更新 1 回に 0.08 ms しかかかっていない。評価区間の分割数 dv (N) と GMRES 法の反復回数 kmax

を減らせば，さらに短くでき，サンプリング周期 ht が 1 ms での実装は十分に可能である。

2.2.3　C ソースファイル

Maple 版 AutoGenU によって生成された C ソースファイルを図 2.25～図 2.28 に示す。図 **2.25** のように，まず冒頭で汎用的な関数を集めた C ソースファイル rhfuncu.c をインクルードしている。その後，処理を切り替える前述のマクロ定義がコメントアウトされており，続いて，状態ベクトルの次元 DIMX，制御入力ベクトルとラグランジュ乗数を合わせた次元 DIMUC，時変パラメータの次元 DIMP がマクロとして定義されている。シミュレーション条件やモデルと評価関数のパラメータは，すべてグローバル変数として定義されている。

```
#include "rhfuncu.c"

/*#define HDIR_EQ_HT */
/*#define RESET_DU */
/*#define ADAMS */
/*#define TRACE_ON */


/* -------------- Dimensions -------------- */
#define DIMX    2
#define DIMUC   3
#define DIMP    0

/*-------------- Global Variables -------------- */
double tsim0 = 0;
double tsim = 20;
double tf = 1;
double ht = 0.001;
double alpha = 0.5;
double zeta = 1000;
double x0[DIMX] = { 2., 0. };
double u0[DIMUC] = { .1e-1, .9, .3e-1 };
double hdir = 0.002;
double rtol = 1.0e-06;
int kmax = 5;
int dv = 50;
int dstep = 5;
#define FNMHD "agsad00"


/*-------------- Global Variables Defined by User -------------- */
double a = -1;
double b = -1;
double umax = 1;

double q[2] = {1, 10};
double r[2] = {1, .1e-1};
double sf[2] = {1, 10};
```

図 **2.25**　生成された C ソースファイル（その 1）

したがって，変数名が重複しないよう注意が必要である。また，シミュレーション条件やモデルと評価関数のパラメータなどを変更する場合，ワークシートを実行してコードを生成し直さなくても，これらのグローバル変数を変更してコンパイル・実行してもよい。特に，数式処理に時間を要する複雑な問題であれば，C ソースファイルを直接変更する方が効率的である。

グローバル変数の定義に続いては，図 2.26，図 2.27 のように，問題に依存して与えられたオイラー・ラグランジュ方程式の各関数が定義される。**図 2.26** では，phix が終端コスト φ の偏導関数，xpfunc が状態方程式の右辺，lpfunc が随伴方程式の右辺，そして，**図 2.27** の hufunc がハミルトン関数の制御入力に関する偏導関数である。ただし，ラグランジュ乗数も制御入力と見なしているので，hufunc には等式拘束条件の C に相当する式も含まれる。2.2.2 項 (5)

```
/* -------------- dPhi/dx -------------- */
void phix(double t, double x[], double phx1[])
{
  phx1[0] = x[0] * sf[0];
phx1[1] = x[1] * sf[1];

}



/* -------------- State Equation -------------- */
void xpfunc(double t, double x[], double u[], double xprime[])
{
  double o[1];

  o[0] = x[1];
xprime[0] = o[0];
xprime[1] = b * o[0] * u[0] + a * x[0];

}



/* -------------- Costate Equation -------------- */
void lpfunc(double t, double lmd[], double linp[], double lprime[])
{
  double x[DIMX], u[DIMUC];
  double o[1];

  mmov(1,DIMX, linp, x);
  mmov(1,DIMUC, linp+DIMX, u);

  o[0] = lmd[1];
lprime[0] = -a * o[0] - x[0] * q[0];
lprime[1] = -b * o[0] * u[0] - x[1] * q[1] - lmd[0];

}
```

図 2.26　生成された C ソースファイル（その 2）

```
/* -------------- Error in Optimality Condition, Hu -------------- */
void hufunc(double t, double x[], double lmd[], double u[], double hui[])
{
  double o[20];

  o[0] = u[1];
o[1] = pow(o[0], 0.2e1);
o[2] = 0.2e1 * o[1];
o[3] = u[2];
o[4] = 0.4e1 * o[3];
o[5] = u[0];
o[6] = pow(o[5], 0.2e1);
o[7] = -0.2e1 * o[6];
o[8] = 0.2e1 * o[5];
o[9] = r[0];
o[10] = 0.2e1 * o[9];
o[11] = umax * umax;
o[12] = o[2] + o[11];
o[13] = r[1];
o[14] = o[0] * o[13];
o[15] = o[5] * umax;
o[16] = o[8] - umax;
o[17] = lmd[1] * b * x[1];
o[18] = -0.4e1 * o[6] - o[11] + 0.4e1 * o[15];
o[19] = 0.1e1 / (o[1] * o[10] + (-o[18] + 0.4e1 * o[1]) * o[3]);
hui[0] = ((o[5] * o[9] + o[17]) * o[2] + o[16] * o[14] + (o[6] * o[8] + (-o[1] -
 3 * o[6]) * umax + o[12] * o[5]) * o[3]) * o[19];
hui[1] = (o[18] * o[13] + ((o[4] + o[10]) * o[1] + o[9] * o[7] + (o[6] - o[15])
* o[4] + (-4 * o[5] + 2 * umax) * o[17]) * o[0]) * o[19] / 2;
hui[2] = -(o[9] * o[14] + (2 * o[14] + (-o[1] - o[6]) * o[9] - o[16] * o[17] +
(o[7] + 2 * o[15] - o[12]) * o[3]) * o[3]) * o[19];

}
```

図 2.27　生成された C ソースファイル（その 3）

で述べたように，Maple の optimize コマンドによって，繰り返し現れる数式が自動的に中間変数の配列 o で置き換えられている。

図 2.28 は C ソースファイルの末尾である。final は，シミュレーション条件やモデルと評価関数のパラメータをデータファイルに出力する関数であり，シミュレーションの終了時に実行される。ただし，t_cpu と t_s2e はユーザが定義する変数ではなく，それぞれ，シミュレーション全体で制御入力の更新にかかった計算時間，データ保存も含めてシミュレーション開始から終了までの時間，を表す。シミュレーション全体で制御入力を更新する回数は (tsim - tsim0)/ht なので，1 回の制御入力更新にかかった時間は，t_cpu * ht / (tsim - tsim0) になる。C ソースファイルの最後で，問題に依存しない main 関数を含む C ソースファイル rhmainu.c をインクルードしている。このように，C ソースファイルの冒頭だけでなく末尾でも他のファイルをインクルードするのは一般的でな

```
/* -------------- Save Simulation Conditions -------------- */
void final(FILE *fp, float t_cpu, float t_s2e)
{
    int i;
    fprintf(fp, "%% Simulation Result by agsad.c ¥n");
    fprintf(fp, "Precondition = 1 ¥n");
    fprintf(fp, "tsim = %g¥n", tsim);
    fprintf(fp, "ht = %g, dstep = %d¥n", ht, dstep);
    fprintf(fp, "tf = %g, dv = %d, alpha = %g, zeta = %g ¥n", (float)tf, dv,
(float)alpha, (float)zeta);
    fprintf(fp, "hdir = %g, rtol = %g, kmax = %d ¥n", (float)hdir, (float)rtol,
kmax);
    fprintf(fp, "u0 = [%g", (float)u0[0] );
    for(i=1; i<DIMUC; i++)
        fprintf(fp,",%g", (float)u0[i] );
    fprintf(fp, "]¥n" );
    fprintf(fp, "t_cpu = %g, t_s2e = %g  %% [sec] ¥n", t_cpu, t_s2e);

    fprintf(fp, "a = %g¥n ", (float)a );
    fprintf(fp, "b = %g¥n ", (float)b );
    fprintf(fp, "umax = %g¥n ", (float)umax );

    fprintf(fp, "q = [%g ", (float)q[0]);
    for(i=1; i<2; i++)
        fprintf(fp, ",%g", (float)q[i] );
    fprintf(fp, "]¥n" );

    fprintf(fp, "r = [%g ", (float)r[0]);
    for(i=1; i<2; i++)
        fprintf(fp, ",%g", (float)r[i] );
    fprintf(fp, "]¥n" );

    fprintf(fp, "sf = [%g ", (float)sf[0]);
    for(i=1; i<2; i++)
        fprintf(fp, ",%g", (float)sf[i] );
    fprintf(fp, "]¥n" );

}

#include "rhmainu.c"
```

図 **2.28** 生成された C ソースファイル（その 4）

いが，こうすることによって，生成されたファイルをコンパイルする際，自動的に rhfuncu.c と rhmainu.c がインクルードされる。したがって，それぞれのソースファイルをコンパイルしてからリンクするなどといった手順を意識しなくてすむ。

C ソースファイル rhfuncu.c と rhmainu.c は問題に依存しないとはいえ，場合によっては変更が必要になるパラメータもいくつかある。まず，rhfuncu.c では，常微分方程式の次元の最大値を与えるマクロ DIMRK，DIMAD，DIMEU が数値積分法ごとに定義されており，値はすべて 50 となっている。もしも 50 次元以上の状態方程式を扱う場合には，これらのマクロの値を変更する必要がある。rhmainu.c の中では，制御開始時に未知変数 U をニュートン法で初期化する関数 init が定義されており，ニュートン法の最大反復回数は 100 としている。それまでに式 (1.35)，(1.36) の残差が rtol 以下になればニュートン法を終了するが，100 回の反復では十分な精度が得られない場合には，最大反復回数を増やす必要がある。なお，モデル予測制御の制御入力を更新する関数は，rhmainu.c. の中の unew であり，直前のサンプリング時刻（変数 t）とその時の状態ベクトル（配列 x），そして現在の状態ベクトル（配列 x1）とから，現在の制御入力ベクトル（配列 u）を求める。未知変数 U に対応する配列は utau である。

2.3　Mathematica 版 AutoGenU

2.3.1　概　　　要

Mathematica は Wolfram Research によって開発されている数式処理言語である。Mathematica の使用方法については，Wolfram Research のウェブページ[9] で解説されているほか，書籍も多数出版されている。本書で想定するバージョンは Mathematica 9 である。AutoGenU の Mathemaitica 版は大塚[10] によって 2000 年に開発・公開された。その原型は，C/GMRES 法とは異なるアルゴリズム[11] に対する自動コード生成システム AutoGen[12] である。Mathematica 版の AutoGenU と AutoGen いずれも，大塚のウェブページで公開されている[13]。

Mathematica 版 AutoGenU は，以下のファイルで構成される。

- AutoGenU.nb
  問題設定を読み込んでコード生成を行う Mathematica ノートブック
- AutoGenU.mc
  C ソースファイルのテンプレートファイル
- Optimize2.m
  繰り返し現れる数式を自動的に中間変数で置き換える Optimize コマンドを定義する Mathematica パッケージ

- Format2.m

  Optimize コマンドを使って中間変数定義と配列代入の C コードを生成する関数を定義する Mathematica パッケージ（Mathematica バージョン 8 まで）

- Format3.m

  Format2.m を Mathematica 9 用に修正したパッケージ

- rhfuncu.c

  シミュレーションプログラムで使用される汎用関数のソースファイル（Maple 版と同じ）

- rhmainu.c

  シミュレーションプログラムのメイン関数やデータ出力などのソースファイル（Maple 版と同じ）

- plotsim.m

  シミュレーション結果の時間履歴を作図する Matlab M ファイル（Maple 版と同じ）

- inputSAD.m

  問題設定を定義する入力ファイル（ファイル名は自由）

- Readme.txt

  使用方法を説明したテキストファイル（英語）

これらのファイルを同じ作業フォルダにまとめて置いておく†。拡張子 m が，Mathematica のパッケージや入力ファイルと Matlab M ファイルとで重複しているので注意する。問題設定からコード生成，シミュレーション実行，結果のグラフ描画までの流れは以下のようになっている（図 **2.29** 参照）。

1) 入力ファイルに Mathematica の書式で問題設定を定義する。
2) AutoGenU.nb で入力ファイルを指定し，ノートブック全体を実行して C ソースファイルを生成する。

† Optimize2.m や Format2.m，Format3.m は，Mathematica のパッケージを集めたフォルダ（Mathematica をインストールしたときに AddOns などという名前で作成される）に置いてもよい。

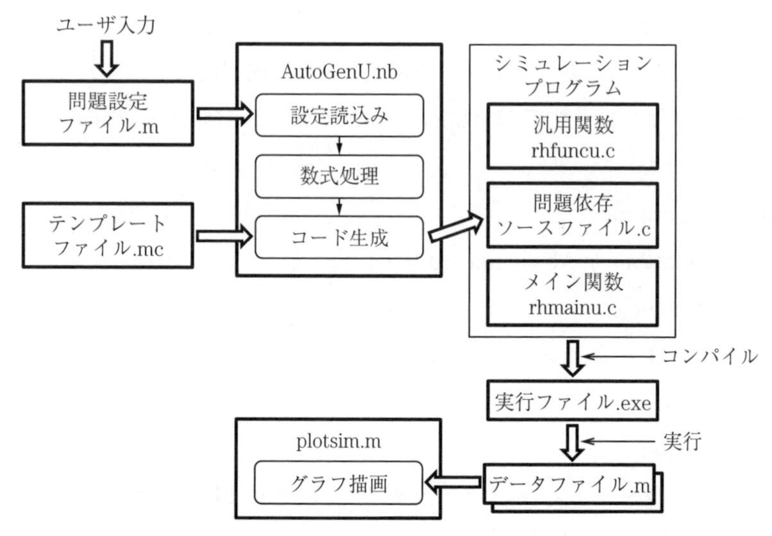

図 **2.29**　Mathematica 版 AutoGenU における処理の流れ

3) 生成された C ソースファイルを適当な C コンパイラでコンパイルし，シミュレーションを実行する。

4) シミュレーション結果のデータファイルを plotsim.m で読み込み，グラフを描画する。

なお，問題に依存しない関数の C ソースファイルは，生成された C ソースファイルの中でインクルードされており，個別にコンパイルする必要はない。以下，例 2.1 を題材として手順を説明していく。

2.3.2　入力ファイル

例 2.1 に対応する入力ファイルを図 **2.30**，図 **2.31** に示す。入力ファイルには問題設定やシミュレーション条件が Mathematica のコマンドで記述されており，テキストエディタで編集すればよい。Mathematica で開くこともできるが，ノートブックと違い，セルなどの構造は持たない。入力ファイルにおける変数の意味はすべて Maple 版と同じである（表 2.1，表 2.2 参照）。最初の dimx などは状態ベクトルなどの次元であり，次の xv などはベクトルを Mathematica

```
(*-------- Define dimensions of x, u, C(x,u), and p(t). --------*)
dimx=2;
dimu=2;
dimc=1;
dimp=0;

(*-------- Do not touch the following difinition of vectors. --------*)
xv=Array[x,dimx];
lmdv=Array[lmd,dimx];
uv=Array[u,dimu];
muv=Array[u,dimc,dimu+1];
pv=Array[p,dimp];

(*-------- Define f(x,u,p), C(x,u,p), p(t), L(x,u,p) and phi(x,p). --------*)
fxu = {x[2], a * x[1] + b * x[2] * u[1]};
Cxu = {(u[1] - umax/2)^2 + u[2]^2 - (umax/2)^2};
pt={};

qv = Array[q,dimx];
rv = Array[r,dimu];
sfv = Array[sf,dimx];
Q = DiagonalMatrix[qv];
Sf = DiagonalMatrix[sfv];

L = xv.Q.xv/2 + r[1]*u[1]^2/2 - r[2]*u[2];
phi = xv.Sf.xv/2;

(*-------- Define user's variables and arrays. --------*)
(*--- Numbers must be in Mathematica format. ---*)
MyVarNames={"a", "b", "umax"};
MyVarValues={-1, -1, 1};
MyArrNames={"q", "r", "sf"};
MyArrDims={dimx, dimu, dimx};
MyArrValues={{1,10}, {1,0.01}, {1,10}};
```

図 **2.30** 入力ファイル（その 1）

のリストとして定義している。例えば，例 2.1 の場合，xv がリスト $\{x[1], x[2]\}$ として定義される。つぎに，fxu は状態方程式右辺の $f(x,u,p)$，Cxu は等式拘束条件の $C(x,u,p)$，pt は時変パラメータ $p(t)$ を Mathematica のリストとして定義する。その後，評価関数の重み行列を定義し，評価関数の被積分関数 $L(x,u,p)$ が L，終端コスト $\varphi(x,p)$ が phi である。コード生成の際には，入力ファイルの内容がそのまま Mathematica で実行されるので，必要に応じて中間変数を定義して L などを簡潔に表すこともできる。続いて，MyVarNames 以下では，C ソースフィル内で定義すべき変数や配列を設定している。まず，MyVarNames はユーザ定義の変数名を文字列のリストとして定義しており，MyVarValues は，それらの値のリストである。MyArrNames はユーザ定義の配列名のリストであり，MyArrDims がそれらの次元のリスト，MyArrValues

```
(*-------- Define simulation conditions. --------*)
(*--- Real Numbers ---*)
tsim0=0;
tsim=20;
tf=1;
ht=0.001;
alpha=0.5;
zeta=1000;
x0={2,0};
u0={0.01, 0.02, 0.03};
hdir=0.002;
rtol=10^(-6);
(*--- Integers ---*)
kmax = 5;
dv=50;
dstep=5;
(*--- Strings ---*)
outfn="agsad";
fndat="agsad00";

(*-------------------------------------------------------------
Define SimplifyLevel.
If SimplifyLevel=0, then Simplify[] is not used.
If SimplifyLevel>0, then Simplify[] is used.
The larger SimplifyLevel is, the more expressions are simplified.
-------------------------------------------------------------*)
SimplifyLevel=3;

(*-------------------------------------------------------------
Define Precondition.
If Precondition=0, no preconditioning for a linear equation in the algorithm.
If Precondition=1, preconditioning by the Hessian of the Hamiltonian.
-------------------------------------------------------------*)
Precondition = 1;
```

図 2.31　入力ファイル（その 2）

がそれらの値のリストである。

入力ファイルの後半（図 2.31）では，シミュレーションの初期時刻 tsim0 や終了時刻 tsim，評価区間の定常長さ tf などを定義している。これらも Maple 版と同じである。シミュレーション開始時にニュートン法で制御入力を初期化する際の初期推定解 u0 は，制御入力 u だけでなくラグランジュ乗数 μ の初期推定値も含むことに注意する。最後の SimplifyLevel と Precondition も Maple 版と同様で，SimplifyLevel が正なら Mathematica の数式簡略化コマンド Simplify を使い，Precondition が 1 ならハミルトン関数のヘッセ行列によって最適性条件の前処理を行う。

入力ファイルで設定したシミュレーション条件の変数や，MyVarNames と MyArrNames で指定した変数と配列は，生成される C ソースファイルにおいてグローバル変数として定義されるので，ローカル変数と名前が重複しないよう注意する。

2.3.3 ノートブック AutoGenU.nb

ノートブック AutoGenU.nb を Mathematica で開いたウィンドウを **図 2.32** に示す。冒頭で，作業ディレクトリと入力ファイル名を指定する。ディレクトリの区切りが \\ であることに注意する。ノートブックに関しては他に修正すべきところはなく，すべてのセルを選んで実行（Shift+Enter）すれば，C ソースファイルが生成される。次の “Functions for C Code Generation” セクションでは汎用的な関数を定義しており，その次の “User Settings” セクションで入力ファイルを読み込んでいる。そして，“Generate Euler-Lagrange Equations” セクションでは停留条件を計算しており，最後の “Generate C Code” セクションで C ソースファイルを生成している。各セクションは，右端の垂直線（セルブラケット）をダブルクリックすることで，展開および折り畳みができる。

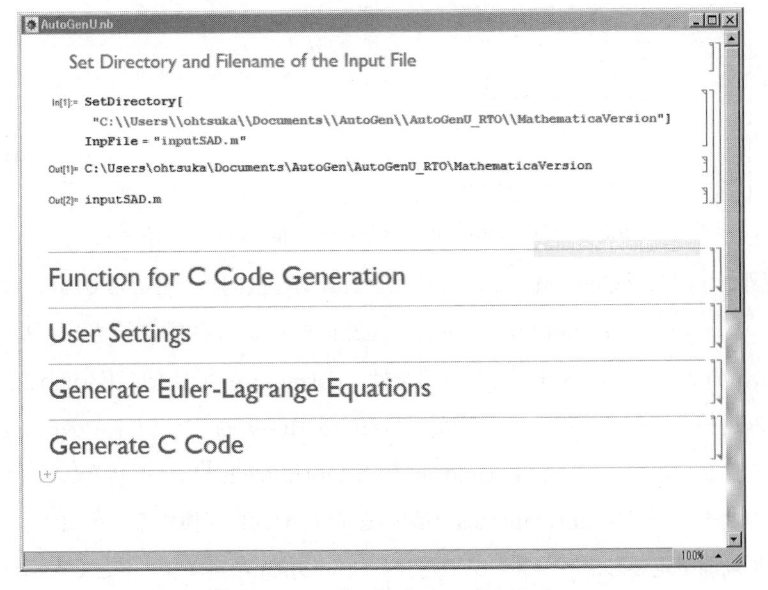

図 **2.32** ノートブック AutoGenU.nb

図 2.33 は，“Generate Euler-Lagrange Equations” セクションを展開したところである。入力ファイルで定義した L，fxu，Cxu によってハミルトン関数 H が定義されている。また，制御入力のベクトル uv とラグランジュ乗数のベクトル muv をまとめて改めて uv と定義していることがわかる。ハミルトン関数の偏導関数は Hx や Hu にリストとして代入されている。SimplifyLevel が正ならば，数式を簡略化する Simplify コマンドが適用される。Precondition が 1 のときは，ハミルトン関数のヘッセ行列 Huu が計算され，その逆行列を Hu に左からかけたものが改めて Hu と置かれる。ただし，ノートブックでは，逆行列をかけるかわりに LinearSolve コマンドで連立 1 次方程式を解いている。最後に，停留条件の終端条件に現れる終端コストの偏導関数が phix に保存される。

```
Generate Euler-Lagrange Equations

H = L + lmdv.fxu + muv.Cxu;
uv = Join[uv, muv];
dimuc = dimu + dimc;
Hx = Dv[H, xv];
Hu = Dv[H, uv];
If[SimplifyLevel > 0, Hx = Simplify[Hx]; Hu = Simplify[Hu];]
dlmddt = -Hx;

If[Precondition == 1,
    Huu = Dv[Hu, uv];
    Hu = LinearSolve[Huu, Hu];
    If[SimplifyLevel > 0, Hu = Simplify[Hu]];
]

phix = Dv[phi, xv];
If[SimplifyLevel > 0, phix = Simplify[phix];]
```

図 2.33　“Generate Euler-Lagrange Equations” セクション

図 2.34 は，“Generate C Code” セクションを展開したところである。最初に，パッケージ Format3.m と Optimize2.m を読み込んでいる。もしも Mathematica バージョン 8 までを使う場合は，Format3.m ではなく Format2.m を読み込む。これらのパッケージは，Wolfram Research のサイトで公開されているフリーのパッケージ Format.m[14] と Optimize.m[15] にそれぞれ基づいている。その後で，Mathematica の配列を C の配列に変換するため添え字をずらす規則を定義し，パッケージで定義される Optimize コマンドと CAssign コマンドのオプションも指定している。コマンドのオプションは，Options コマ

```
Generate C Code

<< Format3` (* For Mathematica ver. 9 *)

(* <<Format2`  For Mathematica ver. 8 or earlier *)

<< Optimize2`

Conversion of Arrays

ArrNames = Join[MyArrNames, {"x", "lmd", "u", "p", "dx", "dlmd", "hu"}];
ArrDims = Join[MyArrDims, {dimx, dimx, dimuc, dimp, dimx, dimx, dimuc}];
ArrCnv = {};
Do[
  ArrCnv =
   Join[ArrCnv,
    Table[ArrNames[[j]] <> "[" <> ToString[i] <> "]" → ArrNames[[j]] <> "[" <> ToString[i - 1] <> "]",
     {i, ArrDims[[j]]}], {j, Length[ArrNames]}];

SetOptions[Optimize, OptimizeVariable → {o, Array},
  OptimizeNull -> Prepend[ToExpression[ArrNames], List], OptimizeCoefficients → True,
  OptimizeProcedure → False];

lept = Length[Optimize[pt][[1]]];
leph = Length[Optimize[phix][[1]]];
lexp = Length[Optimize[fxu][[1]]];
lelp = Length[Optimize[dlmddt][[1]]];
lehu = Length[Optimize[Hu][[1]]];
leno = Max[{lept, leph, lexp, lelp, lehu}];

ArrCnv2 = ArrCnv;
Do[

 ArrCnv2 = Join[ArrCnv2, Table["o[" <> ToString[i] <> "]" → "o[" <> ToString[i - 1] <> "]",
    {i, leno}]]
]

SetOptions[CAssign, AssignOptimize -> True, AssignPrecision → 12, AssignReplace -> ArrCnv2,
  AssignToArray -> ToExpression[ArrNames], AssignIndent → "     "];

Output to File

outfile = StringJoin[outfn, ".c"];
Splice["AutoGenU.mc", outfile, FormatType -> OutputForm];
```

図 **2.34** “Generate C Code” セクション

ンドで確認でき，コマンドやオプションに関するヘルプは ? に続けてコマンド名やオプション名を入力すれば出力される。例えば，“Options[CAssign]” で CAssign コマンドのオプション一覧が出力され，“? CAssign” で CAssign コマンドの説明が出力される[†]。

“Generate C Code” セクションの最後では，入力ファイルで定義した C ソースファイル名 outfn に拡張子 c を付けた文字列 outfile を定義し，Splice コマンドでテンプレートファイル AutoGenU.mc を処理した結果を outfile に出力している。Splice コマンドは，テンプレートファイルにおいて <* と *> で囲ま

† Mathematica ノートブックにおける入力では最後に Shift + Enter を押す。

れた Mathematica コマンドを，その評価結果で置き換えて出力する。例えば，**図 2.35** は，テンプレートファイルのうち最適性の誤差 $\partial H/\partial u$ を計算する関数 hufunc に対応する部分を示している。**<*** と ***>** で囲まれた部分は Mathematica の命令になっている。テンプレートファイルを Splice コマンドで処理して生成された C ソースファイルのうち図 2.35 に対応する部分は，**図 2.36** のようになる。関数の最初で中間変数の配列 o が定義され，続いて，CAssign コマンドによって，中間変数の配列 o および計算結果の配列 hui への代入が C 言語で生成されている。生成される C ソースファイル全体の構成は Maple 版と同様である。

```
/*-------------- Error in Optimality Condition, Hu -------------- */
void hufunc(double t, double x[], double lmd[], double u[], double hui[])
{
<*If[lehu!=0,ou="    double o["<>ToString[lehu]<>"];¥n",ou=""];
  If[!(FreeQ[Hu,p[_]]),
      ou=ou<>"    double p[DIMP];¥n¥n    pfunc(t, p);¥n"];ou*>
<*CAssign[hui,Hu]*>
}
```

図 **2.35**　テンプレートファイル AutoGenU.mc の一部

```
/*-------------- Error in Optimality Condition, Hu -------------- */
void hufunc(double t, double x[], double lmd[], double u[], double hui[])
{
    double o[19];

    o[0] = pow(u[1],2.);
    o[1] = o[0]*r[0];
    o[2] = 2.*o[1];
    o[3] = pow(umax,2.);
    o[4] = umax*u[0];
    o[5] = -4.*o[4];
    o[6] = pow(u[0],2.);
    o[7] = o[0] + o[6];
    o[8] = 4.*o[7];
    o[9] = o[3] + o[5] + o[8];
    o[10] = o[9]*u[2];
    o[11] = o[2] + o[10];
    o[12] = 1/o[11];
    o[13] = r[1]*u[1];
    o[14] = o[6]*u[2];
    o[15] = 2.*o[14];
    o[16] = o[0]*u[2];
    o[17] = 2.*o[16];
    o[18] = b*lmd[1]*u[0]*x[1];
    hui[0] = o[12]*(o[3]*u[0]*u[2] - 1.*umax*(o[13] + (o[0] + 3.*o[6])*u[2])¥
  + 2.*(o[0]*r[0]*u[0] + r[1]*u[0]*u[1] + pow(u[0],3.)*u[2] + o[0]*u[0]*u[2] +¥
  b*lmd[1]*o[0]*x[1]));
    hui[1] = (-1.*o[3]*r[1] - 4.*o[6]*r[1] + 2.*(o[1] + o[15] + o[17] -¥
  2.*o[18] - 1.*o[6]*r[0])*u[1] + 2.*umax*(2.*r[1]*u[0] + u[1]*(-2.*u[0]*u[2] +¥
  b*lmd[1]*x[1])))/(4.*o[1] + 2.*o[10]);
    hui[2] = o[12]*(r[0]*(-1.*o[13] + o[7]*u[2]) + u[2]*(-2.*o[13] + o[15] +¥
  o[17] + 2.*o[18] + o[3]*u[2] - 2.*umax*u[0]*u[2] - 1.*b*umax*lmd[1]*x[1]));
}
```

図 **2.36**　生成された C ソースファイルの一部

2.3.4 プログラムのコンパイルと実行

生成されたCソースファイルは，標準的なCコンパイラでコンパイルすることができる。Maple 版と同じく，生成されたCソースファイルの冒頭と末尾で，汎用的な関数を集めた rhfuncu.c と main 関数を含む rhmainu.c がそれぞれインクルードされている。したがって，生成されたCソースファイルだけをコンパイル対象として指定すればよい。実行ファイルを実行して得られるシミュレーション結果のデータファイルも Maple 版と同じであり，入力ファイルで指定した fndat に x.m や c.m などを付加した名前のファイルが保存される。図 **2.37** に，シミュレーション条件等を保存したデータファイルの例を示す。Matlab の M ファイルとして実行可能な形式でデータを保存している。

```
% Simulation Result by agsad.c
Precondition = 1
tsim = 20
ht = 0.001, dstep = 5
tf = 1, dv = 50, alpha = 0.5, zeta = 1000
hdir = 0.002, rtol = 1e-006, kmax = 5
u0 = [0.0283938,0.166095,0.0301033]
t_cpu = 3.29, t_s2e = 3.3  % [sec]
a = -1
b = -1
umax = 1
q = [1,10]
r = [1,0.01]
sf = [1,10]
```

図 **2.37** シミュレーション条件等を保存したデータファイル

2.3.5 シミュレーション結果のグラフ描画

Mathematica 版 AutoGenU の場合，ノートブック AutoGenU.nb にはコード生成の機能しかない。シミュレーション結果のグラフを描くツールとして，Matlab M ファイルの plotsim.m が使える。図 **2.38** に plotsim.m の冒頭部分を示す。冒頭で，変数 fname に，データファイルを指定する文字列（入力ファイルの fndat）を代入している。その後，fname に x.m などを付加して，load コマンドでデータファイルを読み込んでいる。plotsim.m を実行すると，図 **2.39** のように，状態変数，制御入力，最適性の誤差 $\|F\|$ の時間履歴が描画される。

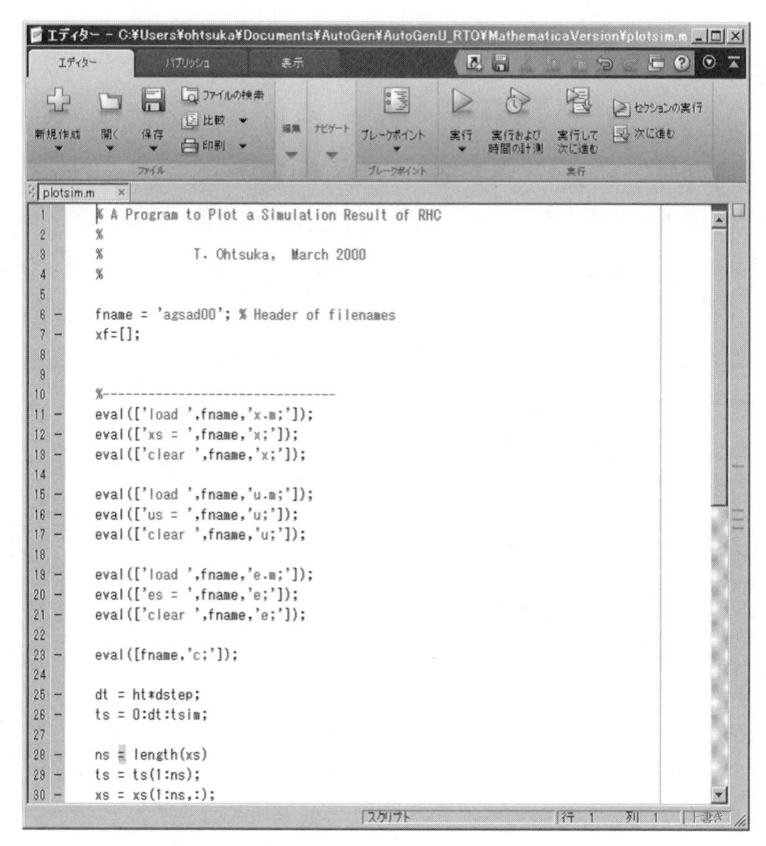

図 2.38　シミュレーション結果のグラフ描画用 M ファイル plotsim.m

なお，制御入力には，不等式拘束条件を等式拘束条件に変換するためのダミー入力 u_2 のほか，ラグランジュ乗数も u_3 として含まれている。描画されたグラフは，Matlab の機能により，線の太さやラベルのフォントを変更したり，fig ファイルや EPS ファイルなどとして保存したりできる。もちろん plotsim.m を修正してグラフをカスタマイズすることもできる。

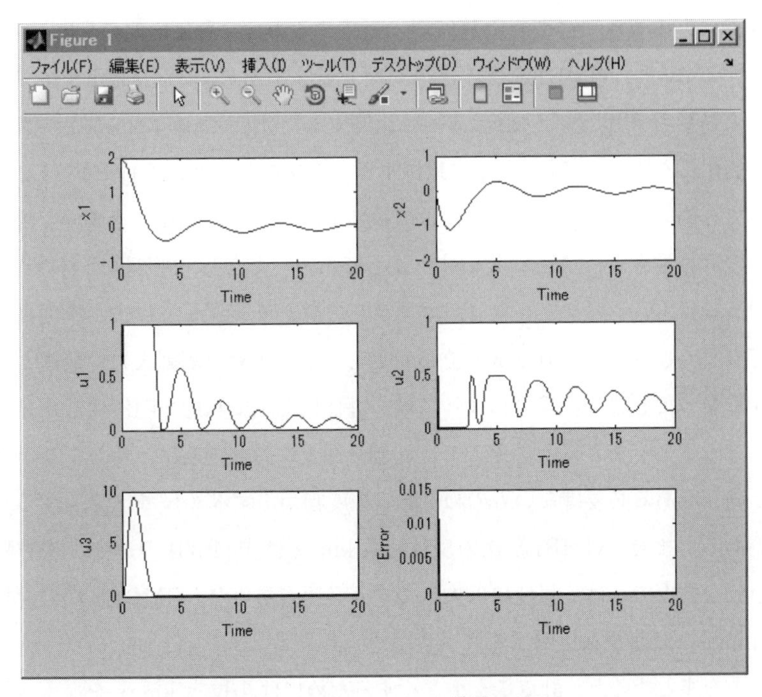

図 **2.39**　シミュレーション結果のグラフ

2.4　パラメータの調整

2.4.1　C/GMRES 法のパラメータ

問題設定やシミュレーション条件に関するパラメータは，Maple 版と Mathematica 版いずれの AutoGenU でも共通である（表 2.1，表 2.2 参照）。それらのパラメータは自動コード生成と独立であるが，モデル予測制御の実応用ではそれらの調整も重要なので，パラメータ設定の考え方をまとめておく。

まず，シミュレーションの時間刻みである ht は小さい方が状態方程式を精度良く解くことができ，その結果最適性誤差 $\|F\|$ も小さくなる。ただし，ht はフィードバック制御のサンプリング周期に相当するので，あまり小さいと制御入力更新に必要な計算時間の方がサンプリング周期より大きくなり，現実には実装できないことになる。

制御入力の更新に必要な計算時間に影響するのは，評価区間の分割数 N に相当する dv と，GMRES 法の反復回数 kmax である。C/GMRES 法で計算する未知量 U のサイズが dv（N）に比例するだけでなく，式 (1.30) の関数 F を評価するための計算量も dv に比例する。なぜなら，式 (1.24) と式 (1.26) によって評価区間上の状態と随伴変数の系列を求め，式 (1.30) の全成分を求めるための計算量も dv（N）に比例するからである。ただし，評価区間上の時間刻み $\Delta\tau = T/N$ が大きすぎると，オイラー・ラグランジュ方程式が精度良く近似できなくなり，$F = 0$ が成り立ったとしても，求めた制御入力は最適とはいえなくなってしまう。場合によっては，評価区間上で状態や随伴変数が発散してしまうこともあり得る。そこで，評価区間上の時間刻みは，サンプリング周期と同じである必要はないものの，ある程度細かくする（dv を大きくする）必要がある。また，GMRES 法の反復回数 kmax は式 (1.33) の連立 1 次方程式が十分な精度で解ける程度には大きくする必要があるが，GMRES 法の計算量は kmax におおむね比例する。

以上をまとめると，計算量を小さくするためには，dv と kmax をなるべく小さくした方がよいが，計算精度（具体的には $\|F\|$ の大きさ）を見て調節する必要がある。もしも，制御入力更新 1 回の計算時間がサンプリング周期 ht より小さくできなければ，その計算環境を使う限り現実には実装できないことになる。ただし，評価関数も含めてパラメータを調整する過程では，実時間計算よりは計算精度を優先して，dv と kmax を大きめにした方がよい。計算環境に関しては，コンパイラによって計算時間が違うのみならず，コンパイラの最適化オプションを使うだけで計算時間が短縮できる場合もある。

式 (1.32) で導入された ζ に相当する zeta は，基本的に ht の逆数を選べばよいことが誤差解析[16)]によってわかっている。式 (1.41) の前進差分近似における差分幅 h に相当する hdir の設定に明確な基準はないが，経験的にはおおむね 10^{-3} 程度が妥当である。問題によっては，F や U の大きさのオーダに応じて増減することもあり得る。また，アルゴリズムの最初で式 (1.35), (1.36) をニュートン法で解く際の収束判定基準を与える rtol は，問題にもよるが，おお

むね 10^{-6} 程度でよい。ニュートン法の初期推定解として用いる u0 は，すべてを 0 で与えない方がよい場合がある。なぜなら，問題設定によっては，評価区間長さが 0 で制御入力やダミー入力，ラグランジュ乗数がすべて 0 のとき，F のヤコビ行列が非正則になるからである。そのような場合，例えば，等式拘束条件だけは満たすように u0 を与えたり，非零の適当な値を与えたりすることが考えられる。

評価区間長さを式 (1.37) によって増加させる速さを決めるパラメータ α に相当する alpha は，解の追跡に失敗しない程度に大きく選ぶ。評価区間の増加率は $\dot{T}(t) = \alpha T_f e^{-\alpha t}$ であって定常的な評価区間長さ T_f（自動コード生成では tf）と α の積に比例するので，定常的な評価区間長さが大きいときには，alpha を小さくしなければならない場合もある。

2.4.2 評価関数の調整

C/GMRES 法に固有のパラメータが計算時間や計算精度に影響する一方で，十分な計算精度が達成できたときにモデル予測制御の応答を決めるのは，評価関数である。例 2.1 を題材として評価関数の調整方法についてもまとめておく。

まず，モデル予測制御の特徴である評価区間長さ T_f は，大きければ大きいほど，無限評価区間の最適制御に近づくことが期待できる。また，十分未来までの応答に基づいて現在の制御入力を最適化するには，システムの時定数程度の評価区間が必要であろうことも考えられる。ところが，一方で，評価区間が短い方が速い応答が得られる場合もある。これは，評価区間全体を最適化するため，評価区間が長いと，必ずしも速い応答を達成する制御入力が最適とは限らないからだと考えられる。評価区間長さの調節には，シミュレーションによる試行錯誤が必要である。

評価関数の被積分関数 L と終端コスト φ は，例 2.1 のように状態や制御入力の 2 次形式で与えることが多い。特に，明確に最小化したい量が与えられず，漠然と「良い応答」を得たい場合，2 次形式以外を選ぶ積極的な理由はない。重み行列の最も簡単な与え方は対角行列で，大きさを抑えたい変数の重みを大きくする。

なお，目標状態 x_f を平衡点とするために非零の制御入力 u_f が必要な場合，すなわち，$f(x_f, u_f, p(t)) = 0$ が成り立つ場合，評価関数は $x - x_f$ や $u - u_f$ の 2 次形式で与えるべきである。もしもそうせずに，例えば，制御入力のコストを u のみの 2 次形式で与えると，なるべく制御入力を小さくするため，制御入力が u_f より小さくなり，その結果，定常状態にも x_f から偏差が生じてしまう。モデル予測制御は，評価区間が有限なため，平衡点になり得ない目標状態や周期軌道になり得ない目標軌道を与えることも可能だが，その柔軟性ゆえ，問題設定には注意が必要である。

さらに，評価区間が短い場合，終端コスト φ が応答に大きく影響する。理想的には，$\varphi(x(t+T), p(t+T))$ が $x(t+T)$ から出発する無限評価区間最適制御問題の評価関数の最小値（いわゆる値関数）になっていれば，モデル予測制御の制御入力は無限評価区間の最適制御と一致する。ただし，無限評価区間最適制御問題を解くことは通常できないので，例えば，目標状態近傍で線形化した状態方程式に対する LQ 制御[17) を考え，その評価関数値をモデル予測制御の終端コストに選ぶことが考えられる。LQ 制御の評価関数値は，対応するリッカチ代数方程式の解を用いて 2 次形式で表される[17)。したがって，終端コストの重み行列をリッカチ代数方程式の解で与えることになる。ただし，単に対角行列の重みを調整するだけで十分なことも多い。

重みの選び方によっては計算に失敗することもある。例えば，状態の重みが大きく制御入力の重みが小さすぎると，過大な制御入力によって数値計算の精度が悪化し，計算に失敗する場合がある。一般的に，状態の重みが小さく制御入力の重みが大きければ，制御入力が小さくなって，最適化計算自体は失敗しにくい。さらに，評価区間も短ければ，評価区間上での状態や随伴変数の変化が小さくなり，より計算が失敗しにくくなる。複雑な問題で，良好な応答が得られる C/GMRES 法のパラメータと評価関数の重みを見つけるのが難しい場合，まずは短い評価区間で制御入力の重みが大きい場合に計算自体がうまくいくことを確認し，徐々にパラメータと重みを探索していく必要がある。

例 2.1 では，2 次形式の他にダミー入力 u_2 の 1 次の項も評価関数に加えてある。そこでも述べたように，この重み r_2 は小さい方が本来の問題からのずれは小さくなる。ただし，計算の失敗を避けるために大きくしても，本来の不等式拘束条件 $0 \leqq u_1 \leqq u_{max}$ は守られる。なお，例 2.1 の等式拘束条件 $C(u) = 0$ をダミー入力 u_2 について解くと

$$u_2 = \sqrt{\frac{u_{max}^2}{4} - \left(u_1 - \frac{u_{max}}{2}\right)^2}$$

となるので，評価関数におけるダミー入力の項は

$$-r_2 u_2 = -r_2 \sqrt{\frac{u_{max}^2}{4} - \left(u_1 - \frac{u_{max}}{2}\right)^2}$$

と書き換えることができる。右辺の値そのものはつねに有限（$u_1 = 0, u_{max}$ のとき 0）だが，右辺の u_1 による勾配は，$u_1 \to 0$ のとき $-\infty$，$u_1 \to u_{max}$ のとき ∞ となる。したがって，バリア関数そのものではないものの，勾配に関してはバリア関数のような効果を持っている。これがダミー入力の項の意味である。ただし，上記の書き換えは数学的には等価であるものの，数値計算上の挙動は異なる。例 2.1 の定式化では，等式拘束条件 $C(u) = 0$ が破られても最適性条件 $F = 0$ に誤差が生じるだけで，無限大に発散する項はないが，上記の書き換えでは，等式拘束条件がつねに厳密に成り立っているとして u_2 を u_1 で表しているため，数値計算誤差などで u_1 が $0 \leqq u_1 \leqq u_{max}$ の範囲から逸脱した場合には，平方根の計算でエラーが生じる。これは，通常のバリア関数を使った場合も同様である。つまり，バリア関数を使うと，ダミー入力やラグランジュ乗数が不要なので未知変数の数を抑えることができるが，万一拘束条件が破られたときには計算が失敗しやすくなる。一方，ダミー入力を使うと，未知変数は増えるが，拘束条件が破られても数値計算上の困難には陥りにくい。実際のフィードバック制御では，最適性が失われたとしても何らかの計算結果を得ることが必要な場合もあるので，用途に応じて問題設定を工夫することは重要である。

2.5 本章のまとめ

本章では，数式処理によってモデル予測制御のシミュレーションプログラムを自動生成するシステム AutoGenU を紹介した。近年，モデル予測制御が世界的に活発に研究されており，自動コード生成に限らずさまざまなソフトウェアツールが開発されている。離散時間の区分線形システムに対してモデル予測制御の設計やシミュレーションを行う Matlab ツールボックスとして，MPT（Multi-Parametric Toolbox）[18),19)] がある。連続時間非線形システムに対して最適制御やモデル予測制御のシミュレーションを行うツールとしては，ACADO[20),21)] がある。これは，問題を C++の形式で記述できるほか，Matlab とのインタフェースも提供されている。また，既存の 2 次計画（quadratic programming, QP）ソルバーを利用した C ソースコードを生成する機能もある。QP ソルバーとしては，C++で開発された qpOASES[22)] や QP コード自動生成ツール CVXGEN[23),24)] の出力も利用できる。これらの QP ソルバー単体でも線形システムのモデル予測制御などに応用できる。同様にモデル予測制御への応用可能なパラメータ依存 QP ソルバーの自動コード生成ツールとして FiOrdOs[25),26)] もある。これは C ソースコードを生成する Matlab ツールボックスであり，高速勾配法を利用している。

引用・参考文献

1）http://www.maplesoft.com/products/Maple/（2014 年 10 月現在）
2）http://www.wolfram.com/mathematica/（2014 年 10 月現在）
3）http://maxima.sourceforge.net/（2014 年 10 月現在）
4）http://www.singular.uni-kl.de（2014 年 10 月現在）
5）http://www.math.kobe-u.ac.jp/Asir/asir.html（2014 年 10 月現在）
6）http://www.cybernet.co.jp/maple/support/（2014 年 10 月現在）
7）松永奈美，石塚真一，大塚敏之：数式処理ツールによる非線形モデル予測制御の設計・シミュレーション環境の構築，第 56 回自動制御連合講演会，No. 908 (2013)
8）http://www.maplesoft.com/applications/view.aspx?SID=153555（2014 年

10 月現在）
9) http://reference.wolfram.com/language/（2014 年 10 月現在）
10) T. Ohtsuka：Continuation/GMRES Method for Fast Algorithm of Nonlinear Receding Horizon Control, Proceedings of the 39th IEEE Conference on Decision and Control, pp. 766～771 (2000)
11) T. Ohtsuka and H. A. Fujii：Real-Time Optimization Algorithm for Nonlinear Receding-Horizon Control, Automatica, Vol. 33, No. 6, pp. 1147～1154 (1997)
12) T. Ohtsuka and A. Kodama：Automatic Code Generation System for Nonlinear Receding Horizon Control, 計測自動制御学会論文集，Vol. 38, No. 7, pp. 617～623 (2002)
13) http://www.symlab.sys.i.kyoto-u.ac.jp/~ohtsuka/code/index_j.htm（2014 年 10 月現在）
14) http://library.wolfram.com/infocenter/MathSource/60/（2014 年 10 月現在）
15) http://library.wolfram.com/infocenter/MathSource/3947/（2014 年 10 月現在）
16) T. Ohtsuka：A Continuation/GMRES Method for Fast Computation of Nonlinear Receding Horizon Control, Automatica, Vol. 40, No. 4, pp. 563～574 (2004)
17) 大塚敏之：非線形最適制御入門（システム制御工学シリーズ），コロナ社 (2011)
18) http://control.ee.ethz.ch/~mpt/3/（2014 年 10 月現在）
19) M. Herceg, M. Kvasnica, C. N. Jones and M. Morari：Multi-Parametric Toolbox 3.0, Proceedings of the European Control Conference 2013, pp. 502～510 (2013)
20) http://acadotoolkit.org（2014 年 10 月現在）
21) B. Houska, H. J. Ferreau and M. Diehl：ACADO Toolkit – An Open-Source Framework for Automatic Control and Dynamic Optimization, Optimal Control Applications and Methods, Vol. 32, No. 3, pp. 298～312 (2011)
22) https://projects.coin-or.org/qpOASES（2014 年 10 月現在）
23) http://cvxgen.com（2014 年 10 月現在）
24) J. Mattingley, Y. Wang and S. Boyd：Receding Horizon Control: Automatic Generation of High-Speed Solvers, IEEE Control Systems Magazine, Vol. 31, No. 3, pp. 52～65 (2011)
25) http://fiordos.ethz.ch/dokuwiki/doku.php（2014 年 10 月現在）
26) C. N. Jones, A. Domahidi, M. Morari, S. Richter, F. Ullmann and M. N. Zeilinger：Fast Predictive Control: Real-Time Computation and Certification, Proceedings of IFAC Conference on Nonlinear Model Predictive Control 2012, pp. 94～98 (2012)

3 自動操船システム

3.1 本章の概要

タグボートやフェリーあるいは海洋観測船や作業船などの船舶は，離着岸時やミッション作業時の操船性，あるいは耐故障性を高めるために横方向に推力を発生させるサイドスラスタを船首や船尾に搭載し，さらに原動機やプロペラも複数基の構成になる場合も珍しくない。しかし，これら複数の推進機を個別に操作して船体を所望の位置に操縦するにはかなりの熟練を要し，1980 年代半ばから操船を補助する装置として図 **3.1**(a) に示すようなジョイスティックと回頭ダイヤルを用いて各推進機を一括操縦する操船装置が使われ始めた。これはオペレータが操作したジョイスティックの方向に推力を発生させ，回頭ダイヤルを回した方向に回頭モーメントを発生させる操船支援装置である。さらにこの装置に加えて，**GPS**（global positioning system）に代表される測位システムとジャイロコンパスを用いて船位・船首方位を自動操船制御するシステムが図 (b)，(c) に示す **DPS**（dynamic positioning system）であり，近年，**DGPS**（differential global positioning system）などの測位システムの高精度化に伴って海洋作業船などへの搭載が着実に増えている。従来の海洋作業では，例えば海底ケーブルの布設作業の場合，作業船の位置決めを行うために複数のアンカーで係留し，逐一アンカーを打ち変えて係留索を手繰り寄せながら船を進めて布設する工法がとられてきたが，このDPSを使用することによって，①目標ルートへの高精度布設，②布設作業の高速化，昼夜連続作業の実現

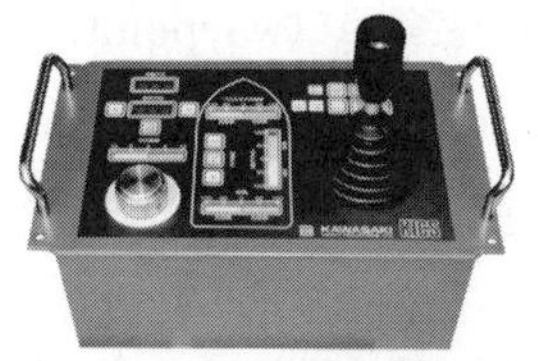

(a) ジョイスティック，回頭ダイヤルによる手動操船機能のみの操作コンソール

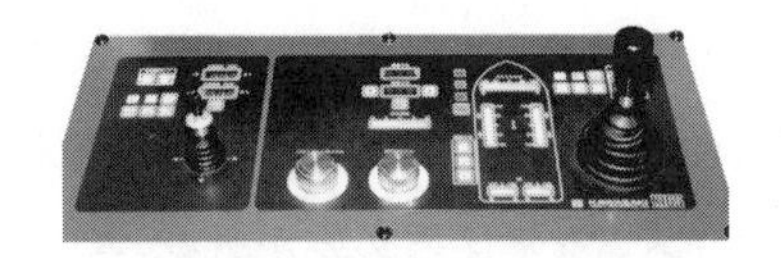

(b) 手動操船機能，DPS 機能（定点保持）を有する操作コンソール

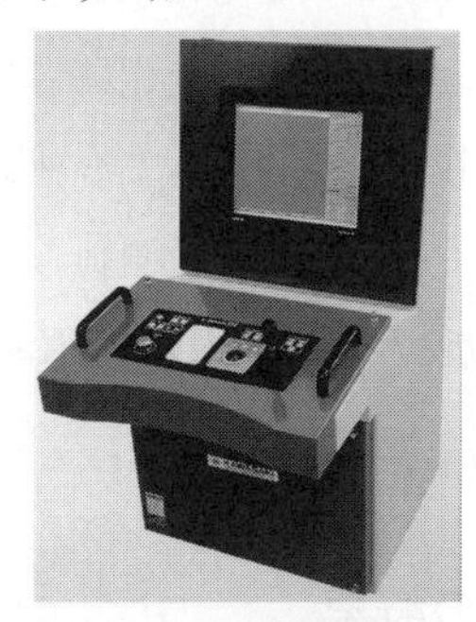

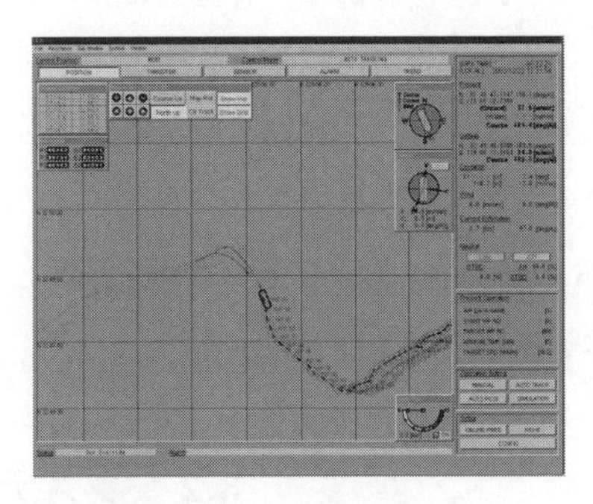

(c) 手動操船機能，DPS 機能（定点保持，ルートトラッキング）を有する操作コンソールと GUI 画面

図 3.1　自動操船装置の操作コンソール

による工期の短縮，③アンカー係留が難しい大深度での作業が可能になるなどさまざまな利点が生まれ，今後一層広まっていくものと思われる。

DPS の役割は，海洋上の目標定点への任意姿勢での停船，または目標航行ルート上を設定船速で追従（ルートトラッキング）させるものである。オートパイロットはおもに高速航行で舵を操作して船首方位を制御するのに対して，DPS は一般的に低速域において船体前後・左右力および旋回モーメントを操作量とし，船位と船首方位角を自動制御する。その制御手法は，船体前後，左右，旋回それぞれに独立の PID 制御を行うのが主流であるが，流体力による複雑な非線形特性のため，あまりハイゲインにすることができず，安定化は図れるものの制御精度には改善の余地が残されていた。さらに，これまでは定点保持機能に重点が置かれていたが，海洋工事や海洋調査等でルートトラッキング機能の需要が増えてきたため，流体力に起因する動特性の大きな変化への対応や，ロボットの軌道追従制御と同じようにルートの変針点（waypoint，WP）での制御偏差の改善や操作量の急変の緩和なども求められるようになってきた。特に慣性の大きな船では，WP の手前から船の動作を予測して変針動作に入るアルゴリズムを考える必要がある。

これらの要求に対して，近年非線形系への適用が盛んに研究[1)] されている非線形モデル予測制御は，各時刻において有限時間未来までの挙動を予測しながら最適な操作量を決定する制御手法であることから，状況変化に応じた最適な制御が可能となり，従来適用が困難であった複雑なシステムでも制御性能の向上を図ることが期待できる。本章では，この非線形モデル予測制御を適用した DPS の制御則，およびその機能を搭載した海底ケーブル布設作業船の海洋工事への適用事例について述べる。

3.2　システムの概要

海底ケーブルの布設工事では，**図 3.2** に示すように布設作業船から繰り出したケーブルを埋設機が所定のルート上に布設していく作業が行われる。埋設機は，海底を掘削しながらケーブルを深さ数メートルに埋設する装置で自走能力がないため，DPS 搭載の布設作業船が牽引し，事前の海底地形・土質調査および埋設機の曳航特性から決定したルート上を航行する。ケーブル布設精度は

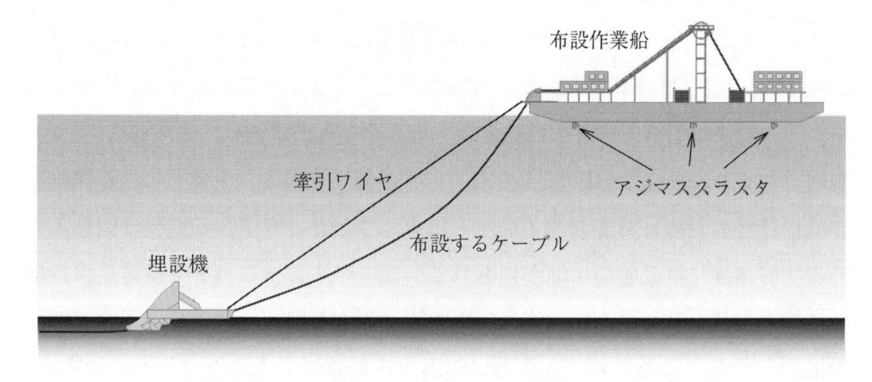

図 3.2　ケーブル布設作業船による海底ケーブル布設工事

±10 m 程度が要求され，海中の埋設機位置を水中音響測位機で連続的に監視しながら作業が進められる。布設工事は昼夜連続作業で行われ，工事中はつねに船上と海底がケーブルによって繋がっているため，システムの停止により船が流されることは許されず，DPS には高い信頼性が要求される。**図 3.3** にケーブル布設作業船の外観，**表 3.1** にその諸元を示す。本作業船は，埋設機の曳航力，海象・気象外乱影響を考慮して，360 度旋回可能な**図 3.4** に示す**アジマススラスタ**（azimuth thruster）が 6 基搭載されており，アクチュエータとしての冗長性が確保されている。アジマススラスタは推力方向およびプロペラの回転数が可変な 2 自由度の操作量を持つ推進機である。また，制御コンピュータ，センサ等の主要構成品も**図 3.5** に示すようにすべてバックアップを有する冗長構成とし，各制御装置間の CAN 通信も二重化している。

図 3.3　ケーブル布設作業船外観

表 3.1　ケーブル布設作業船の諸元

総トン数	7 745 トン
全長	91.44 m
幅	30.176 m
エンジン	6 × 956 kW (1300 PS)/基
推進機	6 × アジマススラスタ（固定翼角方式）
最大推力	170 kN/基

図 3.4　アジマススラスタの外観

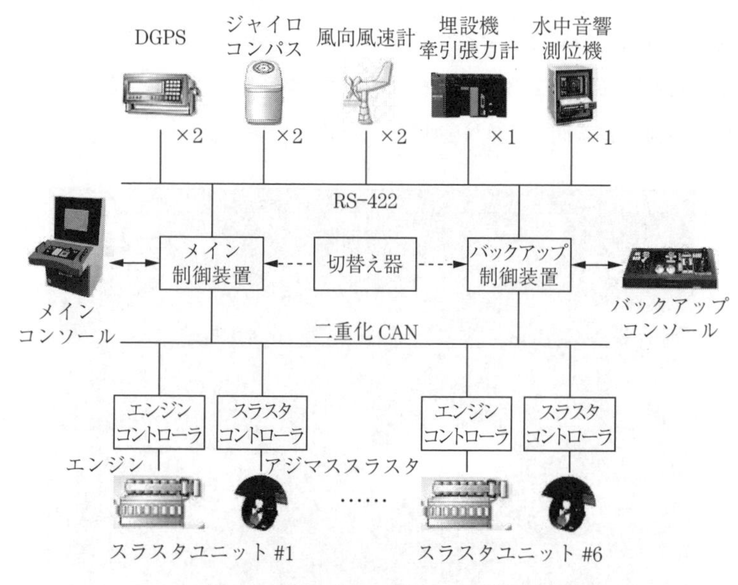

図 3.5　DPS 制御系のシステム構成

図 3.6 に DPS 制御系の機能構成図を示す。DPS の制御系は大きく分けて①船舶の状態量を推定する状態推定オブザーバ機能，②ルートトラッキング・船体位置制御機能，③位置制御操作量を各アクチュエータへ配分する**推力配分機能**（thrust allocation function）の三つから構成される[2)]。

状態推定オブザーバは，船体運動モデルを基にして，GPS から得られる緯度・経度信号を平面直交座標系に変換した船体位置とジャイロコンパスから得

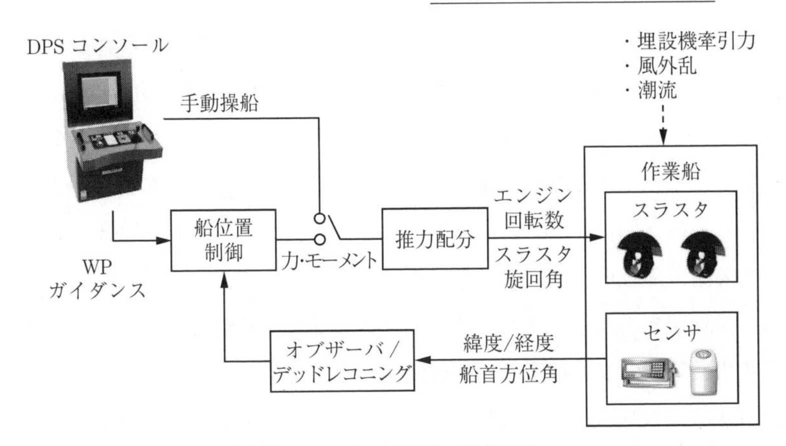

図 **3.6** DPS 制御系の機能構成

られる船首方位角および操作量を用いて制御に必要な状態量を推定するものであり，観測雑音の除去，GPS 信号喪失時に船体位置の推測を行う**デッドレコニング機能**（dead reckoning function）を有する。

ルートトラッキングは，WP に設定された緯度・経度座標値に向かって船を一定速度で航行し，船がその WP に到達すると次の WP に目標を切り替えて航行を継続する自動航行モードである。WP に向かう間の船体位置は各 WP 間で結んだ直線に沿うように制御される。また，目標とする WP には座標値だけでなく，そこに向かうまでの移動速度と船首方位角を設定できるようになっている。さらに，各 WP には「通過」と「停止」の二つの属性があり，「通過」の場合は船が WP に到達後自動的に次の WP に向かってトラッキングを継続し，「停止」の場合はその WP に到達後再開指示があるまで定点保持を行う。これら WP は工事計画に従って事前に設定するが，操作コンソールの GUI 画面上で直接編集したり，ジョイスティック操作により自動操船中でも船速増減，位置補正等の手動介入を行うことができる。

推力配分は，船体前後，左右，旋回の推力操作量をアクチュエータとなる各スラスタの旋回角およびプロペラ回転数に最適に配分する運転計画問題である。通常，DPS を搭載する船舶は冗長なアクチュエータ構成となっているため，同じ操作量を発生させる場合でもさまざまな運転パターンが考えられる。この中には，プロペラを駆動するエンジンの燃費合計を最小にする組合せもあれば，そうでない組合せもあり，ランニングコストを抑える意味でも効率的な推力配分を行うことが重要となる。また，推力配分アルゴリズムの善し悪しは，燃費だけでなく位置制御の耐外乱限界性能や任意のアクチュエータ故障に即座に対応させる耐故障性能，さらには船建造計画時の推進機容量の選定にまで影響を及ぼす場合があるので，DPS としては非常に重要な機能となる。本章では，これら推力配分問題も非線形最適制御問題としてとらえ，モデル予測制御問題の高速解法アルゴリズムを適用した。なお，位置制御部と推力配分部をまとめて一つのモデル予測制御問題として定式化することも可能であるが，図 3.6 に示したようにジョイスティック手動操船への切換も考慮して二つに分離した構成としている。

3.3　モデルと評価関数

3.3.1　状態推定オブザーバと船体位置制御

図 3.7(a) に示すような平面内を航行する船体運動モデルを考え，地球固定座標系 Σ^E および船体の重心位置を原点とする船体固定座標系 Σ^B を定義する。$\nu = [u\ v\ r]^{\mathrm{T}}$ を座標系 Σ^B における並進・回頭速度ベクトル，$\eta = [x\ y\ \psi]^{\mathrm{T}}$ を座標系 Σ^E における船体重心位置・船首方位角ベクトル，$\tau = [X\ Y\ N]^{\mathrm{T}}$ を座標系 Σ^B における並進力・回頭モーメントベクトルとすると，船体の運動方程式は以下で表される[3)]。

$$\dot{\eta} = R(\eta)\nu \tag{3.1}$$

$$M\dot{\nu} + D(\nu)\nu = F_H(\nu) + \tau \tag{3.2}$$

$$R(\eta) = \begin{bmatrix} \cos\psi & -\sin\psi & 0 \\ \sin\psi & \cos\psi & 0 \\ 0 & 0 & 1 \end{bmatrix}$$

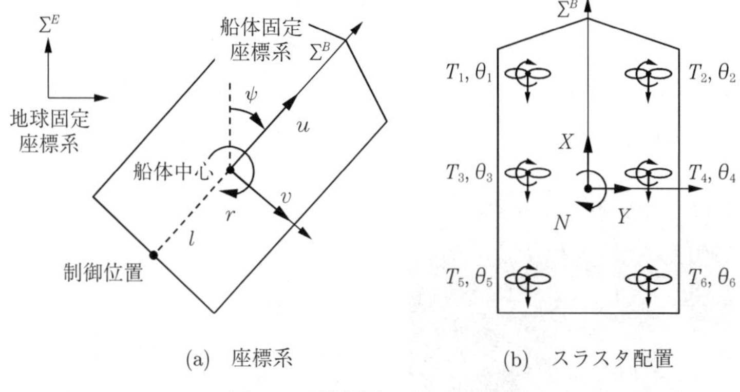

(a) 座標系　(b) スラスタ配置

図 3.7 座標系とスラスタ配置

$$M = \begin{bmatrix} m+m_x & 0 & 0 \\ 0 & m+m_y & 0 \\ 0 & 0 & I_z+J_z \end{bmatrix}$$

$$D(\nu) = \begin{bmatrix} 0 & 0 & -mv \\ 0 & 0 & mu \\ mv & -mu & 0 \end{bmatrix}$$

ここで，m は船体の質量，I_z は船体重心周りの慣性モーメント，m_x，m_y は理想流体中で物体が運動する際に生じる前後，横方向の付加質量，J_z は付加慣性モーメントである。なお，各行列について $R(\eta)^{-1} = R(\eta)^{\mathrm{T}}$，$M = M^{\mathrm{T}} > 0$，$D(\nu) = -D(\nu)^{\mathrm{T}}$ が成り立つ。$F_H(\nu) = [X_H\ Y_H\ N_H]^{\mathrm{T}}$ は，船体に作用する流体力を表し，鳥野ら[4)] が提唱する低速航行時の流体力を以下の関数で近似した簡易流体力モデルを用いた。

$$X_H = a_{11}vr + a_{12}uv^2 + a_{13}u^3v^2 + a_{14}v^2 + a_{15}|u|u \tag{3.3}$$

$$Y_H = a_{21}ur + a_{22}u^2v + a_{23}u^2v^3 + a_{24}v^3 + a_{25}|v|r \tag{3.4}$$

$$N_H = a_{31}uv + a_{32}u^2v + a_{33}u^2v^3 + a_{34}v^3 + a_{35}|v|r \tag{3.5}$$

なお係数 a_{ij} は，1/25 サイズの船体模型を用いた水槽試験で決定した流体力モデルから最小二乗近似で求めた。水槽試験の様子を図 **3.8** に示す。図 **3.9** に，回頭速度を $r=0$〔rad/s〕としたときの，図 3.3 のケーブル布設作業船（箱型船形）の流体力を示す。

図 **3.8**　1/25 サイズの船体模型を用いた水槽試験の様子

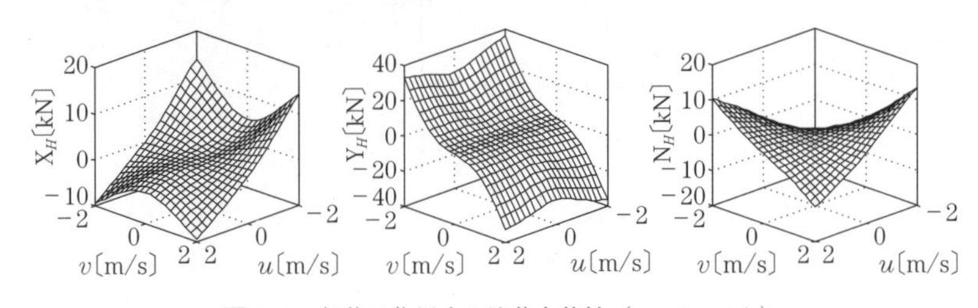

図 **3.9**　船体に作用する流体力特性（$r=0\,\mathrm{rad/s}$）

つぎに，船体位置 $[x\ y]$ およびジャイロコンパスから得られる船首方位角 ψ から状態推定オブザーバを構成する。オブザーバモデルを次式に表す。

$$\dot{\eta}=R(\eta)\nu \tag{3.6}$$

$$M\dot{\nu}=-D(\nu)\nu+R^{\mathrm{T}}(\eta)b+\tau \tag{3.7}$$

$$\dot{b}=0 \tag{3.8}$$

ここで，b は座標系 Σ^E で表した定常未知外力ベクトルで，船体に作用する潮流や波漂流力あるいは流体力で考慮していない非線形成分を表す。観測量を η として以下のような非線形オブザーバを構成した[3)]。

$$
\begin{aligned}
\dot{\hat{\eta}} &= R(\eta)\hat{\nu} + K_1(\eta - \hat{\eta}) \\
M\dot{\hat{\nu}} &= -D(\hat{\nu})\hat{\nu} + R^{\mathrm{T}}(\eta)(\hat{b} + K_2(\eta - \hat{\eta})) + \tau \\
\dot{\hat{b}} &= K_3(\eta - \hat{\eta})
\end{aligned}
$$

ここで $K_1, K_2, K_3 \in \mathbb{R}^{3\times 3}$ はオブザーバゲイン行列を表す。オブザーバのブロック線図は**図 3.10** のようになるが，回転行列 $R(\eta)$，$R^{\mathrm{T}}(\eta)$ を挟んで座標系 Σ^E と座標系 Σ^B に分かれており，GPS 信号を座標系 Σ^E でそのまま使用できる便利な構造になっていることがわかる。また，後述する船体位置制御系の状態方程式も同様に座標系 Σ^E で表される式 (3.1) と座標系 Σ^B で表される式 (3.2) を同時に取り扱う。

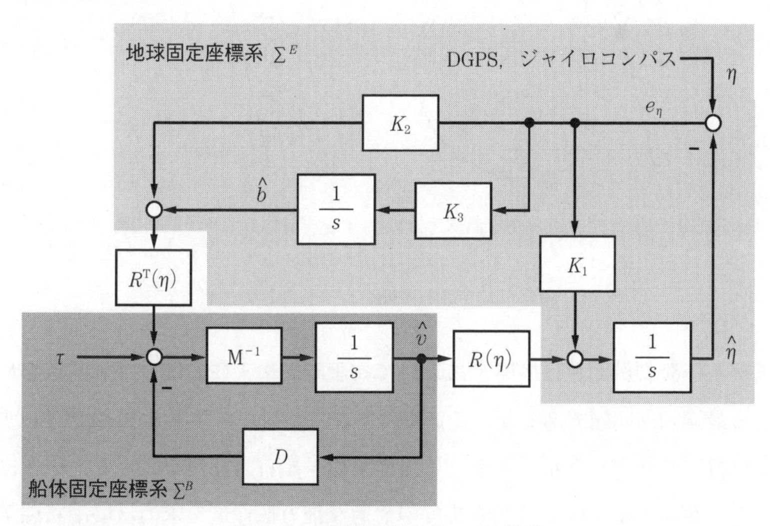

図 **3.10**　非線形オブザーバの構成

なお，二重系を成す GPS が両方とも信号喪失したときは，推定誤差 $e_\eta = \eta - \hat{\eta}$ のうちの第 1 成分および第 2 成分 $e_{\eta_{1,2}}$ を強制的にゼロにして船体位置 $[x\ y]$ に関する推定量の補正を行わず，式 (3.6)〜(3.8) で計算されるシミュレーション値を用いて推測操船制御を行う（デッドレコニング機能）。当然ながら本機能は長時間使用することができず，オペレータが異常に気付いて適切な対応をとるまでのあいだ，船の状態を急激に変化させないための応急処置である。

複数の WP によって規定された航行ルートを追従するルートトラッキング機能を実現するためには，各時刻における目標位置を生成する軌道計画が必要となる。従来，WP 通過点において急激な針路変更を防ぐためには**図 3.11**(a) に示すように，WP において円弧等の曲線で滑らかな軌道をあらかじめ生成する処理を行っていた[3)]。本章では，このような WP におけるスムージング等，事前の目標ルート生成処理を行わず，モデル予測制御問題の枠組みで船体位置制御とルートトラッキング機能を同時に実現する方法を紹介する。

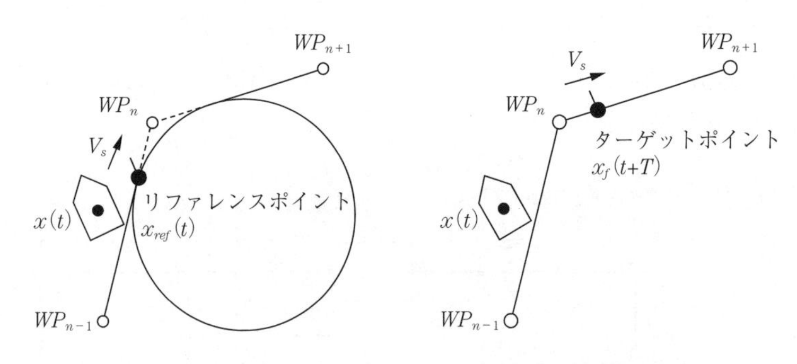

(a)　従来法(変針点を滑らかな曲線で近似)　　(b)　モデル予測制御に基づくルートトラッキング方法

図 3.11　WP で規定された航行ルートのトラッキング方法

モデル予測制御問題は各時刻において有限時間未来における評価関数を最小にする最適制御問題であるが，ここでは，現在時刻から T 秒後に船が存在するべき位置（ターゲットポイント）に目標座標・船首方位角を設定し，現在位置からターゲットポイントに至るまでの最適な推力操作量を求める終端状態量固定の最適制御問題として定式化した。これにより，図 (b) に示すように WP 間の直線上においてターゲットポイント x_f を設定船速 V_s で移動・停止させることで，スムーズな変針・停船動作が可能となる。

以下，船体位置制御問題をモデル予測制御問題として定式化する。図 3.7 において座標系 Σ^B から見た制御位置を $[-l\ \ 0]$ とし，新たな状態変数として $x = [\eta\ \ \nu]^{\mathrm{T}}$ を定義すると，船体運動モデルの状態方程式 $\dot{x} = f(x, \tau)$ は次式で表される。

$$f(x,\tau) = \begin{bmatrix} u\cos\psi - (v - lr)\sin\psi \\ u\sin\psi + (v - lr)\cos\psi \\ r \\ (mvr + X_H + X)(m + m_x) \\ (-mur + Y_H + Y)/(m + m_y) \\ (N_H + N)/(I_z + J_z) \end{bmatrix} \tag{3.9}$$

なお，状態変数 x は，先に定義した船体位置変数 x と同じ記号だが，文脈によって使い分ける。時刻 t_0 において状態量の初期値が $x(t_0) = x_0$ で与えられ，T 秒後に状態変数の終端値が

$$\Psi(x(t_0 + T)) = x(t_0 + T) - x_f(t_0 + T) = 0$$

で拘束されているとして，次の評価関数

$$J = \int_{t_0}^{t_0+T} L(x(t'), \tau(t'))dt'$$

を最小化する制御入力 τ を求める。ここで関数 L は

$$L(x,\tau) = \tau^{\mathrm{T}} G\tau$$

とし，船が現在位置から $x_f(t_0 + T)$ へ向かう軌道の中で推力操作量積算値が最小となる最適制御問題とした。なお $G = \mathrm{diag}(g_X, g_Y, g_N)$ は操作量にかかる重み行列である。このとき，評価関数 J を最小にする制御入力 τ が満たすべき停留条件は，次のハミルトン関数

$$H(x,\tau,\lambda) = L(x,\tau) + \lambda^{\mathrm{T}} f(x,\tau)$$

を導入すると，評価関数 J の第一変分の停留条件から以下のように導かれる[5)]。

$$\dot{x} = f(x,\tau) \tag{3.10}$$

$$\dot{\lambda} = -\left(\frac{\partial H}{\partial x}\right)^{\mathrm{T}} \tag{3.11}$$

$$\lambda^{\mathrm{T}}(t_0 + T) = \mu^{\mathrm{T}} \frac{\partial \Psi(x(t_0 + T))}{\partial x} \tag{3.12}$$

$$\frac{\partial H}{\partial \tau} = 0 \tag{3.13}$$

ここで λ は随伴変数ベクトル，μ は終端状態量固定条件に対するラグランジュ乗数ベクトルである。

モデル予測制御問題は，各時刻において，状態量 x_0 を初期状態として式 (3.10)～(3.13) の 2 点境界値問題を解く必要があるが，この非線形最適制御問題を評価区間において N ステップに分割して離散近似された問題に対して，実時間で高速な求解が可能な C/GMRES 法[6] を適用した。

以上ここまで船体位置制御のモデル予測制御問題への枠組みを述べてきたが，潮流や波浪等の外乱が大きい実海域での適用を考えると耐外乱特性を高める積分制御をさらに追加する必要がある。積分制御は，式 (3.9) の拡大系を構成してモデル予測制御問題の枠組みにすることも考えられるが，状態変数の数が多くなることやモデル予測制御アルゴリズム解法の中での積分器の上下限設定が複雑になること，さらには後述する PID 制御への切り換えなどを考慮し，工学的なアプローチとはなるが上記モデル予測制御とは別の枠組みにした。具体的には，従来のリファレンスポイント x_{ref} に対して制御を行う PID 制御の積分制御部分を流用し，x_{ref} と状態量 η を船体固定座標系に変換した制御偏差

$$e = R^{\mathrm{T}}(\eta)(x_{ref} - \eta)$$

に対して積分制御を行い，その出力をモデル予測制御出力と足し合わせることにした。ただし，このときの x_{ref} は積分制御で使用するだけであるので WP で急な針路変更があっても操作量の急変は生じず，図 3.11(a) で紹介したような変針点でのスムージング処理等は行っていない。さらに，風向風速計をもとに計算できる風外力や，張力計から求められる埋設機牽引（けんいん）力に対しては，それぞれフィードフォワード補償を行い，最終的にはモデル予測制御操作量，積分制御操作量，フィードフォワード操作量を加減算した操作量を後段の推力配分機能への入力とした。以上オブザーバ，モデル予測制御，積分制御，フィードフォワード補償を含んだ最終的な船位置制御器の構成を図 **3.12** に示す。

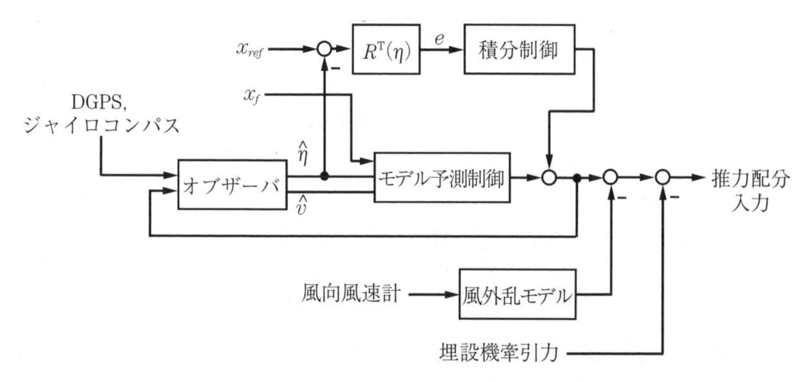

図 **3.12**　オブザーバ，モデル予測制御，積分制御，フィードフォワード補償を含んだ位置制御器の構成

3.3.2　推　力　配　分

図 3.7(b) に示したように，第 i スラスタの配置位置を $[x_{bi} \quad y_{bi}]$ とし，その発生推力を T_i，旋回角を θ_i とすると，全スラスタが発生する船体前後方向推力 X，左右方向推力 Y，旋回方向推力 N はそれぞれ次式で表される。

$$X = \sum_{i=1}^{6} T_i \cos\theta_i \tag{3.14}$$

$$Y = \sum_{i=1}^{6} T_i \sin\theta_i \tag{3.15}$$

$$N = \sum_{i=1}^{6} T_i(x_{bi}\sin\theta_i - y_{bi}\cos\theta_i) \tag{3.16}$$

推力配分問題は，船体位置制御あるいは手動操船時の船体前後・左右・旋回推力指令値 $\tau_r = [X_r \ Y_r \ N_r]^{\mathrm{T}}$ を，式 (3.14)〜(3.16) で表される各発生推力に配分する問題である。ここでは燃費低減と実現できる合計推力の上限をなるべく大きくする目的で，各スラスタにできるだけ小さな発生推力 T_i を配分する問題とした。そこで，状態ベクトルを $\zeta = [T_1 \ \cdots \ T_6 \ \theta_1 \ \cdots \ \theta_6]^{\mathrm{T}}$，推力ベクトルを $\tau = [X \ Y \ N]^{\mathrm{T}}$，操作量ベクトルを $\rho = d\zeta/dt$ とし，以下の評価関数 J を最小化する最適制御問題として定式化する。

$$J = \varphi(\zeta, \tau) + \int_{t_0}^{t_0+T} L(\rho)dt' \tag{3.17}$$

ここで φ は終端時間 $t_0 + T$ における状態量のペナルティ関数であり，L は $[t_0, t_0 + T]$ における操作量のペナルティ関数で以下のように設定した。

$$\begin{aligned}\varphi(\zeta, \tau) &= (\zeta(t_0 + T) - \zeta_r)^{\mathrm{T}} W_\zeta (\zeta(t_0 + T) - \zeta_r) \\ &\quad + (\tau(t_0 + T) - \tau_r)^{\mathrm{T}} W_\tau (\tau(t_0 + T) - \tau_r)\end{aligned} \tag{3.18}$$

$$L(\rho) = \rho^{\mathrm{T}} Q \rho \tag{3.19}$$

上式において ζ_r は状態変数の目標値ベクトルであり，各スラスタの定常目標推力および定常目標旋回角度が設定される。なお，今回のようにプロペラ翼角が固定で，プロペラに対してギヤを介して接続されたエンジン回転数の増減で推力を変えるアジマススラスタの場合，定常目標推力 $\zeta_{r_i} (i = 1, \cdots, 6)$ はエンジンが連続低負荷回転可能な運転状態における発生推力に設定される。また，スラスタ旋回角に関しては，プロペラの回転によって発生する水流が船底に流れると推力が低下したり船体に振動を与える場合があるので，定常目標旋回角 ζ_{r_i} $(i = 7, \cdots, 12)$ は水流が船体に干渉しない角度に設定される。今回の図 3.7(b) に示すスラスタ配置においては，すべてのスラスタの水流が船体中央から外側に向かって放射状に流れ出る向きを目標旋回角に設定している。$W_\zeta = \mathrm{diag}(w_1, \cdots, w_{12})$，$W_\tau = \mathrm{diag}(w_X, w_Y, w_N)$ はそれぞれ状態および推力の偏差に対する重み行列，$Q = \mathrm{diag}(q_1, \cdots, q_{12})$ は操作量に掛かる重み行列である。

式 (3.17) の評価関数に対する終端状態量自由の非線形最適制御問題として各時刻ごとの最適化を行うこととし，その求解には C/GMRES 法を適用した。これにより，実時間での最適化が可能となることから，アクチュエータが故障した場合には，当該スラスタの推力指令値をゼロ，旋回角指令を故障発生時の停止角度に設定し，操作量の重み係数を大きくすれば，任意のアクチュエータ故障発生時の動的最適推力配分が可能となる。

推力配分機能の効果を示すコンピュータシミュレーション例を図 **3.13** に示す。このシミュレーションは，式 (3.14)～(3.16) で示される各アジマススラスタの合計推力が右斜め前方に発生するように指令を与えたときに，アジマススラスタの運転台数を変更することによって推力配分演算がどのように変化するかを確認したものである。上段がアジマススラスタの運転状態，下段が運転状態でのアジマススラスタの推力ベクトル変化の様子を示したもので，矢印の方向が推力方向，矢印の長さが推力の大きさを表している。いずれの条件においてもその合計推力は同じであり，しかも各スラスタがほぼ均等に発生推力を分担していることがわかる。

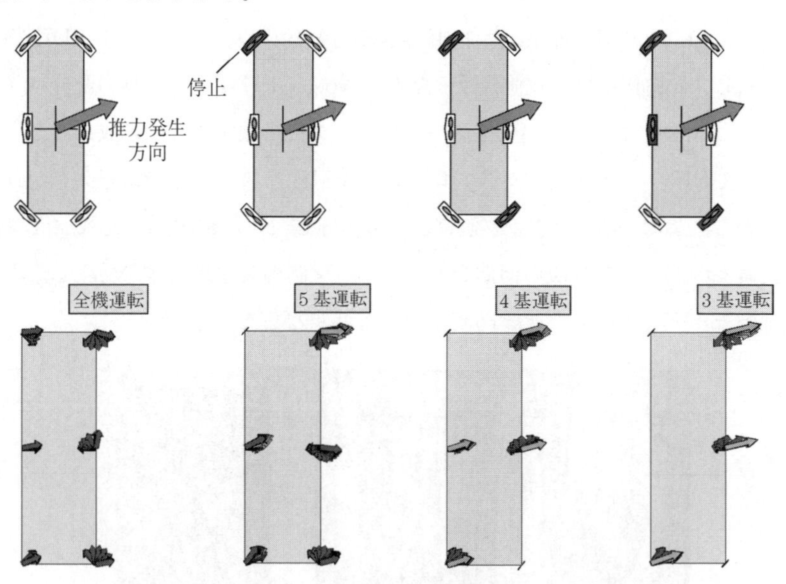

図 **3.13**　スラスタ台数を変えて推力配分を行ったときの推力ベクトル変化の様子（シミュレーション）

3.4 適 用 結 果

● ケーブル布設工事結果例

前節で述べた制御ロジックを実装した DPS を用いて実際の海底ケーブル布

設工事に適用した。船体位置制御ロジック，推力配分ロジックはそれぞれサンプリング周期 500 ms，200 ms で実装し，重み行列等各種パラメータは事前のシミュレーション検討により決定した。推力配分ロジックについては，図 3.6 で示したように手動操船時には船体前後・左右・旋回推力指令値 $\tau_r = [X_r\ Y_r\ N_r]^{\mathrm{T}}$ がジョイスティックや回頭ダイヤルから入力されるので，オペレータに対して操作性の違和感を感じさせないために演算周期を速くした。

船体位置制御ロジックにおける C/GMRES 法の評価区間の分割数 N は 10，評価時間 T は 35 s，推力配分ロジックにおける評価区間の分割数 N は 1，評価時間 T は 0.1 s に設定した。制御装置は**図 3.14** に示す VME バス規格ボードコンピュータ（CPU：MIPS 系，動作周波数：160 MHz，メモリ：64 MB SDRAM）を使用し，最適化演算の負荷分散のために No.1 CPU ボードに推力配分ロジック，No.2 CPU ボードに船体位置制御ロジックを搭載する分割構成とした。お互いの CPU ボード間はバックプレーンの VME バスを介して情報共有が行われている。また，バックアップ制御装置も図 3.14 と同様の構成としてメイン制御装置との間で主要変数の同期をとり，メイン制御装置に異常が発生した場合に制御モードを維持したまま即座に切替え可能とした。

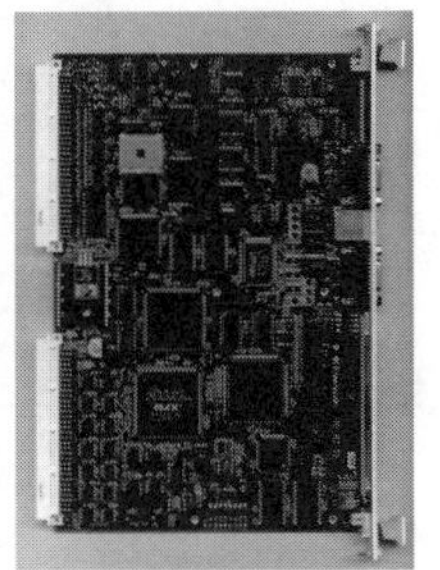

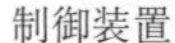

制御装置　　　　CPU ボード

図 3.14　制御装置と CPU ボード（川崎重工業製）

図 3.15 に海底ケーブル布設作業時の布設作業船の WP および 300 s ごとの布設作業船の航跡を示す。複雑な S 字カーブを描く布設作業船の WP は，曳航する埋設機が海底の岩礁区域を迂回するように事前に設定されたものである。

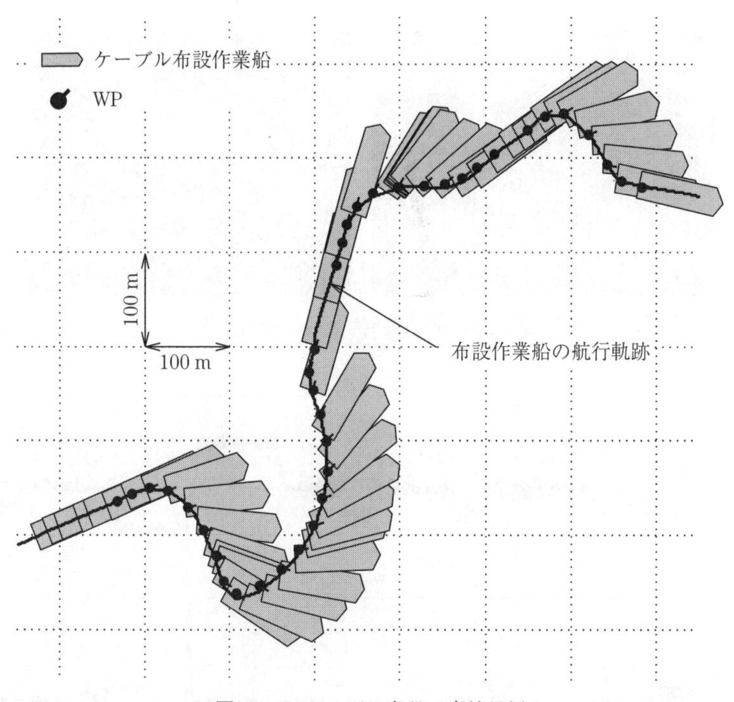

図 **3.15** ケーブル布設工事結果例

埋設機の曳航特性は海域の水深や牽引ワイヤ長さなどによって異なるため，図 **3.16** に示す曳航試験を行ってその特性を把握し，水深等をパラメータにした WP 設定手法を確立した上で実機に適用した。また，各 WP における船首方位角設定値は，同じく曳航特性試験結果考察より，埋設機曳航方向が船尾真後ろ方向となるように事前計算で求めたものを使用した。

図 3.15 の布設工事を実施したのときの船速，埋設機曳航力（最大許容張力比），船体位置偏差，船首方位角偏差の時間応答を図 **3.17** に示す。実際のケーブル布設工事では，WP 上を設定船速で自動追従させ，埋設機位置や曳航力を常時監視しながら異常なケーブル張力がかかると船速を手動で緩める等多様なオペレーションを行っている。図 3.17 に示すように船体位置制御精度は ±1 m 程度であり，従来の一般的な 3〜5 m オーダの制御精度よりも大幅な向上を図ることができた。なお，ここに示した位置制御精度は図 3.11(b) のターゲット

図 **3.16**　埋設機曳航特性試験の様子

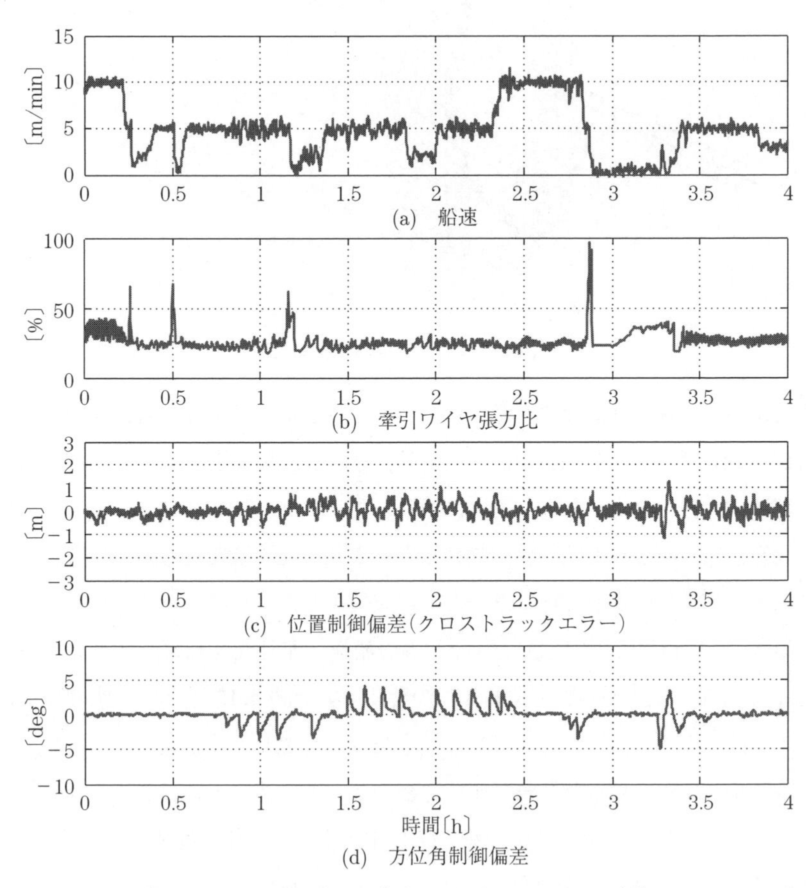

図 **3.17**　ケーブル布設工事時のルートトラッキング制御の時間応答

ポイント x_f からの偏差ではなく，現在の船体位置のトラッキングルートからのずれ量（クロストラックエラー）を表したものである。また，船首方位角度偏差におけるのこぎり波状の応答は，船がWPを通過して方位角設定値が切り替わったことによるものである。

推力配分の例として，定速で埋設機を曳航中に，第3スラスタを停止させた時のスラスタ推力，スラスタ旋回角の時間応答を**図3.18**に示す。このときの動作としては，まず機器状態監視装置で第3スラスタの異常を検知後，式(3.18)の定常目標推力 ζ_{r_3} をゼロ，状態量 ζ にかかる重み行列 W_ζ の要素 w_3 を大きく，式(3.19)において操作量 ρ にかかる重み行列 Q の要素 q_9 を大きくする操作を自動で行っている。すなわち，異常が発生した第3スラスタの推力をゼロとし，旋回角はそのときの動作角度で固定するという操作を，重みを変更することによって実現させている。この操作は該当スラスタへの出力指令（推力お

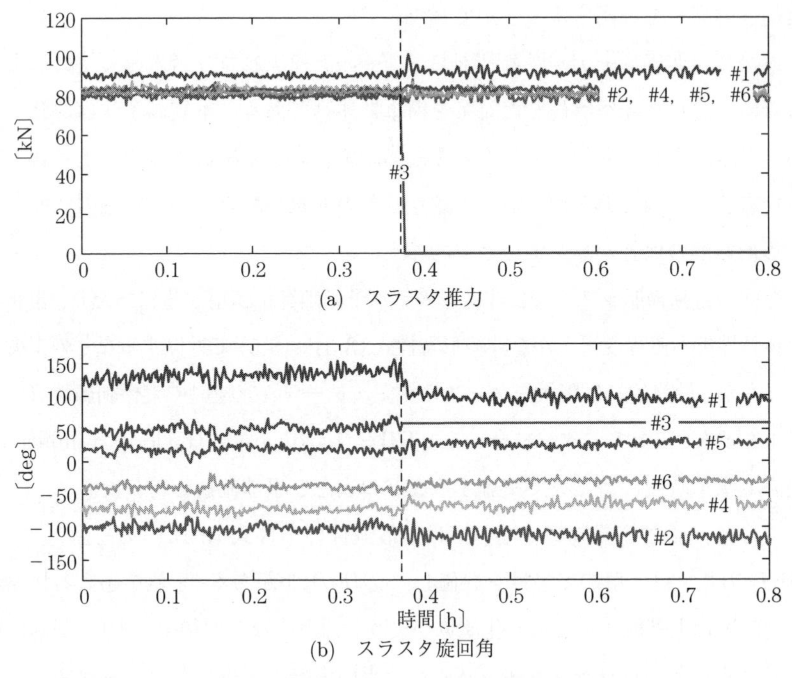

図3.18　船位置制御中にスラスタ1基が停止した時の時間応答

よび旋回角速度）を直接ゼロに切り替えることでも実現可能であるが，上記操作を行うことで残りのスラスタで依然として最適な推力配分を継続することが可能となる。図3.18を見ると，スラスタ停止前後でどのスラスタにも推力変動がなく，旋回角を制御することで同一の推力を実現しようとする動きがわかる。

3.5　本章のまとめ

本章では，近年作業船などへの搭載が増加している自動操船システムの制御系において，ルートトラッキング制御方法や冗長アクチュエータの最適推力配分方法として非線形モデル予測制御を適用した事例を紹介した。本自動操船システムは，実際の海洋作業において，厳しい気象条件下でも良好な制御性能を確保できることが確認でき，また，工事期間を通しての連続運用実績からその信頼性の高さを証明することができた。

最後に，非線形モデル予測制御およびその高速アルゴリズムを実機に適用する際の注意点と今回実施した対策を簡単に述べておく。本制御手法はこれまで述べてきたように非線形性を有する制御対象に対して制御性能を向上させる有力な方法の一つであるが，最大の難点はその非線形性のために任意の状態に対する最適解の保証が難しいことであろう。

今回の自動操船システムに非線形モデル予測制御を適用するにあたり，複雑な流体特性をある程度滑らかな非線形特性式(3.3)〜(3.5)で近似するなどの工夫を行ったが，最終的には膨大なケースのシミュレーション検討や実機制御装置をリアルタイムシミュレータに結合してのHILS (hardware in the loop simulation) 検証を数十時間にわたって実施するなどの入念な事前確認を行った。

さらに，船体位置制御に関しては，最適性の条件式(3.13)の左辺のノルム $\|\partial H/\partial\tau\|$ を見て解の妥当性を評価し，$\|\partial H/\partial\tau\|$ がある閾（しきい）値を超える状態が一定時間以上継続すると最適化演算が失敗したとみなして従来のPID制御に切り替えるなどのロジックも組み込んだ。幸い実際の工事において本機能は一度も動作することはなかった。

また，推力配分においては，従来の方式では図 3.13 に示したようなスラスタのさまざまな状態に柔軟に対応できる機能を実現することが難しく，しかも位置制御系に不具合が生じたときの最終手段として手動操船機能を必ず動作させる必要があった。そもそも，合計 12 個の操作量があるスラスタをそれぞれ個別に手動操作して操船することは不可能に近く，試運転の最初の段階から推力配分機能を確実に動作させる必要があった。このため，実機スラスタ応答を閉ループ系に組み込まず，実機特性に依存しない確実な方法で推力配分機能の事前検証が行える工夫を行った。

すなわち，**図 3.19** に示すように，推力配分をモデル予測制御問題として定式化したときの状態ベクトルが $\zeta = [T_1 \ \cdots \ T_6 \ \theta_1 \ \cdots \ \theta_6]^{\mathrm{T}}$，操作量が $\rho = d\zeta/dt$ であるのに対して，制御装置内部で最適解 ρ の積分値 $\hat{\zeta} = \int \rho d\tau$ を計算し，制御装置から各アクチュエータへの実際の操作量を $\hat{\zeta}$ とした。状態量 ζ のフィードバック値は推力配分演算開始時の状態量 $\hat{\zeta}$ の初期値にするとともに，その後は ζ と常時比較して各スラスタが制御装置からの指令に対して正しく追従しているかを監視するために使用した。

このような対応を行ったことにより，推力配分では厳密な意味での状態フィードバック制御系を構成していることにはならないが，モデル予測制御アルゴリズムの検証を実機と切り離して事前に十分に行うことができた。また，その機能自体も図 3.18 で見たように実機で有用であることを確認できた。

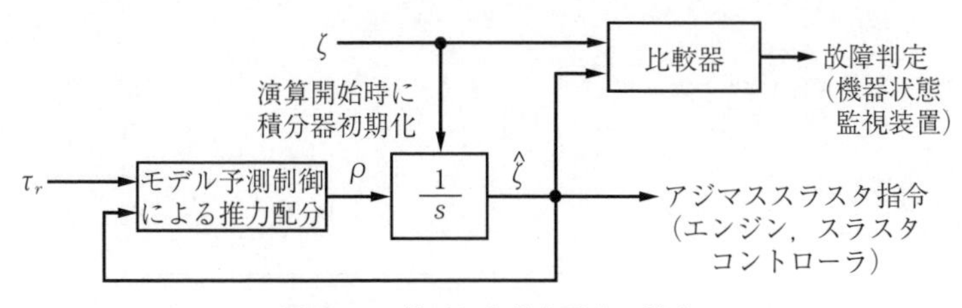

図 3.19　修正した推力配分の構成

引用・参考文献

1) 大塚敏之：非線形最適フィードバック制御のための実時間最適化手法，計測と制御，Vol. 36, No. 11, pp. 776～783 (1997)
2) 浜松正典，加賀谷博昭，河野行伸：非線形 Receding Horizon 制御の自動操船システムへの適用，計測自動制御学会論文集，Vol. 44, No. 8, pp. 685～691 (2008)
3) T. I. Fossen：Marine Control Systems, Marine Cybernetics (2002)
4) 烏野慶一, 前川和義, 岡野誠司, 三好　潤：簡易渦モデルを用いた操縦運動中の主船体流体力の成分分離型モデル (その 5), 日本造船学会論文集, Vol. 190, pp. 169～180 (2001)
5) 加藤寛一郎：工学的最適制御，東京大学出版会 (1988)
6) T. Ohtsuka：Continuation/GMRES Method fot Fast Algorithm of Nonlinear Receding Horizon Control, Proceedings of the 39th IEEE Conference on Decision and Control, pp. 766～771 (2000)

4 航空機の衝突回避

4.1 本章の概要

航空交通量は世界的に着実な増加を見せており，航空機の安全運航技術の重要性が増している。現在航空機に搭載されている「航空機の衝突を防止するシステム」としては **TCAS**（traffic alert and collision avoidance system，航空機衝突防止装置）が民間旅客機を中心に導入されており，空中衝突の可能性がある場合に TA（traffic advisory，近接アドバイザリ）や RA（resolution advisory，回避アドバイザリ）といった2種類のアドバイザリが発出され，周囲の状況や回避のための垂直面（上下）回避指示をパイロットに知らせるようになっている。パイロットはこの指示に従い高度を変更することで機体間の高度差を確保し衝突の危険性を回避することができる。しかし一方で，着陸進入や離陸後の上昇時など高度を変化させる余裕のない状況では，上下よりも左右へ回避を行う方が安全な場合もあるため，「水平方向」への回避技術の研究は重要である。さらに，回避しながらも目的地への飛行を継続するための適切な経路指示（回避指示＋本来コースへの復帰指示）を周囲の状況に応じてリアルタイムに生成できれば運航効率を考慮した上での飛行安全向上も可能であろう。

そこで川崎重工業株式会社では，他の航空機や積乱雲等の悪天候などを「回避すべき領域」として捉え，その変化に応じて「水平方向」へ「自律的」に「リアルタイム」で回避経路を生成し目的地への「飛行を継続する」誘導制御技術として「領域回避の最適化」の研究を進めている（図 **4.1**）。本章では「領域回避の最適化」を実現するための誘導則（領域回避誘導則）を，モデル予測制御として設計し，航空機同士の衝突回避に適用した結果について紹介する。

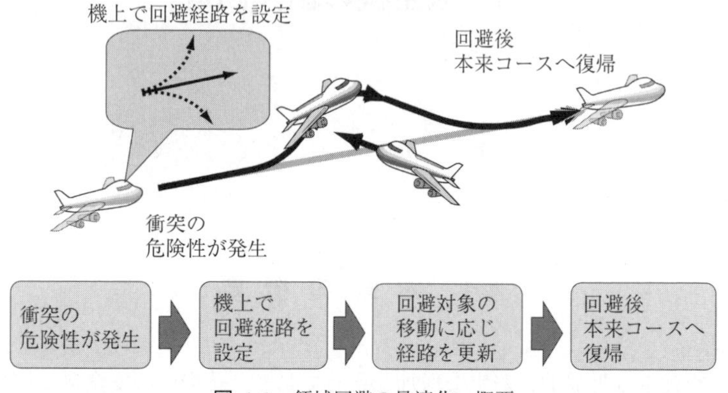

図 **4.1**　領域回避の最適化　概要

4.2　システムの概要

図 **4.2** に領域回避誘導則のシステム構成図を示す。誘導則は大きく三つのモジュールで構成されており，それぞれ以下に示す処理を行う。

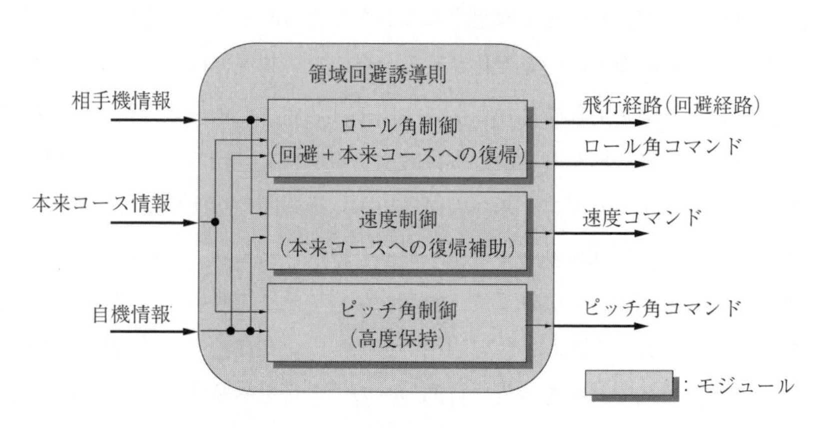

図 **4.2**　領域回避誘導則のシステム構成図

(1) ロール角制御モジュール
自機および相手機情報とともに本来コース情報を用いて回避＋本来コースへの復帰を行うための飛行経路（回避経路）およびロール角コマンドを生成する。（詳細は 4.3.2 項参照）

(2) 速度制御モジュール
自機および相手機情報を用いて本来コースへの復帰補助を行うための速度コマンドを生成する。（詳細は 4.3.3 項参照）

(3) ピッチ角制御モジュール
自機情報および本来コース情報を用いて高度保持のためのピッチ角コマンドを生成する。（詳細は 4.3.4 項参照）

4.3　モデルと評価関数

4.3.1　領域回避誘導則の制御目的

設計する領域回避誘導則は，機体の水平方向の運動を制御し以下の目的を達成することとする。

- 接近してくる相手機に対応した水平方向への回避（最接近時の相対距離が設定距離以内になると予想される場合に回避を行う）
- 回避後の速やかな本来コースへの復帰（回避不要時には本来コースへ追従する）
- 回避経路の逐次表示

4.3.2　ロール角制御

「接近してくる相手機に対応した水平方向への回避」,「回避後の速やかな本来コースへの復帰」そして「回避経路の逐次表示」を実現するためには，相手機との位置関係等変化する周囲の状況を予測して，その変化に応じてリアルタイムに回避＋本来コースへの復帰を行うための飛行経路（回避経路）およびロール角コマンドを生成する必要がある。

そこで，ロール角制御モジュールはモデル予測制御を用いて設計した。モデル予測制御とは，制御対象の特性を想定したモデルを作り，時刻とともに移動する有限な評価区間においてモデルと実機応答から将来予測を行い，評価関数が最小となるような操作量を求める制御方式である（図 **4.3**）。時々刻々変化する周囲の状況に対応して評価区間における最適解を得られるため，移動する相手機への対応や回避経路の逐次表示が可能となる。モデル予測制御をオンラインの誘導則に適用するには，高速アルゴリズムによる実装が必要であり，本事例では C/GMRES 法[1),2)] を用いている。アルゴリズムの詳細については 1.5 節を参照のこと。

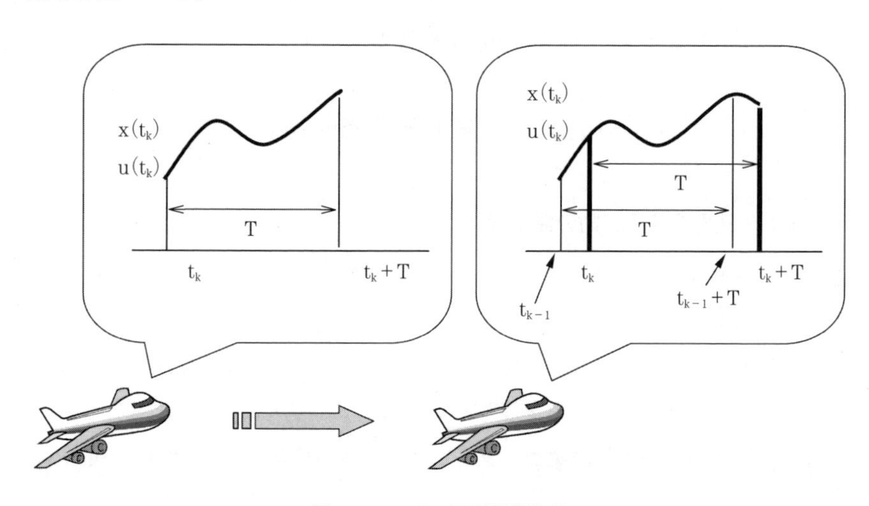

図 **4.3**　モデル予測制御とは

なお，評価関数は，制御目標である「接近してくる相手機に対応した水平方向への回避」および「回避後の速やかな本来コースへの復帰」を実現するため，「相手機との機体間隔距離を確保し」，「本来コースからの逸脱を抑える」ように設定した。

4.3.3　速　度　制　御

相手機が自機の前方より接近してきた場合，速度制御をしなくともロール角を制御し旋回することで回避が可能である（**図 4.4**(a)）。しかし図 (b) に示すように相手機がつねに自機の横に見える位置関係で接近してきた場合，自機と相手機の，本来コースに沿った速度成分（以下 x 軸速度成分）がほぼ同じ大きさになるため，旋回して回避（相手機から離れること）はできても，その後，本来コースへ復帰しようとして相手機と平行に飛行してしまい，本来コースへ戻ることができなくなることが考えられる。そこで「回避後の速やかな本来コースへの復帰」を実現するため，加減速を行うことで速度差を作り「本来コースへの復帰補助を行うロジック」を用意した。

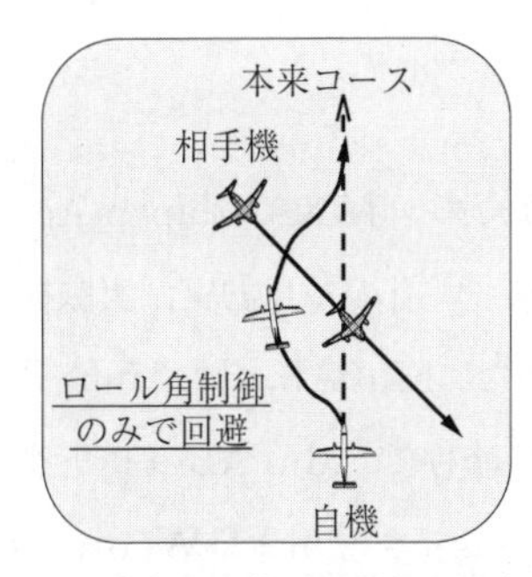

(a)　前方から接近してきた場合

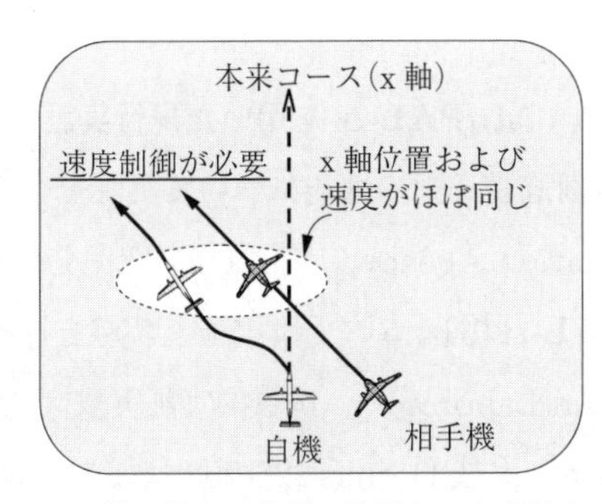

(b)　横に見える位置で接近してきた場合

図 4.4　速度制御を使用した本来コースへの復帰補助

速度についても，ロール角と同様に最適化手法を用いて制御すれば，速度を積極的に利用した回避も可能となるであろう。しかし，オートスロットルがない機体への適用を考慮すると，速度を連続的に変化する目標値へ合わせることはロール角を目標値へ合わせる操作に比べてパイロットのワークロードが高くなりすぎるため，速度制御についてはパイロットに動作を把握しやすくする（ロジックを簡単にする）ことが望ましい。したがって，速度を制御するロジックには最適化手法を用いず，以下のロジックに従い速度変化率一定の加減速制御とした。

- 回避中に相手機と並進した場合，たがいの位置・速度から増減速を判断し，速度コマンド（一定値）を生成する。
- 回避終了の判断で元の速度へ戻す。

なお，ロール角制御では速度制御により変化した状況に応じて回避経路を更新する。

4.3.4 ピッチ角制御

ピッチ角制御は，高度保持のための制御で，PID 制御によりコマンドを生成する。本制御は回避に直接関与しないので，詳細を割愛する。

4.4 適用結果

4.4.1 MuPAL-α を用いた飛行実証

領域回避誘導則の性能について実証を行うため，JAXA（Japan Aerospace Exploration Agency，宇宙航空研究開発機構）所有の多目的実証実験機である **MuPAL-α**（**図 4.5**）を用いて飛行実験を行った。MuPAL とは，Multi Purpose Aviation Laboratory（多目的実証実験機）の略称で，MuPAL-α はドルニエ社のコミュータ機 Dornier228-202 型機を母機として実験用 **FBW**（fly by wire，フライ・バイ・ワイヤ）操縦システムを搭載し，各種の飛行実証を行うことができる機体である[3]。この実験用 FBW 操縦システムに対して，領域回避誘導則からコマンドを出力し機体の飛行状態を変化させることで飛行実験を行った。

図 4.5　JAXA MuPAL-α 機

本事例では**図 4.6** に示すとおり，実験用 PC に搭載した領域回避誘導則から以下のコマンドを実験用 FBW 操縦システムに出力する構成とした。

- ロール角コマンド：回避＋本来コースへの復帰を実現するためのロール角
- 速度コマンド：本来コースへの復帰補助を行うための速度
- ピッチ角コマンド：高度保持のためのピッチ角

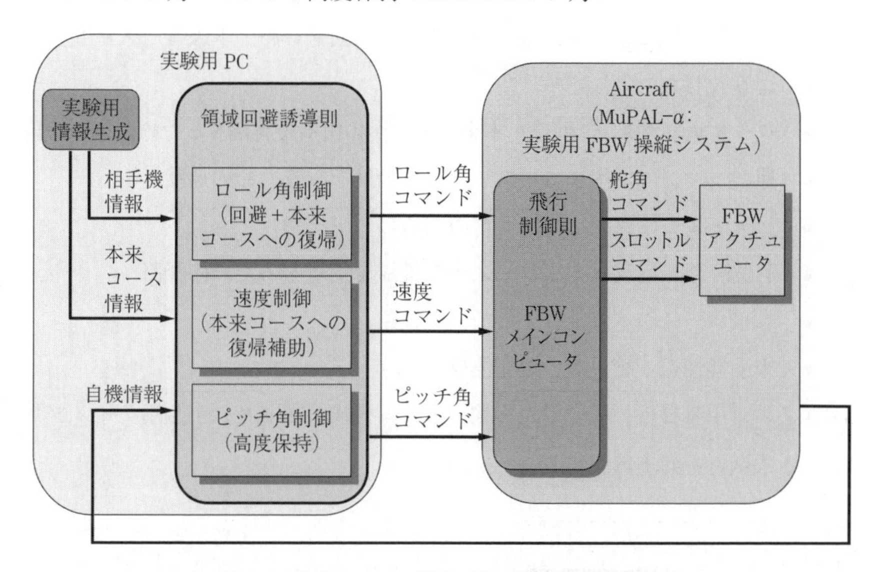

図 4.6　実験システム構成（『自動操縦』確認用）

なお，領域回避誘導則で使用される自機情報は MuPAL-α に搭載された GAIA（GPS aided inertial-navigation avionics，高精度 GPS 補強型慣性航法システム）[4] および各種センサからの信号を使用した。また，相手機情報（位置，速度）は実験用 PC 内で擬似情報として計算することで，さまざまな接近パターンを設定できるようにした。本来コース情報も実験用 PC 内で生成している。

さらに，領域回避誘導則を実際の航空機へ適用することを考えた場合，前述の実験システム構成のような『自動操縦』的な適用方法以外にも，現状の TCAS のようにパイロットへ回避方法（指示）を提示してパイロットの操縦により回避する『手動操縦』的な適用方法で使用されることも考慮する必要がある。その場合，誘導則が生成するコマンドに対してパイロットが操縦するまでに発生する「遅れ」の影響を確認する必要がある。

そこで，領域回避誘導則からの『自動操縦』による回避実験の他に，『手動操縦（パイロットへの指示）』による回避実験も実施した。『手動操縦（パイロットへの指示）』ではJAXAで開発された実験用ディスプレイシステム[5)]を使用し，以下に示すような姿勢や速度のコマンドを操縦の目標値として表示するとともに，状況把握に必要な情報（相手機情報・回避経路・本来コース）も表示できるようにした。

- ロール角コマンド：回避＋本来コースへの復帰を実現するためのロール角
- 速度コマンド：本来コースへの復帰補助を行うための速度
- ピッチ角コマンド：高度保持のためのピッチ角
- 回避経路：回避＋本来コースへの復帰を実現するための経路
- 本来コース：本来飛行する予定の経路
- 相手機情報：相手機の現在位置

図 4.7 に『手動操縦』確認用の実験システム構成，**図 4.8** に実験用ディスプレイシステムへの表示例を示す。

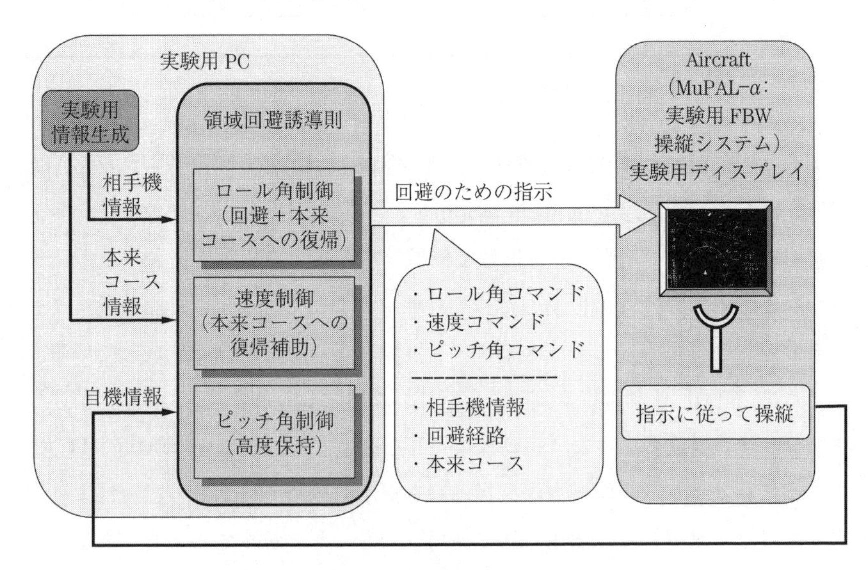

図 4.7　実験システム構成（『手動操縦』確認用）

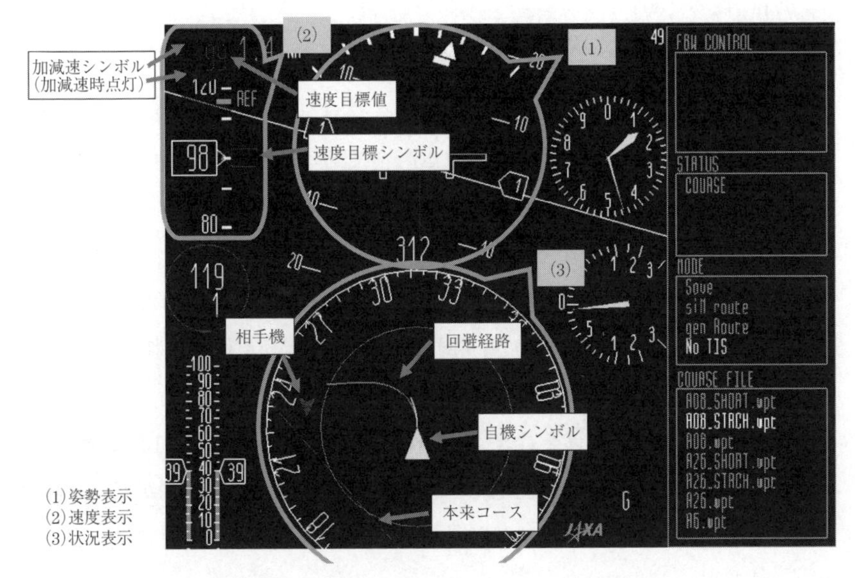

図 **4.8**　実験用ディスプレイシステムへの表示例

4.4.2 飛行実験結果

飛行実験（flight test）は以下の手順で実施した。

① 実験空域にてパイロットにより速度および機体姿勢安定後，実験用 FBW 操縦システムをエンゲージする。

② 領域回避誘導則をエンゲージする。

③ コンピュータ内で擬似的に相手機を接近させる。

回避時の機体間隔等は，既存の航空機衝突防止装置である TCAS を参考に以下のとおりとした。

(a) モデル予測制御における評価区間の長さ：50 s

(b) 回避時の機体間隔：『自動操縦』で 500 m，『手動操縦』で 1 NM（1 852 m）以上

(c) 最接近点までの時間：30 s 以上

上記設定の根拠を以下に示す。なお，TCAS で各種警報が発出されるタイミングは実際にはさまざまな条件で計算されるのであるが，おおよそ以下の根拠で

示した状況となったときである。

- (a) の根拠

  相手機の接近に対してパイロットへ注意を促すための警報であるTAが発出されるのは，最接近の約40 s前であるので，モデル予測制御における評価区間の長さはそれを上回る50 sとした。

- (b)，(c) の根拠

  相手機の接近に対してパイロットへ回避指示を与えるRAが発出されるのは，機体間隔が約0.55 NMより小さくなると判断される約25 s程度前である。回避時の機体間隔は，TCASと同様に回避指示に従ってパイロットが回避操作を行う『手動操縦』では上記より長い1 NMとした。一方『自動操縦』では回避指示に対する反応のタイムラグが無いため上記より短い500 m（0.23 NM）とした。最接近点までの時間は上記を上回る30 sとした。

また，領域回避誘導則の演算周期は200 msとした。

実験時の飛行高度は7 000 ftで，自機の対気速度97 kt（50 m/s）に対して回避のための速度変更幅は減速，増速ともに9.7 kt（5 m/s）とした。また，旅客機への適用を想定した場合，大きな姿勢変化は望ましくないため，最大ロール角は15 deg，最大ロールレートは5 deg/sで制限した。

（1）『自動操縦』として適用したケース　まず，領域回避誘導則で生成した機体の姿勢コマンドや速度コマンドを実験用FBW操縦システムに出力し，舵面等を自動的に変化させることで機体の飛行状態を変化させる方法による実験結果を述べる。直進経路を飛行中に，自機の斜め前方より相手機が一定速度で直進して接近するケースの結果を図**4.9**および図**4.10**に示す。

実験時の風向きは横（右）風，相手機の動きは以下のとおりである。

- 速度：右前方より対地速度97 ktで接近
- 図4.9と図4.10の設定上の違いは相手機の初期位置のみで，図4.10の方が1 km程度本来コースに近い位置からのスタートとなっている。

図より以下のとおり制御できていることがわかる。

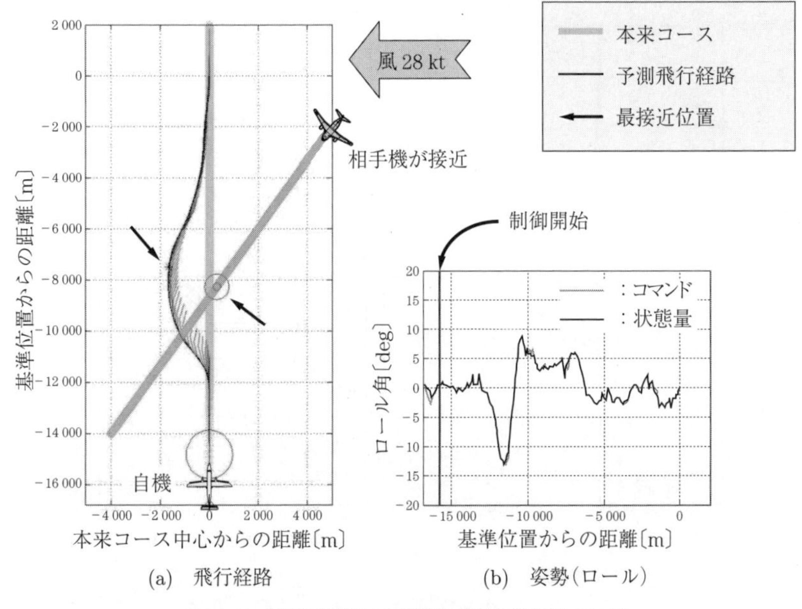

図 4.9　『自動操縦』：相手機の接近が右前方の例
（回避により相手機の前方を通過）

- 接近してくる相手機に対応し，飛行経路を修正しながら回避を行っている。
- 相手機との位置関係に応じて，前後どちらを通過して回避するかを誘導則が判断し飛行経路を決定している。
- 相手機を回避した後，すみやかに本来コースへ復帰している。

実際の飛行軌跡と重なりながら，一部が一定間隔で髭のように見えている線が各時点で計算される回避経路である（実際には演算周期である 200 ms ごとに更新されているが，見やすいように一定時間間隔の経路を図に表示している）。経路後半部が飛行軌跡からずれているのは相手機の接近に応じて経路を更新しているためである。

本実験時は平均して 30 kt 程度の風が上空で吹いていたが，図 4.9 および図 4.10 以外の実験ケース（相手機が左前から出現するケースや風向きを変えたケース）でも良好な結果を得ることができた。

つぎに，図 4.4(b) で示したように，相手機の進路が自機と近く自機の右側か

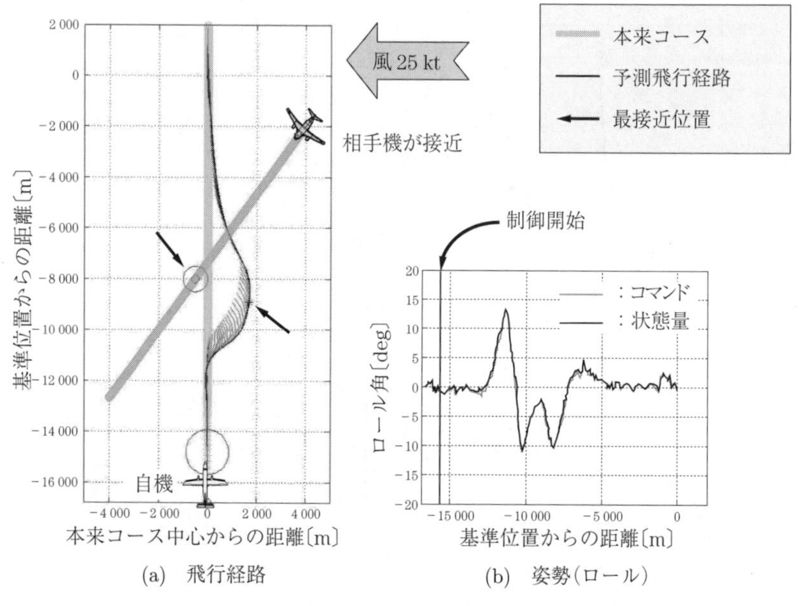

(a)　飛行経路　　　(b)　姿勢（ロール）

図 4.10　『自動操縦』：相手機の接近が右前方の例
（回避により相手機の後方を通過）

ら一定速度で直進して徐々に近づいてくるようにしたケースの結果を**図 4.11** に示す。実験時の風は正面風 24 kt，相手機の動きは以下のとおりである。

- 速度：自機の右側より対地速度の x 軸成分が自機と同じ速度で斜め（角度差 20 度）に接近。
- 自機が回避をしない場合，100 s 後に衝突するタイミングとなるように相手機の初期位置を設定。

本ケースのように相手機が接近してくる場合，速度制御がないと左に回避した後相手機と並走するため本来コースへ復帰するのに時間がかかる。しかし，減速することで相手機をかわし本来コースへ復帰しており，速度制御が有効に機能しているとともに，速度制御により変化した状況に対応して適切に経路を生成できている。また，図 4.11 以外の相手機の接近角度を変えたケースでも良好な結果を得ることができた。

なお，TCAS のような上下への回避ではなく水平方向に回避することや回避

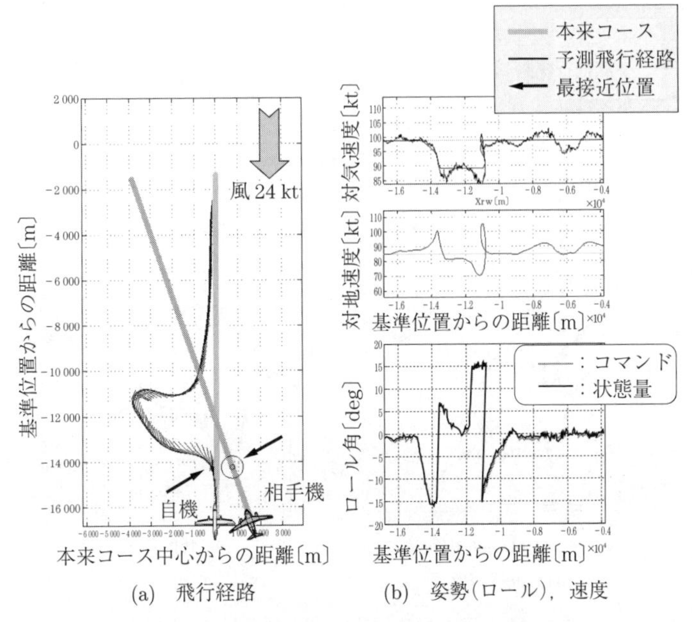

図 **4.11** 『自動操縦』：相手機の接近が右側方の例（速度差を利用した回避）

時における機体の挙動に対するパイロットの評価は良好であったが，回避の向きに関しては「図 4.9 のケースのように回避する際に相手機の前方を通過することは基本的にしない」等のコメントも得ており，パイロットに違和感を感じさせない工夫がさらに必要であることもわかった。

(2) 『手動操縦』として適用したケース　つぎに，領域回避誘導則で生成した機体の姿勢コマンドや速度コマンドを実験用ディスプレイシステムに表示し，パイロット操縦により機体の飛行状態を変化させる方法による実験結果を述べる。『自動操縦』のケースと同様に，直進経路を飛行中に，相手機が自機の斜め前方および側方より一定速度で直線的に接近してくるケースの結果を図 **4.12** および図 **4.13** に示す。

実験時の風向きは正面風でそれぞれ 27 kt，23 kt であった。相手機の動きは以下のとおりである。

- 速度：接近の方向によらず対地速度の x 軸成分が 97 kt となるような速

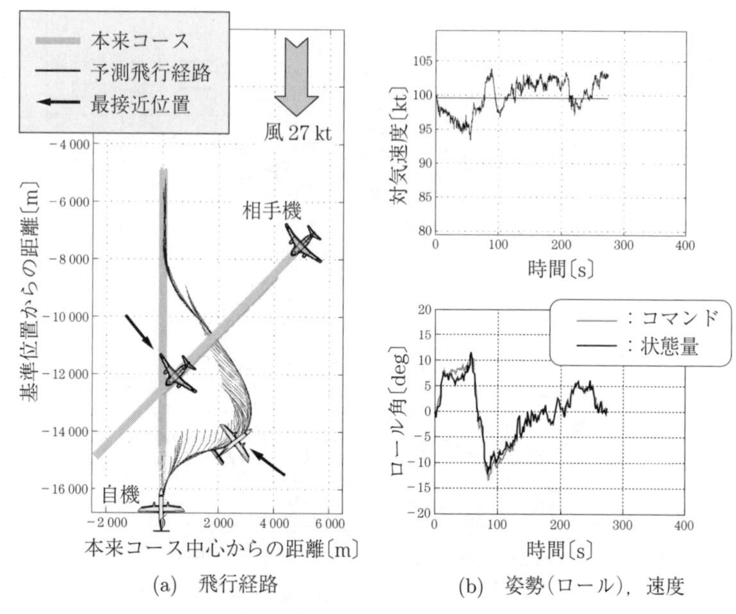

(a)　飛行経路　　(b)　姿勢(ロール)，速度

図 4.12　『手動操縦』：相手機の接近が右前方の例

度で接近。

- 自機が回避をしない場合，100 s 後に衝突するタイミングとなるように相手機の初期位置を設定。

回避時の機体間隔の設定の違いや，実験時の風向きおよび相手機の接近方向に違いがあるため『自動操縦』時の状況と直接比較はできないが，『手動操縦』においても相手機の接近に応じて回避し，回避後は本来コースへ復帰できている。

実験時は 20〜30 kt 程度の風が吹いていたが，例示したケース以外についても領域回避誘導則が相手機の動きに対応した指示をパイロットへ出すことで，無理なく回避することができた。また，各ケースとも相手機との間隔を 2 000 m 以上取りながら緩やかな姿勢変化（ロールレート最大値 5 deg/s 以下）により回避および本来コースへの復帰を行っており，誘導則コマンドへの追従に対するパイロット評価も良好で「操縦に問題はない。状況表示（図 4.8 図中 (3)）は今後の F/D（flight director）指示変化を予期することができ，有効である」等のパイロット・コメントを得ている。

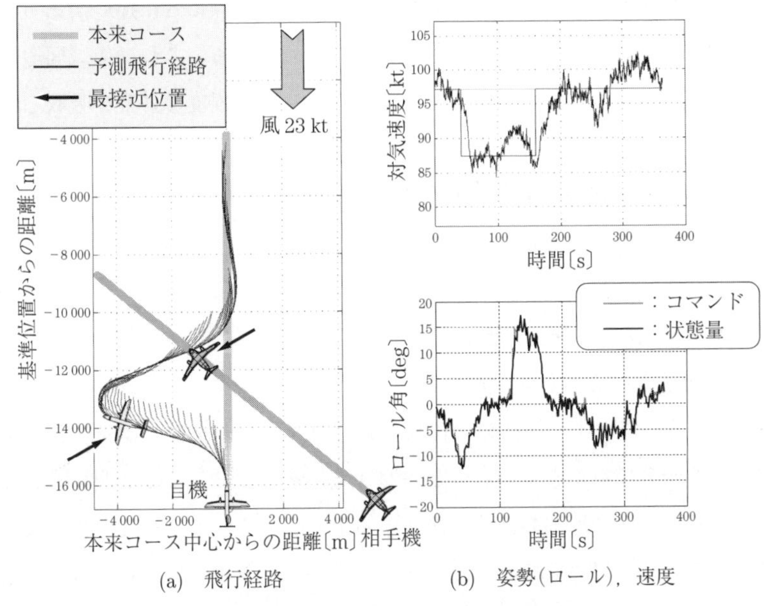

(a) 飛行経路 (b) 姿勢（ロール），速度

図 4.13 『手動操縦』：相手機の接近が右側方の例

『手動操縦』における最接近距離について飛行実験に先立って実施したフライトシミュレータを用いた実験（パイロット A，B，C の 3 名）と飛行実験（パイロット A，B の 2 名）の結果を比較したものを**図 4.14** に示す。風やコマン

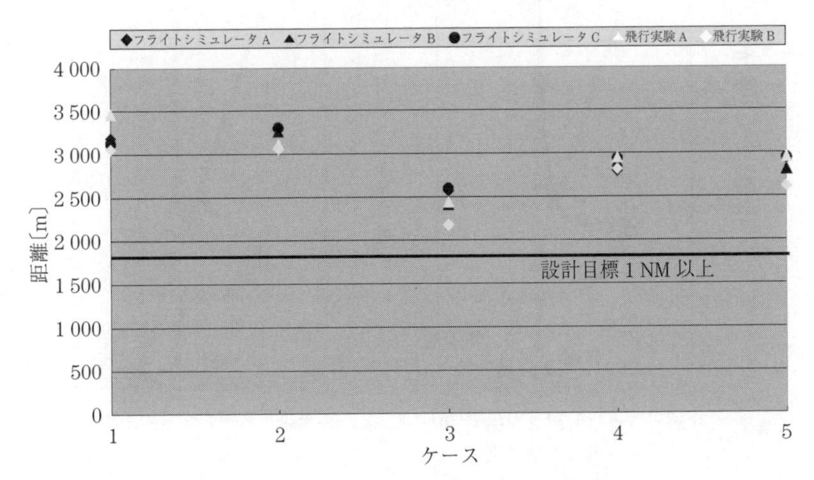

図 4.14 『手動操縦』：最接近時の機体間距離

ドに対する操縦誤差等の影響により飛行経路自体は実験ごとに違いがあるものの，最接近距離に関してはほぼ同じ結果を得られている。これは領域回避誘導則が「状況に応じた経路の更新」をすることで，ある程度の外乱を吸収しながら設定された回避距離を保つための指示を出力した結果である。以上より，領域回避誘導則が航空機の衝突回避に『自動操縦』,『手動操縦』にかかわらず有効に適用できることがわかった。

4.4.3　シミュレーション結果

『自動操縦』による飛行実験結果と，コンピュータシミュレーションの結果を**図 4.15** に並べて示す。両結果の比較によりコンピュータシミュレーションでも実環境を十分模擬できていることがわかる。そこで，ここでは飛行実験では実施しなかったが誘導則の性能を確認する上で必要な，より状況変化が大きいさまざまなケースについてコンピュータシミュレーションにより検討した結果を示す。

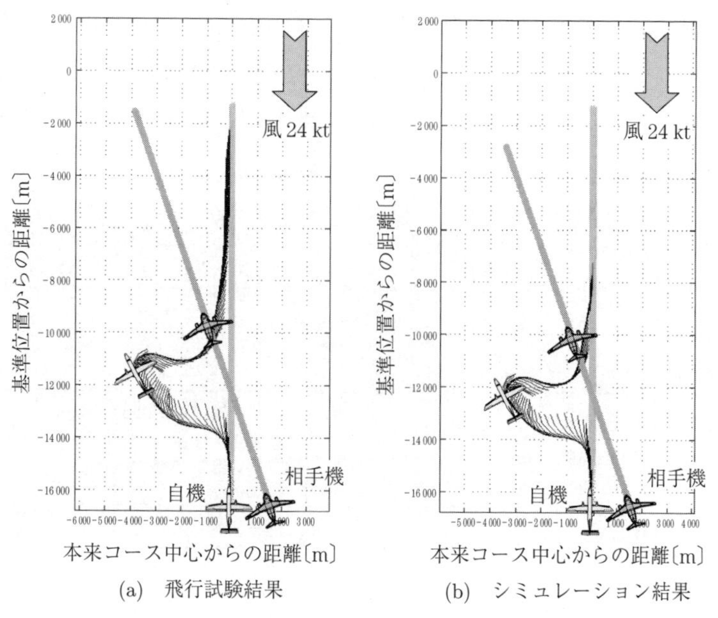

図 4.15　飛行実験結果とシミュレーションとの比較

(1) 本来コースを曲線経路にしたケース　ここまでは，本来コースが直線であるケースを見てきた。これは，現在の航空機の飛行経路が地上航法施設を利用した直線を基本として構成されているからであるが，将来的にはこの経路がGPSベースの経路となっていくであろう。つまり，地上施設にとらわれない経路を設定することができるようになる。特に空港周辺では，騒音問題等の関係からその影響を抑えるために滑走路への進入経路を曲線経路にする検討も進められている。そこで，ここでは本来コースに曲線経路を採用し本来コースへ追従しながら相手機の接近に応じてこれまで同様回避＋本来コースへの復帰が可能であるかを見ていく。

図4.16 にシミュレーション結果を示す。図(a)は自機の左前方から相手機が接近してくる例で，自機は相手機の接近を回避するため左へ進路を変更し，相手機を通過後本来コースへ復帰している。図(b)は自機の右前方から相手機が接近してくる例で，自機は相手機の後ろに回り込むため右へ進路を変更し，相手機との距離を確保しつつ本来コースへ復帰している様子がわかる。このように，曲線で設定された本来コースであっても本来コースを追従しながら相手機

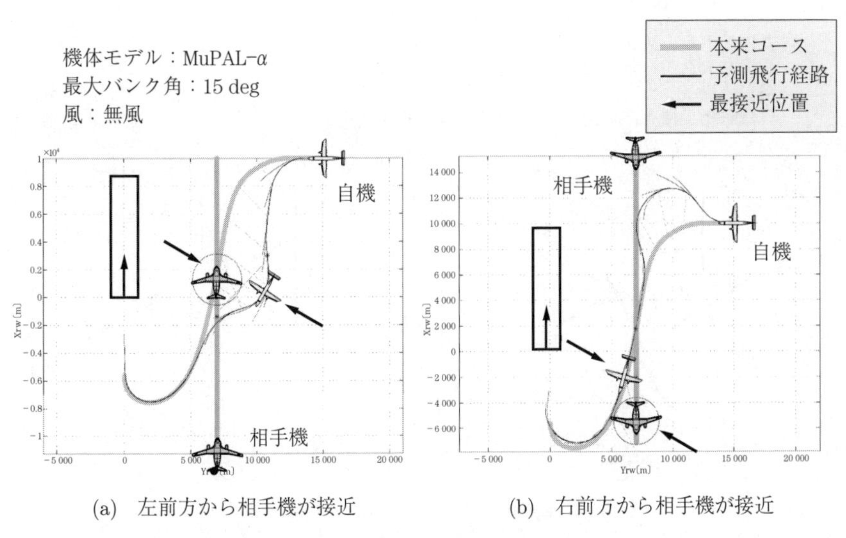

(a)　左前方から相手機が接近　　(b)　右前方から相手機が接近

図4.16　曲線経路への追従しながらの回避

の接近に応じて回避を行い，その後本来コースへ復帰することができている様子が確認できる。

(2)　相手機の進路が途中で変更するケース　　これまでは，相手機が直進で接近してくるケースを見てきた。ここではよりダイナミックに状況が変化する事象の例として，回避中に相手機が進路を変更するケースについて見ていく。

状況変化に対応して適切に経路を更新可能か確認したシミュレーション結果を図 **4.17** に示す。図 (a) は相手機が自機から離れる向きに進路を変化させる例である。相手機の進路変更で回避が不要になるため図 4.16(a) に比べて早い段階で本来コースへ復帰している様子が確認できる。一方図 (b) は，通常はあまり考えられないケースではあるが，相手機が自機に近づく向きに進路を変化させる例である。相手機の進路変更でこれまでの回避経路では接近してしまう状況となったため回避経路を修正し，右側へ切り返している様子が確認できる。以上より，ダイナミックな状況変化にも領域回避誘導則が柔軟に対応し適切な経路を生成できることがわかった。

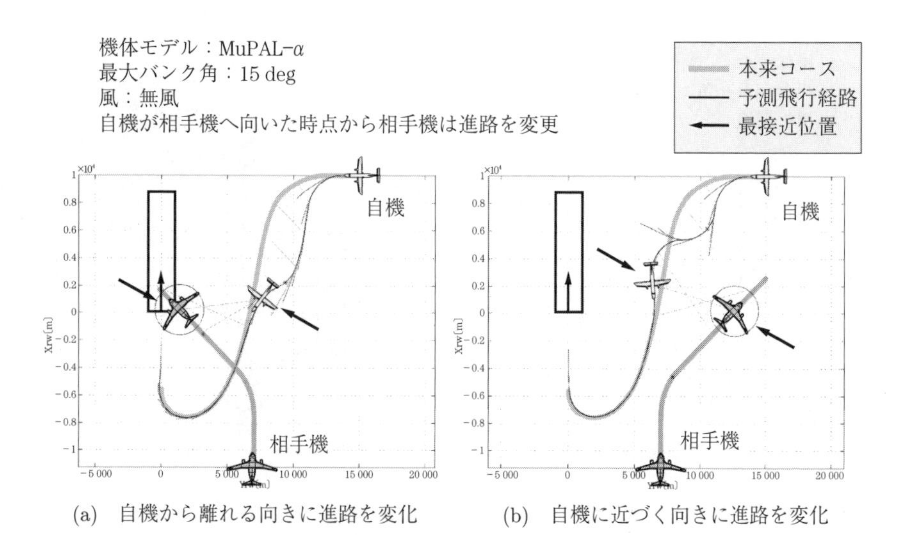

(a)　自機から離れる向きに進路を変化　　(b)　自機に近づく向きに進路を変化

図 4.17　相手機の進路が途中で変わる場合の回避

4.5 本章のまとめ

本章では，「領域回避の最適化」の研究で設計した「領域回避誘導則」を航空機同士の衝突回避に適用した事例を紹介した。誘導則にモデル予測制御を用いることで，周囲の状況変化に対応しながら適切な「回避指示＋本来コースへの復帰指示」およびその「経路」をリアルタイムで生成することが可能となり，飛行実験による実証やシミュレーションによる検討を通じてもさまざまな状況で良好な結果を得ることができた。

本誘導則を実際の衝突回避に活用していくことを考えた場合には，相手機情報の取得方法および管制官やパイロットに対してできるだけ違和感を感じさせない回避にする等の課題はあるが，本研究が今後の飛行安全向上に役立っていくことを期待したい。

本章で紹介した成果は，経済産業省からの委託事業「航空機用先進システム基盤技術開発：耐故障飛行制御システム」により，社団法人「日本航空宇宙工業会（SJAC）」が取りまとめて実施した研究[6)~8)]の一部で，川崎重工業株式会社が実施した内容である。なお，飛行実証についてはJAXAと共同で実施した。

引用・参考文献

1) 大塚敏之：非線形Receding Horizon制御の計算方法について，計測と制御，Vol. 41, No. 5, pp. 366～371 (2002)
2) 大塚敏之：非線形最適フィードバック制御のための実時間最適化手法，計測と制御，Vol. 36, No. 11, pp. 776～783 (1997)
3) K. Masui and Y. Tsukano：Development of a New In-Flight Simulator MuPAL-α, AIAA Modeling and Simulation Technologies Conference and Exhibit, AIAA-2000-4574 (2000)
4) 張替正敏，冨田博史，西澤剛志：高精度GPS補強型慣性航法システムの開発，日本航空宇宙学会論文集，Vol. 50, No. 585, pp. 416～425 (2002)

5) K. Funabiki, T. Iijima and T. Nojima：Summary of NOCTARN Research Project, Proceedings of the 25th International Congress of the Aeronautical Science [CD-ROM] (2006)
6) 平成 19 年度次世代航空機等開発調査（耐故障飛行制御システム）報告書，社団法人 日本航空宇宙工業会 (2008)
7) 平成 18 年度航空機用先進システム基盤技術開発（耐故障飛行制御システム）報告書，社団法人 日本航空宇宙工業会 (2007)
8) 平成 17 年度航空機用先進システム基盤技術開発（耐故障飛行制御システム）報告書，社団法人 日本航空宇宙工業会 (2006)

5 自動車の省燃費運転

5.1 本 章 の 概 要

自動車の省燃費化は，環境問題やエネルギー問題の解決の上で重要な課題と位置づけられている。自動車を省燃費化するには，車体の軽量化，内燃機関の高効率化，ハイブリッド電気自動車の実用化など，さまざまなアプローチがある。**省燃費運転**（**エコロジカルドライビング**）(eco-driving) もそのアプローチの一つである。車体の軽量化やハイブリッド電気自動車が自動車固有の燃費性能を向上させるアプローチであるのに対し，省燃費運転は，運転の仕方に着目し，不必要な加減速をせず交通状況や道路勾配など地形に合った速度パターンで自動車を走らせることで省燃費化を図るアプローチである。同じ型の自動車を似た交通環境で走行させても，運転者によって運転の仕方が異なるために，燃費に 20%以上の違いが生じることが知られている。

本章では，ガソリンエンジンを動力とする自動車の省燃費運転を取り扱う。自動車の燃費を左右する要因として，エンジンの効率がある。エンジン効率は単位質量の燃料で発生される仕事と定義される。**図 5.1** に典型的なエンジン性能線図を示す。

横軸のエンジン回転数と縦軸のエンジントルクとの積はパワー（馬力）であり，図中の双曲線はパワーが同じになる動作点を示している。図中の楕円状の等高線は，エンジンの効率が等しい動作点を結んでいる。等高線と双曲線との接点は，あるパワーを出すのに最も効率の良い動作点であり，そのような動作

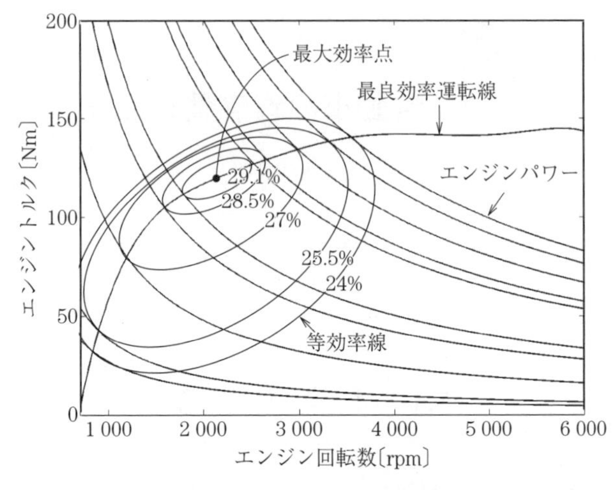

図 **5.1**　エンジン性能線図

点を結んだ線は最良効率運転線と呼ばれる。最良効率運転線上で，効率が最良となる点を最大効率点と呼ぶ。最大効率点での効率がそのエンジンの出し得る最大の効率である。一般に，ガソリンエンジンの効率は，低負荷領域，すなわち低いパワーを出している状態より，ある程度エンジン回転数が高く，かつ程よい負荷がかかっている状態の方が良好である。具体的にいえば，都市内の道路を 20 km/h 程度の低い速度で走っているときは燃費は良くなく，平坦な道路を 60 km/h 台程度の一定速度で走行しているときにより燃費が良い。加速は燃費を下げる傾向にあり，ブレーキ操作は車体や車輪の運動エネルギーを熱に変えて散逸させるので，同様に燃費を損ないやすい。また，平坦な道路と勾配のある道路とでは，同じ速度で走行するにもエンジンにかかる負荷は異なる。以上のことから，同じ道路を走行しても速度パターンが違えば，燃費に差が出ることが理解できよう。また，自動車の速度パターンは，前方を走る自動車の速度パターンや車間距離によっても変化させなければならず，交通信号の影響をも受ける。逆にいうと，エンジンの効率特性や，車体の特性，前方の車両の運動，道路勾配，交通信号の切替り，ドライバが希望する速度などの情報があれば，速度パターンは燃費を考慮した最適化が可能である。昨今では，IT（information technology）

や高度道路交通システム（intelligent transportation systems, ITS）などが進歩しつつあり，車載のセンサシステム，車車間通信や路車間通信，カーナビゲーション，GPS，ディジタルマップなどが普及し，速度パターンの最適化に必要な情報が揃いつつある。そこで，これらの情報を有効に利用し，速度パターン最適化の問題を最適制御問題として定式化する。つぎに，不可避的に存在するモデル化誤差や計測誤差に対応するため，最適制御問題を実時間最適化型のモデル予測制御手法に拡張し，高精度な省燃費運転を可能とする速度パターンを実時間で生成する方法を準備する。

本章では，図 **5.2** のような道路勾配の予測と先行車の運動の予測が可能なシステムを搭載した自動車を想定し，実時間最適化による省燃費運転を考える。ここで紹介する方法は，車体の運動エネルギーを車体自身の質量をバッファとして蓄え，必要に応じて走行に利用していると考えることができる。以下，着目する特別な車両をホスト車と呼び，その前方を走行する車両を先行車と表現する。

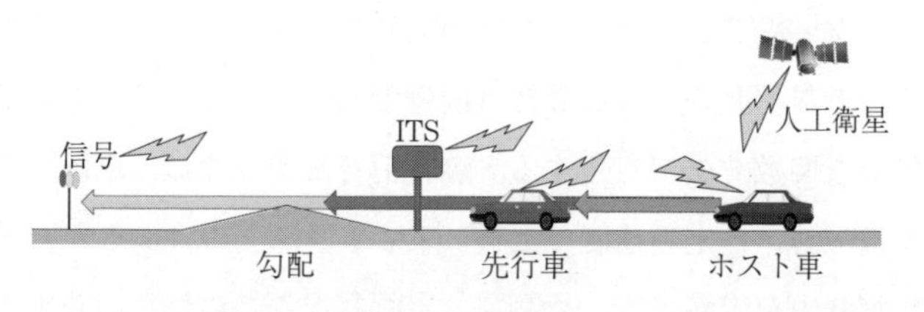

図 **5.2** 自動車の省燃費運転システム

5.2 道路情報予測を用いた自動車の省燃費運転

5.2.1 車両モデル

時刻 t におけるホスト車と先行車の状態方程式を次のように表す。

$$\dot{x}(t) = f(x(t), u(t), q(t)) \tag{5.1}$$

$$f(x(t), u(t), q(t)) = \begin{bmatrix} v_h(t) \\ u(t) \\ v_p(t) \\ q(t) \end{bmatrix} \tag{5.2}$$

ここで $x = [x_h \; v_h \; x_p \; v_p]^{\mathrm{T}}$ は，ホスト車の位置と速度（それぞれ x_h と v_h），先行車の位置と速度（それぞれ x_p と v_p）を表す状態ベクトルであり，u はホスト車の制御入力である加速度，q は先行車の加速度を表す。

ここでは，先行車は評価区間の中では等加速度運動をすると仮定し，q を定数とする。また，実際に先行車が存在しない場合は，先行車として仮想の車両（ダミー車）を設定し予測を行う。この場合，ダミー車は所望の速度と車間距離で走行しているとする。また，ダミー車が停車することで信号機の影響を表現する。

5.2.2　燃料消費モデル

車両走行時の燃料の消費率（単位時間当りの燃料消費量）は，エンジンの回転数，トルク，ギア比，気温，燃料の発熱量，効率などさまざまな要因に依存している。燃料消費の正確な計算は困難である。ここでは，近似的に燃料消費を微分可能な関数でモデル化する。燃料消費モデルでは，車両の走行状況を加速もしくは減速，一定の速度で走行，アイドリングの 3 つとし，それぞれについて燃料消費率を定義する。そして，走行状況ごとの燃料消費率を組み合わせて一つの燃料消費モデルを構築する。まず，減速する車両の燃料消費率を定数 F_d とする。加速する車両の燃料消費率は次式で表す。

$$F_a(t) = c_1 + c_2 u(t) v_h(t) \tag{5.3}$$

ただし，c_1 と c_2 は定数である。また，一定速度で走行する車両の燃料消費率は次式で表す。

$$F_c = k_1 + k_2 v_h(t) + k_3 \left(v_h(t)\right)^3 \tag{5.4}$$

ただし，k_1，k_2，k_3 は定数である。ここで示した燃料消費モデルは，文献1) から得られ，後に用いるシミュレータ AIMSUN NG[2] でも使用されている。実時間最適化を行うためには，評価関数を連続で微分可能な関数で構成する必要がある。そこで，上記の各状況ごとの燃料消費率をシグモイド関数とガウス関数を用いて組み合わせ，燃料消費率 F を次のように表す。

$$F(t) = \frac{F_d}{1+e^{\beta(u(t)+C)}} + \frac{F_a}{1+\mathrm{e}^{-\beta(u(t)-C)}} + e^{-(u(t)/\sigma)^2} F_c \tag{5.5}$$

β，σ，C はパラメータで，加減速の変化に対して適切な燃料消費率となるように選ぶ。

5.2.3 評価関数と拘束条件

次のような実時間最適化問題を考える。

$$\min_u J = \int_t^{t+T} L(x(\tau), u(\tau), q(\tau)) d\tau \tag{5.6}$$

ここで，被積分関数は

$$L = w_1 \frac{F(t)}{v_h(t)} + w_2 R_e^2(t) + w_3 \left(v_h(t) - v_d\right) \tag{5.7}$$

とし[3]，目標速度 v_d は最も燃費が良くなる車速とする。それぞれ w_1，w_2，w_3 は重み，車間距離目標値からの誤差 $R_e = b_d v_h - x_p + x_h + l_v + r_0$ とする。ここで，b_d は車頭時間†，l_v は車長，r_0 は車間のマージンである。

L は，燃料消費率，車間距離，速度目標値からの偏差についてペナルティを与える。重み w_1 と w_3 は，設計パラメータで定数とする。一方，重み w_2 は，車間距離が近いときペナルティが大きくなるように $w_2 = \gamma e^{-\alpha R}$, $R = x_p - x_h$ とする。γ，α は設計パラメータである。

また，制御入力に関する不等式拘束条件 $|u| \leqq u_{1max}$ は，次式のようにダミー入力 u_d を用いて等式拘束条件で表現する。

† 先行車と追従車（ここではホスト車）それぞれの車頭が同じ地点を通過する時間間隔を車頭時間という。

$$C(u(t), u_d(t)) = \frac{1}{2}(u^2(t) + u_d^2(t) - u_{1max}^2) = 0 \tag{5.8}$$

ここで，u_{1max} は入力の最大値である。

5.2.4 適用結果

交通流シミュレータ AIMSUN NG を用いてシミュレーションを行った。評価区間の長さは，$T = 10\,\mathrm{s}$ とした。パラメータはそれぞれ，$u_{1max} = 3.70\,\mathrm{m/s^2}$, $\beta = 120$，$C = 0.09$，$\sigma = 0.11$，$b_\mathrm{d} = 1.3$，$\omega_1 = 4.0$，$\omega_3 = 1.25$ とした。重み w_2 の設定においては，$\alpha = 0.2$ とし，γ はそれぞれ $\dot{R} > 1.0$ のとき 3.0, $|\dot{R}| < 1.0$ のとき 9.0，$\dot{R} < -1.0$ のとき 15.0 とした。シミュレーションで想定した車両はフォード社のフィエスタである。この車両の燃料消費パラメータは，$F_d = 0.10$，$c_1 = 0.42$，$c_2 = 0.26$，$k_1 = 0.222\,999$，$k_2 = 0.003\,352\,9$, $k_3 = 0.000\,042$ と与えられている[2)]。

AIMSUN NG では，人間が運転する自動車の加減速挙動を **Gipps** モデル[4)]で表現している。Gipps モデルは，運転者の運転挙動をよく表すことで知られている。以下，実時間最適化計算によって制御される車両を「EDAS（ecological driving assistance system）車両」とし，人間の運転を模した車両を「Gipps 車両」とする。

シミュレーションを行う道路を図 **5.3** に示す。経路上の道路は二つの車線，交通信号機によって制御される二つの交差点を有する三つの区間で構成される。車線変更の規則は AIMSUN NG のデフォルトの設定に従う。交差点の信号機は同期しており，それぞれの経路に関して，50 s 間青，40 s 間赤の 90 s のサイクルとした。道路の長さは 1 530 m で，制限速度は 50 km/h とした。経路入り口での交通量は，1 時間当り 405 台であり，乗用車，タクシー，トラックなどの車種を確率的に発生させた。交通流の中の 1 台をホスト車として設定し，1 500 m の経路を走行させた。比較のため，ホスト車両として同じ初期条件で EDAS 車両と Gipps 車両とを走行させた。

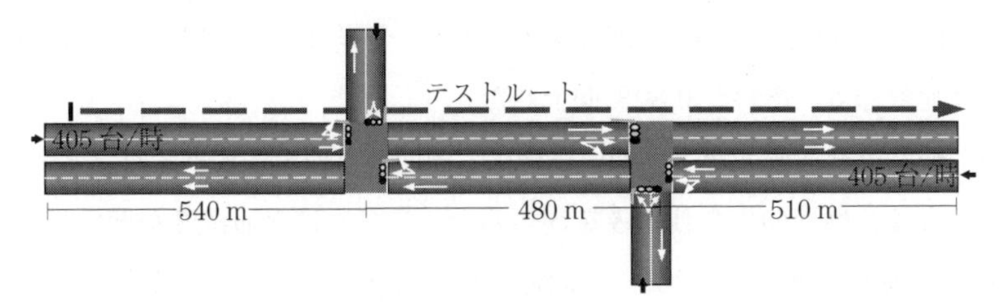

図 **5.3** 道路の設定

シミュレーションでは交通状況は確率的に変化させ，63 回シミュレーションを行った。それぞれの回のホスト車の燃料消費率を**図 5.4** に示す。図中の実線は，それぞれの回の EDAS 車両の平均燃料消費率である。平均燃料消費率より，63 回のうち 49 回において，燃料消費の面で EDAS 車両は Gipps 車両より性能が優れている。信号機のタイミングと他の車両の影響により，14 回は Gipps 車両の方が燃費が良くなっている。Gipps 車両は，1 500 m の走行で 104.64 mL の平均燃料が消費され，燃費が 14.34 km/L である。EDAS 車両の場合，95.28 mL

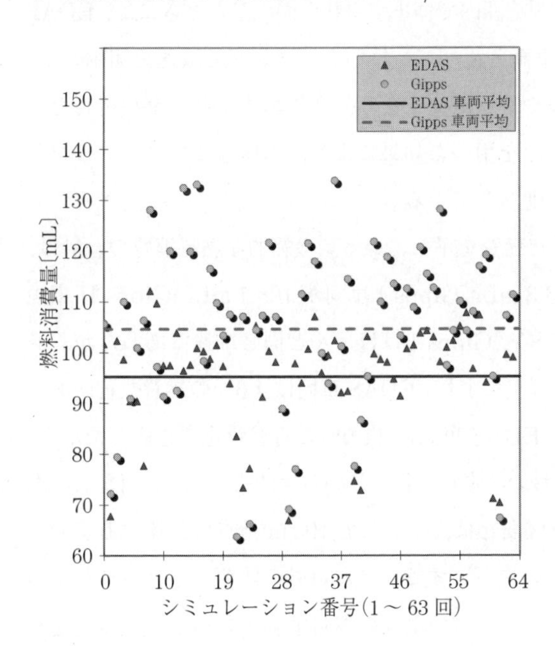

図 **5.4** ホスト車の燃料消費率

の燃料が消費され，燃費が 15.99 km/L となる。平均では，EDAS 車両は Gipps 車両と比較して，燃料が 9.82%向上した。

同じ経路で交通密度がより低い場合は，周囲の車のホスト車に対する影響は少なくなる。燃費向上の仕組みを調べるために，次は交通密度が低い状況で，EDAS 車両と 2 種類のパラメータ設定をした Gipps 車両とを比較する。一つ目の Gipps 車両（Gipps I）は，50.24 km/h の目標速度，$-3.75\,\mathrm{m/s^2}$ の目標減速度と設定する。二つ目の設定の Gipps 車両（Gipps II）は，53.24 km/h の目標速度，$-5.00\,\mathrm{m/s^2}$ の目標減速度とする。Gipps モデルのほかのパラメータは，どちらの場合もシミュレータのデフォルト値にする。これら三つの車両の速度特性を図 **5.5**(a) に示す。

EDAS 車両は短時間で省燃費速度に近い速度に到達し走行を続けた。しかし，速度が一定値に到達する前までは，燃料消費を削減するように加速度が低くなった。車両が二つ目の交差点に近づくとき，交通信号機が赤に変わり，停止しなければならない状況となる。予測範囲内で停止する状況が生じたときには，EDAS 車両は Gipps I と Gipps II 車両と比べて，早いタイミングで減速を開始した。早く減速を開始することで緩やかな減速となり，運動エネルギーを利用した消費燃料削減が可能となる。予測を用いた効果により，赤信号でのアイドリング時間が減少し，燃料損失量を削減している。

図 (b) は 3 種類の車両の瞬時燃費を示している。最終的な燃料消費の合計は，それぞれ，EDAS 車両が 103.3 mL，Gipps I 車両が 108.1 mL，Gipps II 車両が 115.6 mL であった。EDAS と Gipps I はほとんど同じ車速であったが，適切な予測による加速と減速の調整により，EDAS 車両は 4.6%の燃費改善があった。Gipps II と比較すると，EDAS 車両は 11.9%の省燃費化を達成した。

続いて，過渡的な走行区間および定常走行している区間において，消費した燃料を比較する。過渡的な走行区間とは，発進して 100 m 地点に到達するまでの走行と，停止前までの 100 m の走行とする。それ以外の区間は定常走行しているとする。図 (b) 中の棒グラフは三つの車両の燃料消費量を示している。定常走行区間（図中 steady）においては，すべての制御車両の消費量はほとんど変

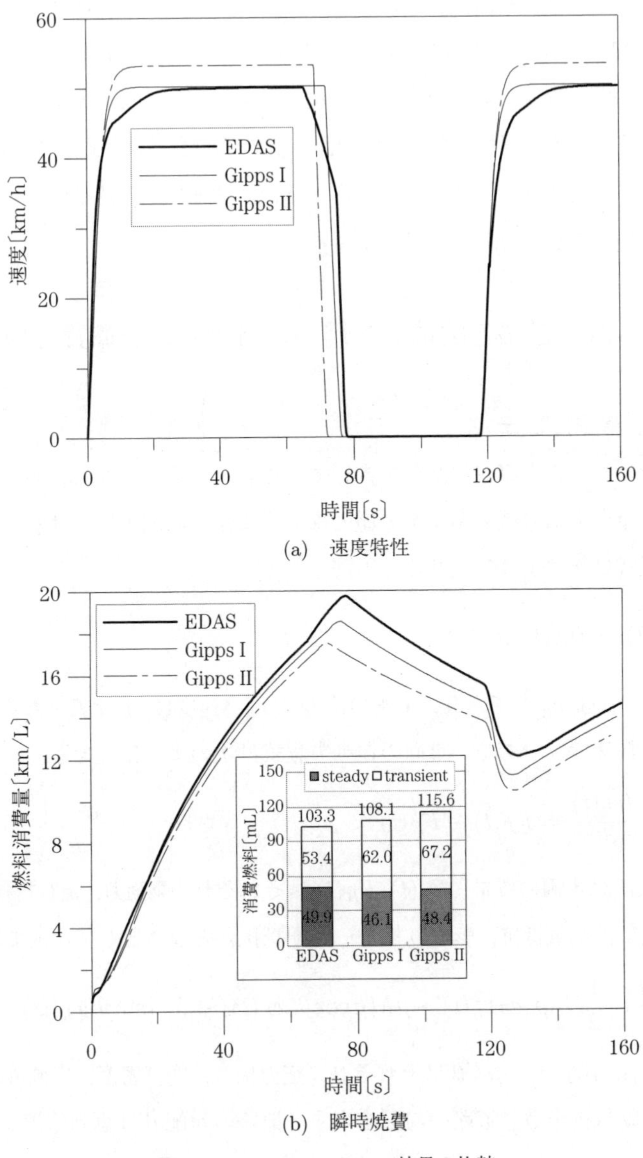

(a) 速度特性

(b) 瞬時焼費

図 **5.5** シミュレーション結果の比較

わらない。一方で，過渡的な走行区間（図中 transient）の消費量は違いがあることがわかる。過渡的な走行区間において，Gipps I と Gipps II の車両はそれぞれ，EDAS 車両と比較して 16.1%，25.8%も多く燃料を消費している。したがって，過渡的な走行の省燃費化に予測の効果が現れるといえる。

このように，実時間最適化による道路状況の予測を用いた省燃費運転により，自動車の省燃費効化を達成することができた。次節では，道路勾配の予測を加えた場合の省燃費運転について説明する。

5.3　道路勾配情報を用いた自動車の省燃費運転

5.3.1　車 両 モ デ ル

本項では，ホスト車が勾配路を走行する場合を考える。効果を明らかにするため他の車両や信号機の影響を考慮しない。まず，時刻 t におけるホスト車の状態方程式は次のように表せる。

$$\dot{x}(t) = f(x(t), u(t)) \tag{5.9}$$

ここで $x = [x_h\ v_h]^{\mathrm{T}}$ であり，車両の位置は x_h，速度は v_h で表される。u は制御入力（加速度）である。車両の運動方程式は次のように表せる。

$$M\frac{dv_h(t)}{dt} = F_T(t) - F_R(t) \tag{5.10}$$

ここで，M は車両の質量，$F_T(t), F_R(t)$ はそれぞれ，駆動力，走行抵抗を表す。走行抵抗は，空気抵抗，転がり抵抗，勾配抵抗からなるとし，次式で表す。

$$F_R = \frac{1}{2}C_D\rho_a a_f v_h^2(t) + \mu Mg\cos\theta(x_h(t)) + Mg\sin\theta(x_h(t)) \tag{5.11}$$

ここで C_D，ρ_a，a_f，μ，θ はそれぞれ，空力係数，空気密度，車両の前面投影面積，回転抵抗定数，道路の勾配を表す。道路の勾配 θ は車両位置 x_h の関数 $\theta(x_h)$ として与えられているものとする。駆動力は，車両の質量と制御入力を用いて $F_T(t) = Mu(t)$ と表せる。したがって，車両の状態方程式 (5.9) の右辺は次式で与えられる。

$$f(x,u) = \begin{bmatrix} v_h(t) \\ -\frac{1}{2M}C_D\rho_a a_f v_h^2(t) - \mu g\cos\theta(x_h(t)) - g\sin\theta(x_h(t)) + u(t) \end{bmatrix} \tag{5.12}$$

ここで，見かけの車両の加速度は

$$a_h(t) = -\frac{1}{2M}C_D\rho_a a_f v_h^2(t) - \mu g\cos\theta(x_h(t)) - g\sin\theta(x_h(t)) + u(t) \tag{5.13}$$

と表せる。車両の制御入力 $u(t)$ の最大値は，エンジン性能やブレーキ性能の物理的限界を満足するように，$u_{min} \leqq u(t) \leqq u_{max}$ で制限される。ディジタルマップから得られる道路の高度 R_{alt} 情報は，次のように地点 x_h における勾配角度 $\theta(x_h)$ を計算するのに用いられる。

$$\theta(x_h(t)) = \tan^{-1}\left\{\frac{R_{alt}(x_h(t)+\Delta x_h) - R_{alt}(x_h(t)-\Delta x_h)}{2\Delta x_h}\right\} \tag{5.14}$$

Δx_h はディジタルマップ位置情報の解像度を表す定数である。

5.3.2　燃費モデル

前項では，多項式を用いた簡易的な燃費モデルを使用した。一方，本項では，より現実に近い図 5.1 のようなエンジン性能線図に基づいた燃料消費モデルの導出について説明する。可変無段変速器（CVT）を装備した自動車は，変速比を連続的かつ無段階に調整できるので，エンジンの動作点を最良効率運転線上にとることができる。エンジンの動作点がつねに最良効率運転線上にあると仮定し，単位時間当りの燃料消費率〔mL/s〕を考える。

排気量 1.3 L のエンジンを搭載したある自動車のカタログ値[5]によると，この車両の 10-15 モード走行燃料消費率は約 17.2 km/L である。そこでこの車両をホスト車と考え，10-15 モード走行の燃料消費率が 17.2 km/L となるように，エンジントルク-速度特性曲線を調整し，図 5.1 のエンジン性能線図を作成する。

まず，車両に作用する力 F_f は，次式で表せる。

$$F_f(t) = \frac{1}{2}C_D\rho_a a_f v_h^2(t) + \mu Mg\cos\theta(x_h(t)) + Mg\sin\theta(x_h(t)) + Mu(t) \tag{5.15}$$

車両パラメータは $M = 1\,200\,\mathrm{kg}$, $a_f = 2.5\,\mathrm{m}^2$, $\rho_a = 1.184\,\mathrm{kg/m}^3$, $C_D = 0.32$, $\mu = 0.015$ とする。速度維持および加速に要求される出力は，次のように与える。

$$P(t) = F_f(t)v_h(t) + P_c \tag{5.16}$$

ここで P_c は車両がアイドリング状態のときのエンジン出力である。エンジンの動作点は，出力するトルクとそのときの回転数とで与える。動作点におけるエンジン効率 η は，出力 P を用いてエンジン性能線図（図 5.1）から求める。ガソリンの単位量当りの熱量 $C_f = 34.5 \times 10^6\,\mathrm{J/L}$ を用いて，エンジン性能線図から得られる燃料消費率 $W\,\mathrm{L/s}$ は，η と P から次のように求められる。

$$W(t) = \frac{P(t)}{C_f\eta(t)} \tag{5.17}$$

評価関数に組み込むためには，燃料消費を予測する微分可能な関数が必要である。そこで，燃料消費率 W を微分可能な関数で近似する。燃料消費率 W の値を，速度と加速度（それぞれ 0〜16 m/s，0〜4.0 m/s^2）についてエンジン性能線図（図 5.1）を用いて求める。求めた燃料消費率 W を，**図 5.6** にプロットする。このようにして求めた燃料消費率を，速度の多項式として次のように近似する。

$$f_{cruise}(t) = b_0 + b_1v(t) + b_2v^2(t) + b_3v^3(t) \tag{5.18}$$

f_{cruise} は一定速度で走行するときの燃料消費率である。ここで，b_i $(i = 0, 1, 2, 3)$ は定数で，b_0 はエンジンのアイドリングや補機類の燃料消費を表す。加速に必要な燃料消費率についても同様に，次のように近似する。

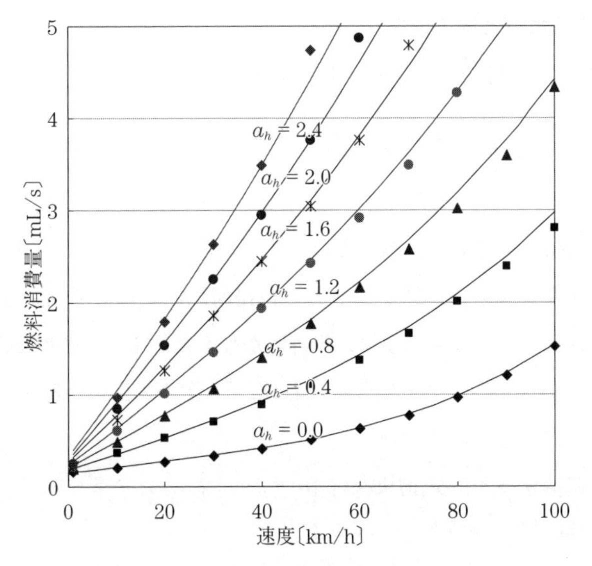

図 5.6 燃費消費率の近似曲線

$$f_{accel}(t) = (a_h(t) + g\sin\theta(x_h(t)))\left(c_0 + c_1 v(t) + c_2 v^2(t)\right) \qquad (5.19)$$

ここで，c_i $(i = 0, 1, 2, 3)$ は定数である。$a_h + g\sin\theta(x_h)$ は，車両の道路に沿った加速度と，加速度に換算した勾配抵抗の合計値である。エンジンが正のトルクを発生しないとき，すなわち $u < 0$ ならばフューエルカットが働き，エンジンの燃料消費はないと仮定する。

最終的に，式 (5.18) と式 (5.19) から，燃料消費率は次式によって得られる。

$$f_V(t) = f_{cruise}(t) + f_{accel}(t) \qquad (5.20)$$

曲線の近似によって得られる式 (5.18) と式 (5.19) の燃料消費率のパラメータは次のようになる。$b_0 = 0.1569$，$b_1 = 2.450 \times 10^{-2}$，$b_2 = -7.415 \times 10^{-4}$，$b_3 = 5.975 \times 10^{-5}$，$c_0 = 0.07224$，$c_1 = 9.681 \times 10^{-2}$，$c_2 = 1.075 \times 10^{-3}$ として，加速度 a_h を $0.4\,\mathrm{m/s^2}$ きざみで一定とした場合に式 (5.20) から得られた近似曲線を図 5.6 に重ねて示す。例えば，10-15 モードの燃費を式 (5.20) を用いて計算すると 17.16 km/L となり，カタログ値 17.2 km/h に近い妥当な値が得られる。

5.3.3 評価関数と拘束条件

評価関数の被積分関数 L は次のように設定する[6)]。

$$L = w_1 \frac{f_{cruise}(t)}{v_h(t)} + \frac{w_2}{2}(a_h(t) + g\sin\theta(x_h(t)))^2 + \frac{w_3}{2}(v_h(t) - v_d)^2 \tag{5.21}$$

ここで w_1，w_2，w_3 は重み，第一項は走行燃料消費に関するコスト，第二項は，車両の加減速度に関するコストであり，道路勾配のために車両が受ける重力の効果が考慮されている。第三項は，設計者が与えた望ましい速度 v_d からの速度の誤差を評価する。もし第三項がなければ，最適解は自明であり，車両停止状態となることに注意されたい。

制御入力に関する不等式拘束条件 $|u| \leq u_{1max}$ は，ダミー入力 u_d を用いて等式拘束条件の形で次のように与える。

$$C(u(t), u_d(t)) = \frac{1}{2}(u^2(t) + u_d^2(t) - u_{1max}^2) = 0 \tag{5.22}$$

5.3.4 適　用　結　果

本項では，勾配情報の予測の効果を確認するために，勾配道路のシミュレーションを行う。ここでは，先行車と信号機が存在しない状況を想定する。また，$u_{1max} = 2.75\,\mathrm{m/s^2}$，$v_d = 13.89\,\mathrm{m/s}$ とした。評価関数の重みは $w_1 = 230.0$，$w_2 = 22.0$，$w_3 = 1.60$ とした。評価区間長さ $T = 10\,\mathrm{s}$ は刻み $h = 0.1\,\mathrm{s}$ で評価区間を 100 ステップに分割する。シミュレーションの時間刻みは 0.1 s とする。道路の斜面角度は $\Delta x_h = 20\,\mathrm{m}$ とする。C/GMRES 法における GMRES 法の反復回数は 8 とする。

シミュレーションは 2 パターン行う。はじめは四つの典型的な勾配道路についてシミュレーションを行う。続いて，ディジタルロードマップから得られる道路の勾配データを用いて，約 2.5 km の実際の道路を仮想的に表現してシミュレーションを実行する。比較のために，定速度運転（fixed speed driving，FSD）と自動速度制御運転（automatic speed control device，ASCD）の二つの走行方式をシミュレートする。FSD では道路の勾配を既知とし，速度を一定に保つ制御入力をフィードフォワード生成する。ASCD は道路の勾配情報を用いずに比例-積分制御で車速を制御する。表記の簡単化のために，モデル予測制御で制御される省燃費運転車両を「Eco 車両」とする。同様に ASCD，FSD 手法により制御される車両をそれぞれ「ASCD 車両」，「FSD 車両」とする。

図 5.7(a) は上り坂の直後に下り坂がある道路（山型）のシミュレーション結果を示している。ホスト車の速度の初期値は 50 km/h とする。Eco 車両は登坂中に過大な入力が発生することを避けるために，上り坂に入る前に加速した。下り坂では，重力を利用して走行し，ブレーキをかけず速度の増加を許すが，最後には v_d 付近の車速で走行した。最下段の棒グラフは走行区間 $x_h = 250\,\mathrm{m}$ から $x_h = 1\,150\,\mathrm{m}$ においての三つの制御手法の車両の燃料消費を示している。FSD 車両と ASCD 車両は Eco 車両と比べてそれぞれ，8.77%，9.96%多く燃料を消費した。道路形状予測に基づいたモデル予測制御により省燃費化が達成できている。

図 (b) に下り坂の直後に上り坂がある道路（谷型）においての結果を示す。$x_h = 250\,\mathrm{m}$ から $x_h = 1\,150\,\mathrm{m}$ までの走行区間において，FSD 車両と ASCD 車両は Eco 車両と比べてそれぞれ，8.44%，9.15%の燃料消費が悪化したことがわかる。

図 5.8(a) と (b) はそれぞれ，上り坂のみ，下り坂のみの道路でのシミュレーション結果を示している。上り坂においては，すべての車両ががほぼ同じ燃料消費率であった。理由としては，減速の必要がないために，どの車両でも減速による運動エネルギーの消費が無かったためであると考えられる。一方で下り坂では，Eco 車両はブレーキをかけずに走行しており，結果として FSD 車両，ASCD 車両と比べてそれぞれ約 4.73%，4.03%の省燃費化が確認された。

続いて，実際の道路を想定した評価を行う。テストルートは，福岡市博多区にある「ユニバ通り」とし，その約 2.5 km の区間の勾配データを用いた (**図 5.9**)。道路の標高情報は 5 m で区画されたディジタルマップから得ている。ルートの北端の標高は約 6 m であり，ルートの南端は約 25 m である。テストルートには多様な上りと下りの勾配があり，小高いエリアが存在している。テストルー

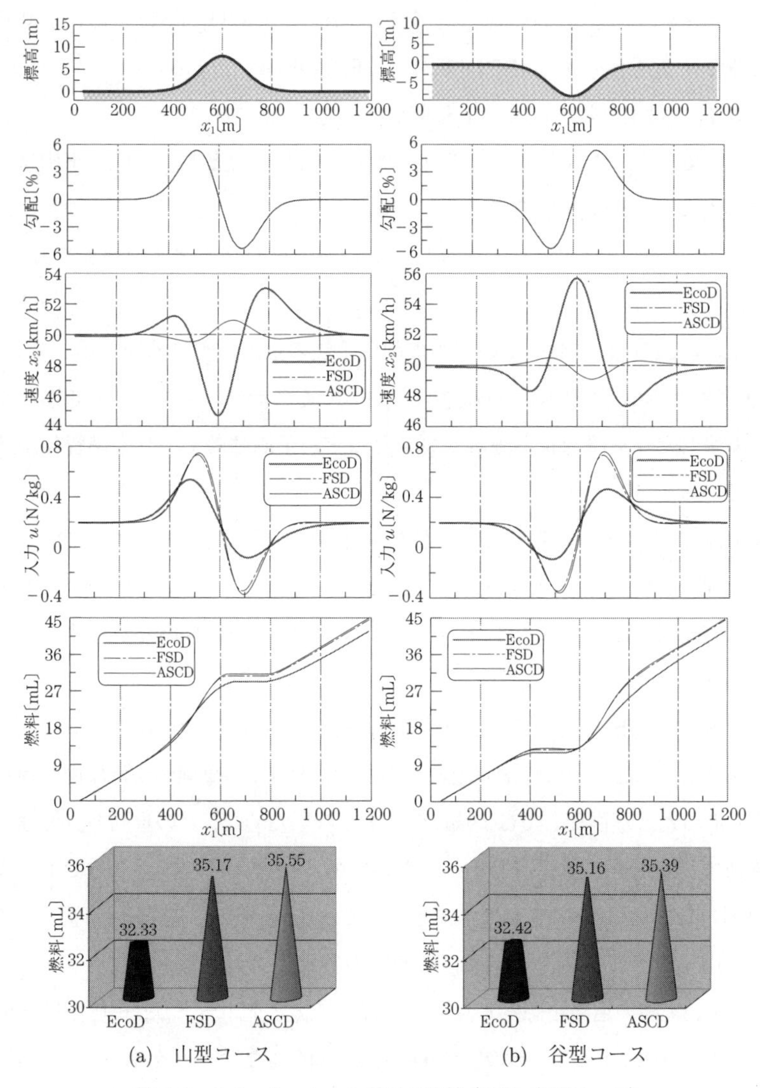

(a)　山型コース　　(b)　谷型コース

図 5.7　シミュレーション結果の比較（山型, 谷型コース）

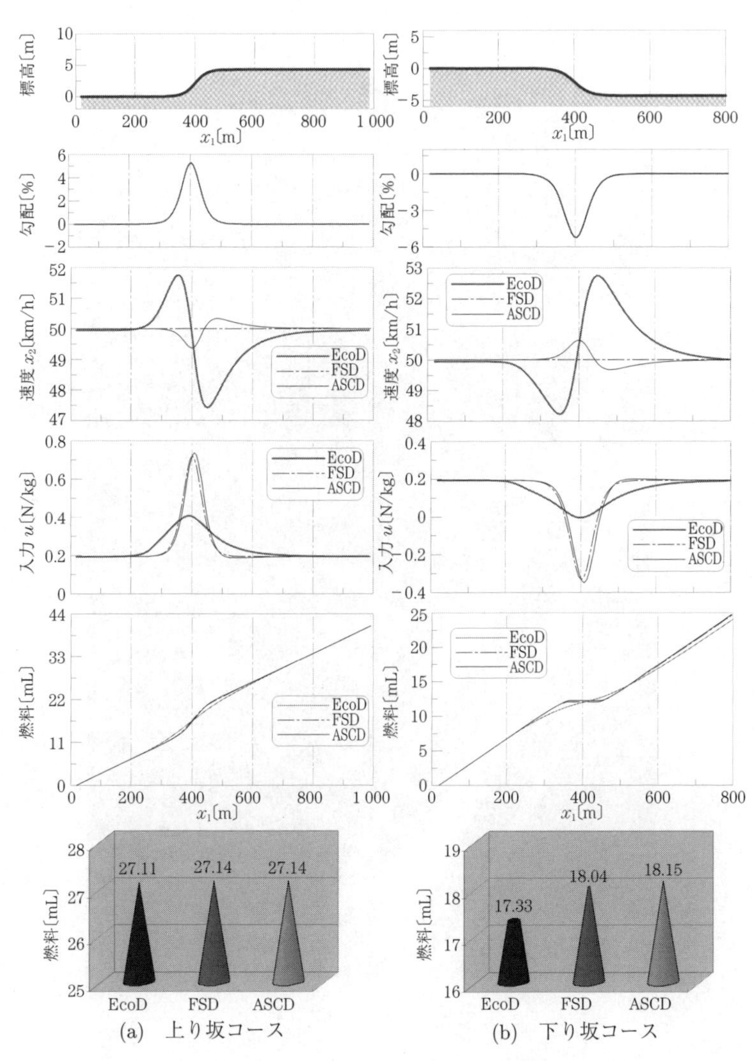

図 5.8 シミュレーション結果の比較（上り坂，下り坂コース）

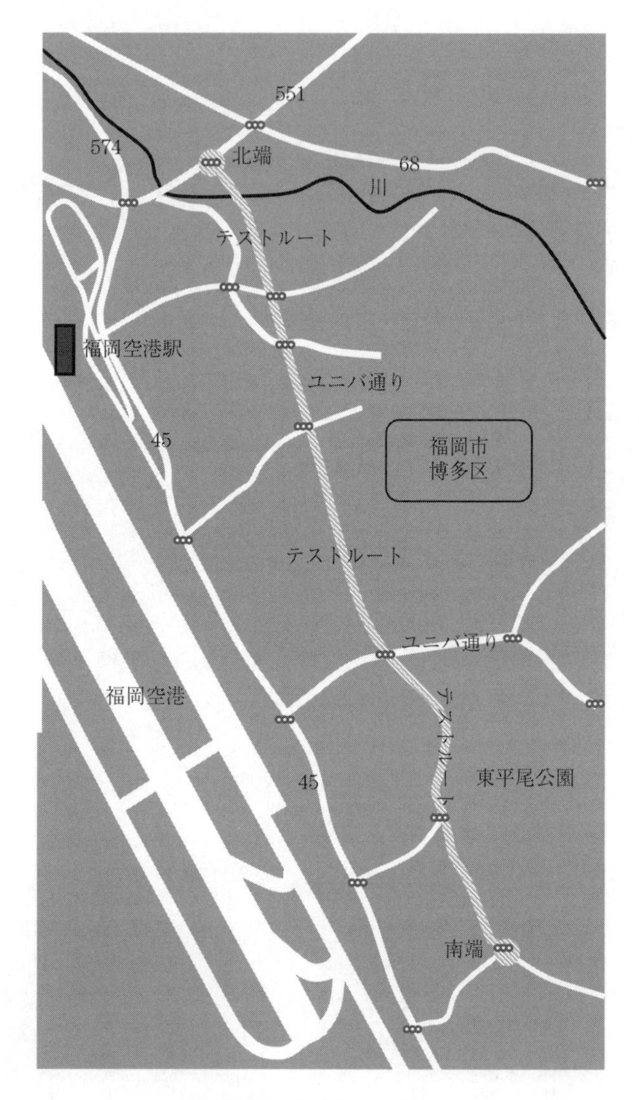

図 **5.9**　テストルート

トのディジタルマップから得られた道路の標高データを図 **5.10** に示す。北端近くの標高データの急な落ち込みは，河川が存在するためであり，道路の該当する部分は架橋されているため平坦である。

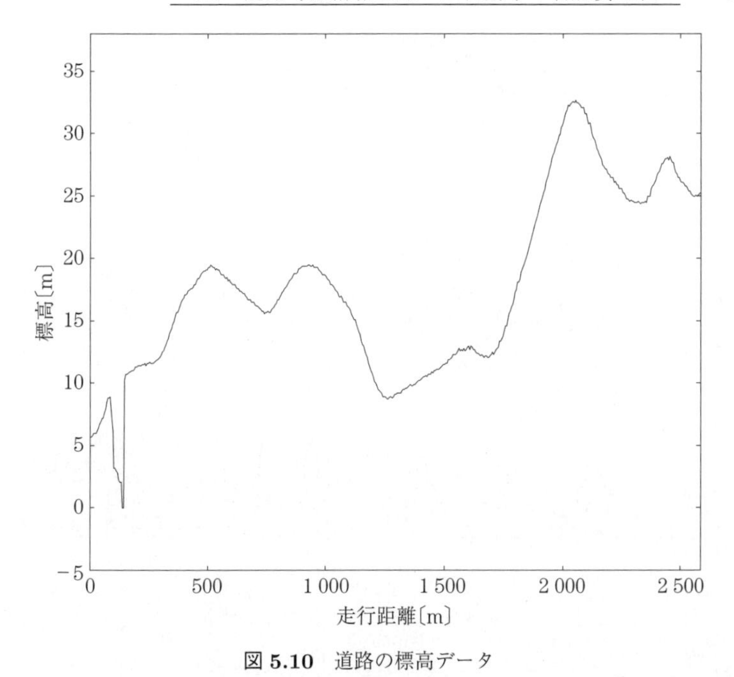

図 5.10 道路の標高データ

図 5.11(a) と (b) は，それぞれ北端から南端，南端から北端に走行したシミュレーション結果を示している。棒グラフはテストルート走行後の燃料消費比較である。北端から南端にかけての走行においては，Eco 車両は FSD 車両，ASCD 車両と比べてそれぞれ約 5.0%，4.45%の省燃費化が確認された。一方で南端から北端にかけての走行では，Eco 車両は FSD 車両，ASCD 車両と比べてそれぞれ約 7.04%，5.70%の省燃費化が確認された。南端の標高は北端の標高よりも高いために，Eco 車両で南端から走行する方法ではより消費燃料の削減ができたといえる。

モデル予測制御アルゴリズムを実装するためには適切な評価区間長さを選ぶ必要がある。そこで，評価区間長さを変化させてシミュレーションを行った。その平均燃料消費を**図 5.12** に示す。図より，満足できる結果を得るためには，予測ホライズンが少なくとも 5 s 以上必要であることがわかる。

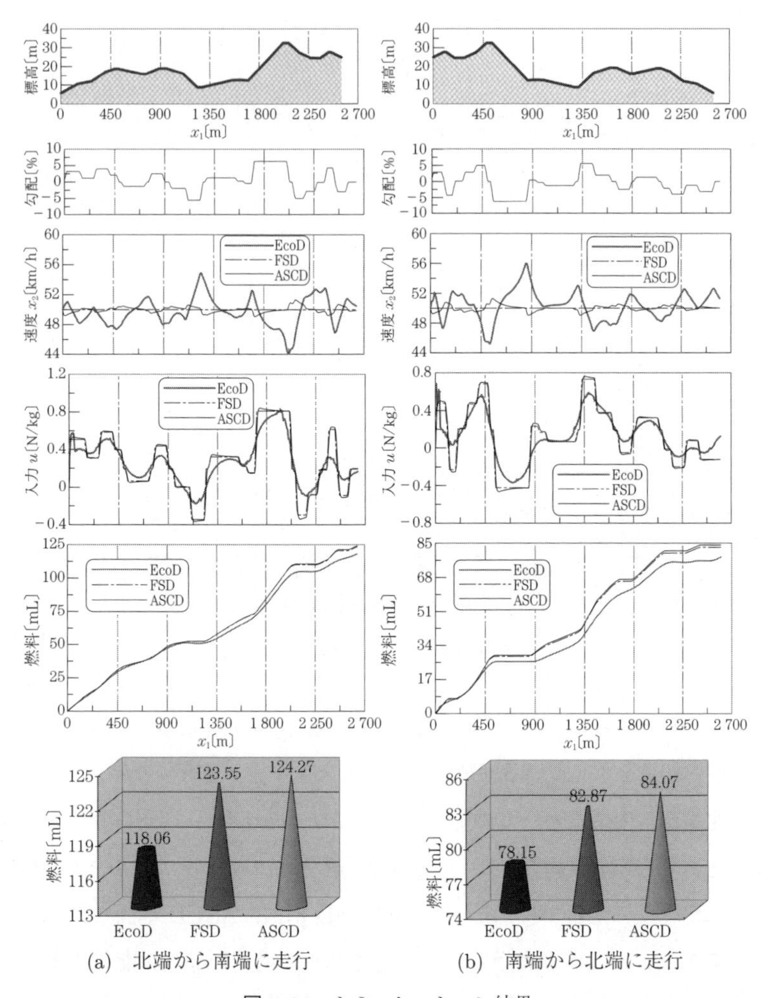

(a)　北端から南端に走行　　(b)　南端から北端に走行

図 5.11　シミュレーション結果

つぎに勾配情報に誤差を含む場合について検討する。**図 5.13** は南端からの走行ルートの間，スロープセンサに誤差を持たせた場合の速度の偏差を示している。+25%の誤差は実際に車両が走行しなければならない坂において，センサが実際より 1.25 倍の量を測定していることを意味しており，−25%の誤差はセンサが実際より 0.75 倍の量を測定していることを意味している。勾配情報の誤差が一切なければ，Eco 車両は ASCD 車両と比べて 5.0%の燃料の減少が見

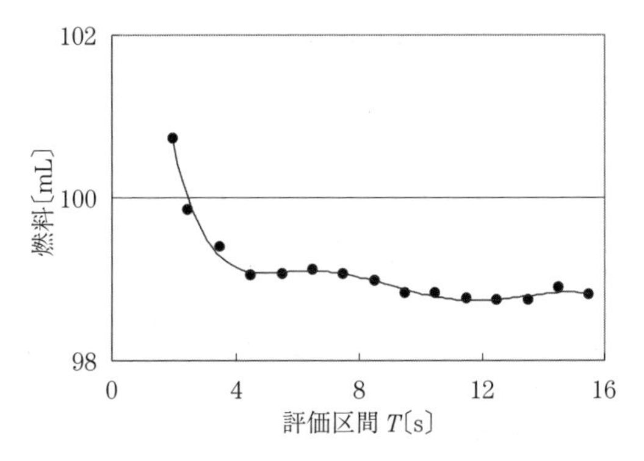

図 **5.12** 評価区間長さと燃費の関係

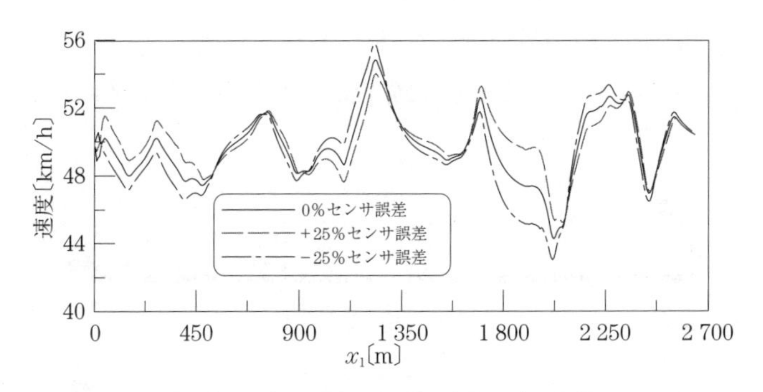

図 **5.13** 勾配情報に誤差を含む場合の比較

込める。センサ誤差が25%であった場合には，コントローラは少し高い入力を上り坂で生成することになり，車両を約2s早く走行することになってしまい，ASCD車両と比較した省燃費化効果は4.0%低下する。同様にして，センサ誤差が−25%である場合には，コントローラは小さな入力を上り坂で生成することになり，車両を約2s遅く走行させることになり，ASCD車両と比較した省燃費化効果は4.2%低下する。したがって，25%の誤差内ではシステムは大きな偏り無しに，省燃費運転が可能であることが確認できた。

図5.11(a)に示したシミュレーションでは，シミュレーション時間は191.5sである。典型的なパーソナルコンピュータで，この計算のためにかかる全計算時間は8.59sである。シミュレーションはサンプリング周期100msであり，サ

ンプリング周期ごとの計算時間は 4.49 ms であった。したがって，この実時間最適化問題は十分な速さで解けている。

5.4　先行車停止挙動予測を用いた自動車の省燃費運転

本節では，先行車の停止挙動の予測を用いた省燃費運転について述べる。

5.4.1　モデルと評価関数

ホスト車のモデルは，前節の車両モデルと同じとする。先行車の運動はホスト車に影響されないと仮定し，その状態を，位置 x_p，速度 v_p とする。また，先行車の加速度を q とする。**図 5.14** は先行車（PV）とホスト車（HV），前方の信号に関する三つのシーンを示している。

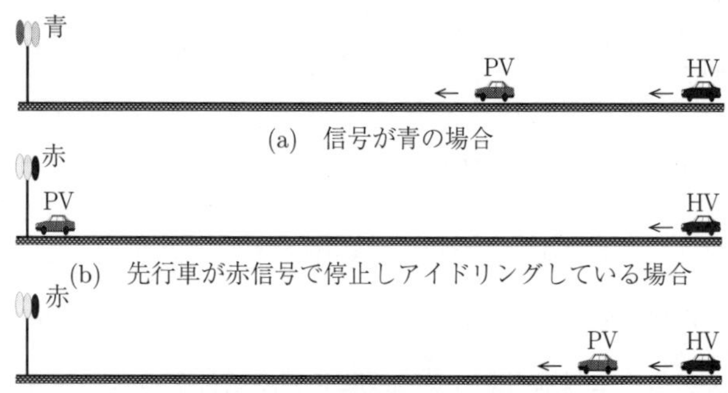

図 5.14　信号と先行車，ホスト車の関係

まず，図 (a) は信号が青の場合である。先行車は停止，あるいは最大速度 V_m 以下で等加速度走行している仮定する。このとき，時刻 $t_1^{'}$ の次の時刻 $t_2^{'} = t_1^{'} + \Delta t$ における先行車加速度は

$$a_p(t_2^{'}) = \begin{cases} a_p(t_1^{'}) & (0 < v_p(t_2^{'}) < V_m) \\ 0 & (\text{otherwise}) \end{cases} \tag{5.23}$$

とする。図 (b) は先行車が赤信号で停止しアイドリングしている場合である。これには，赤信号でホスト車と停止線との間に先行車がいない場合も含む。先行車がいない場合は，停止線でダミーの先行車がアイドリングしていると表現する。図 (a),(b) の場合，変数 $q(t)$ は次式のように設定する。

$$q(t) = a_p(t) \tag{5.24}$$

図 (c) に示すのは，先行車が赤信号に接近している場合である。先行車は赤信号で停止するために減速するので，式 (5.23) は適用できない。この場合は，接近して信号で停止する先行車の予測モデルを作成する必要がある。そこで，異なる技能を持つ 3 人のドライバの運転を，神奈川県の国道 129 号で計測したデータからモデルを作成する。このデータでは，それぞれのドライバは赤信号で数回車を止めている。さまざまな交差点での車の停止速度パターンを**図 5.15** に示す。

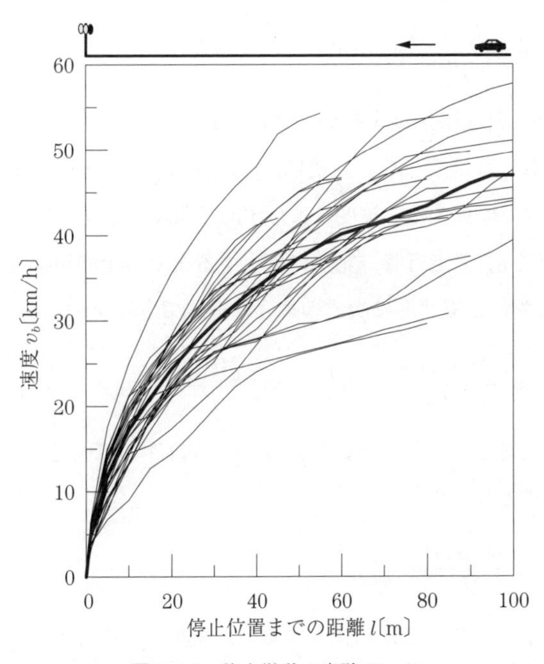

図 5.15　停止挙動の実験データ

図は停止位置までの距離 l に対して速度を示したものである。基準の平均速度曲線は，30 の停止パターンの平均であり，図中の太い曲線で示す。平均速度曲線を基準とし，停止位置までの距離 l の多項式を用いて，ブレーキ速度曲線 $v_b^*(l)$ を次式で近似する。

$$v_b^*(l(t)) = 5.635 \times 10^{-10} l^5(t) - 3.446 \times 10^{-7} l^4(t) + 7.925 \times 10^{-5} l^3(t) - 8.519 \times 10^{-3} l^2(t) + 0.4805 \quad (5.25)$$

車両が式 (5.25) で表される曲線 $v_b^*(l)$ によって与えられる基準の停止パターンに従うとき，その減速度は次式で表せる。

$$a_b^*(l(t)) = \frac{dv_b^*(l(t))}{dl}\frac{dl}{dt} = \frac{dv_b^*(l(t))}{dl} v_b^*(l) \quad (5.26)$$

図に示すように，基準の $v_b^*(l)$ から外れる停止曲線がある。それらの任意の一つ $v_b(l)$ に対して，減速度は次のように表せる。

$$a_b(l(t)) = \frac{dv_b(l(t))}{dl} v_b(l(t)) \quad (5.27)$$

車両が $v_b(l) > v_b^*(l)$ の速度を持つときは，式 (5.26) で与えられるより高い減速度で止まらなければならない。逆に，$v_b(l) < v_b^*(l)$ の速度を持つときは，より小さい減速度で停止する。速度によらず同じ距離で車両が停止すると仮定し，速度 v_b^*，減速度 a_b^* で走行時，完全に停止するまでの予測距離を L_0 とすると，式 (5.27) で表される減速度は次式のように近似できる。

$$a_b^*(l(t)) \approx \frac{v_b^*(l(t)) - 0}{L_0} v_b^*(l(t)) = \frac{v_b^*(l(t))^2}{L_0} \quad (5.28)$$

同様に，同じ距離 L_0 で停止する速度 $v_b(l) \neq v_b^*(l)$ の車両を考えると，その近似減速度は次式で与えられる。

$$a_b(l(t)) \approx \frac{v_b(l(t))^2}{L_0} \quad (5.29)$$

式 (5.28) の L_0 を，式 (5.29) に代入すると，速度 $v(l)$ で走行する車両の近似減速度は次式のように得られる。

$$a_b(l(t)) \approx a_b^*(l(t)) \left(\frac{v(l(t))}{v_b^*(l(t))} \right)^2 \tag{5.30}$$

式 (5.30) は，車両の速度と停止位置までの距離から減速度を与える。**図 5.16** は，いくつかの初期速度 v と距離 l について，式 (5.30) を用いて計算した予測速度 $v_{pb}(l)$ の例を示している。図 5.15 と見比べると，実測データのパターンが十分な精度で再現できることがわかる。以上より，前方の赤信号に接近するとき，先行車の加速度 $q(t)$ は次式によって得られる。

$$q(t) = a_b(l(t)) \tag{5.31}$$

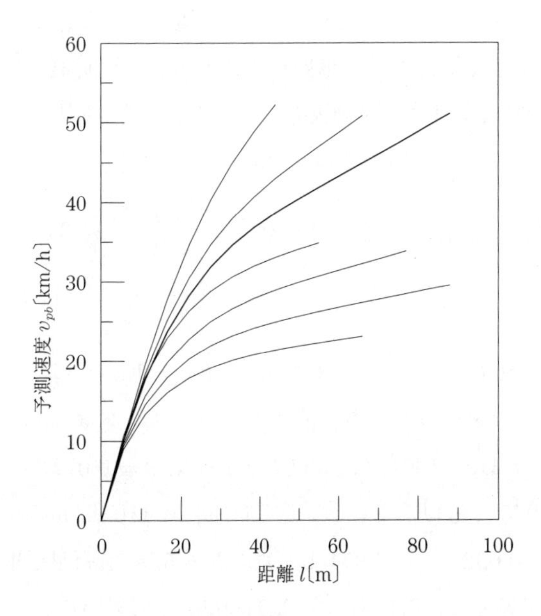

図 5.16　停止挙動の近似曲線

ホスト車と本項の先行車のモデルをまとめると，対象とするシステムの状態方程式は次のようになる。

$$f(x, u, q) = \begin{bmatrix} v_h(t) \\ -\dfrac{1}{2M} C_D \rho_a a_f v_h(t)^2 - \mu g - g\theta(x_h(t)) + u(t) \\ v_p(t) \\ q(t) \end{bmatrix} \tag{5.32}$$

燃費モデルは前節と同じ式 (5.20) を使用する。評価関数の被積分関数は

$$L = w_1 \frac{f_{cruise}(t)}{v_h(t)} + \frac{w_2}{2}\left(u(t) + g\sin\theta(x_h(t))\right)^2 + \frac{w_3}{2}\left(v_h(t) - v_d\right)^2 + \frac{w_4}{2}\left(h_d v_h(t) - x_h(t) + x_p(t)\right)^2 \quad (5.33)$$

である[7)]。ただし，h_d は先行車を追従する時の車頭時間を表している。

関数 L は次の四つの項で構成されている。第一項は省燃費化を目的としたものである。第二項は加減速を抑えるための項である。第三項は目標車速と実車速との偏差を抑える項である。最後の項は車間距離を車頭時間 h_d から求められる目標車間距離に近づけるための項である。ここで，重み w_4 は定数でなく $w_4 = re^{-\alpha(h_{err})}$ と設定する。ただし，車間距離誤差 h_{err} は車間距離 $(x_p - x_h)$ と h_d を用いて計算する。また，制御入力に関する不等式拘束 $|u| \leq u_{1max}$ は，次式のようにダミー入力 u_d を用いて等式拘束として扱う。

$$C(u(t), u_d(t)) = \frac{1}{2}(u^2(t) + u_d^2(t) - u_{1max}^2) = 0 \quad (5.34)$$

5.4.2 適　用　結　果

パラメータを，$u_{1max} = 1.80\,\mathrm{m/s^2}$，$v_d = 13.89\,\mathrm{m/s}$，$h_d = 1.8\,\mathrm{s}$，$V_m = 15.0\,\mathrm{m/s}$ としシミュレーションを行った。燃料消費率のパラメータは $b_0 = 0.1569$, $b_1 = 0.0245$, $b_2 = -7.415\times10^{-4}$, $b_3 = 5.975\times10^{-5}$, $c_0 = 0.07224$, $c_1 = 0.09681$，$c_2 = 0.001075$ と近似している。重みは $w_1 = 110.0$，$w_2 = 15.4$，$w_3 = 0.60$，w_4 は $r = 0.032$，$\alpha = 2.954$ とした。$T = 50\,\mathrm{s}$ の評価区間は，ステップ数 $N = 100$ で分割して，時間刻みを $\Delta\tau = 0.5\,\mathrm{s}$ としている。

AIMSUN NG で作成した道路の概形を図 **5.17** に示す。ここで，S1～S14 は道路区間を示しており，PV，HV，FV はそれぞれ先行車，ホスト車，後続車を示している。およそ 4.1 km の一車線のルートは 14 区間で構成され，それぞれの区間は，90 s の周期で同期して動く交通制御信号機によって接続されている。これら信号は，青信号が 52 s，黄色信号が 2 s，赤信号が 36 s である。交通量は 1 時間当りおよそ 600 台とした。道路は 50 km/h の速度制限があるとした。最初の

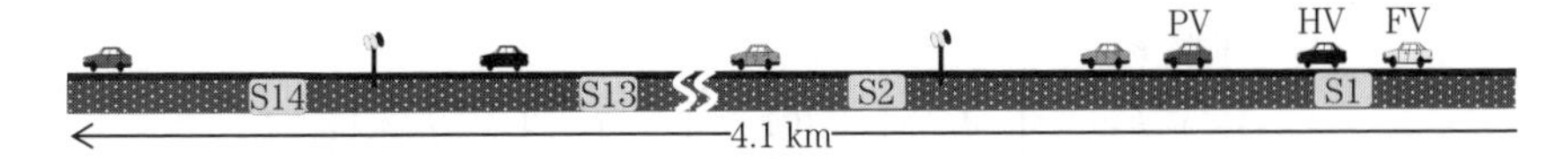

図 5.17 道路の設定

区間S1に今入った車両がホスト車として選ばれ，およそ4.1 kmのルートを走って最終区間S14を出るまで，モデル予測制御で走行する。結果を比較するために，同じ初期状態を持った同じ車両で，提案したモデル予測制御を適用した車両，先行車の停止モデルを含んでいないモデル予測制御を適用した車両，Gippsモデルに基づいてPVを追従した車両の3種類の車両に対してコンピュータシミュレーションを行った。

図 5.18(a)はGippsモデルに基づいた追従制御を適用した場合の，信号機の状態，青（図中の薄いグレーの領域），赤（図中の濃いグレーの領域），黄色（図中の白の領域）と，PV，HV，FVの時間応答を示している。図(b)と図(c)はそれぞれ，対応した車間距離，ホスト車への制御入力を示している。これより，HVの速度が目標車速へ急上昇しており，大きな減速度で赤信号のため停止していることがわかる。**図 5.19**は同じ時間内で，先行車の停止モデルを含まないモデル予測制御の結果を示している。Gippsモデルに基づいてPVを追従した場合のHVよりゆっくりとした加速であるが，赤信号で大きな減速度が生じているため，先行車が停止することを予測していないことが確認できる。**図 5.20**は，先行車の停止モデルを持つモデル予測制御を適用した場合の結果を示している。図5.18よりゆるやかな加速が達成できている。また，HVは運動エネルギーを熱に変換して失う急ブレーキを避けてなめらかに赤信号で停止しており，図5.19の結果よりも先行車の停止行動を予測できた挙動となっている。

3種類の制御手法を適用した場合のHVの消費燃料について，**図 5.21**(a)に比較する。先行車の停止モデルを有するモデル予測制御の結果は，Gippsモデルに基づいてPVを追従した場合と比較して燃料消費が13.4%改善している。PVの停止モデルを導入することで，停止モデルを用いない場合に比べて，燃料消費が3.7%改善している。

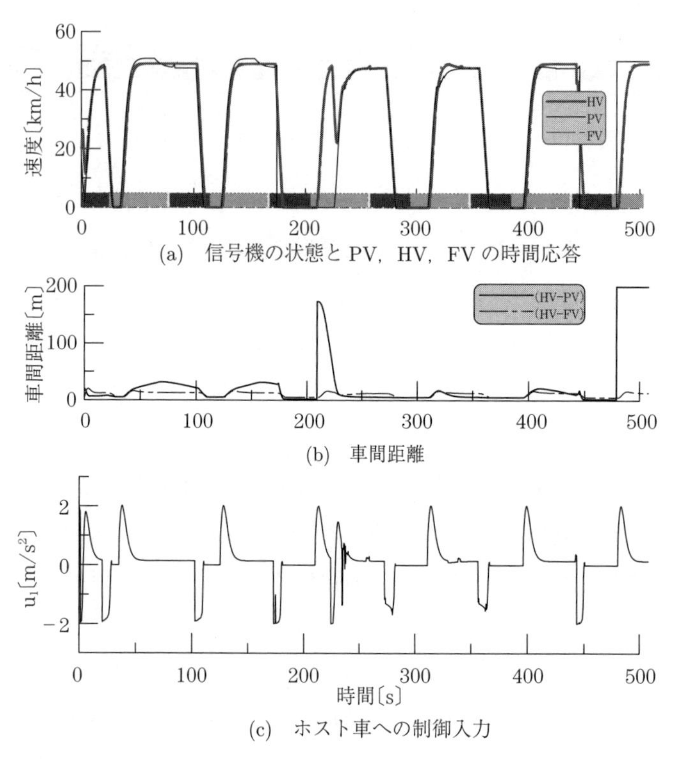

図 5.18　シミュレーション結果（Gipps モデルに基づいた追従制御）

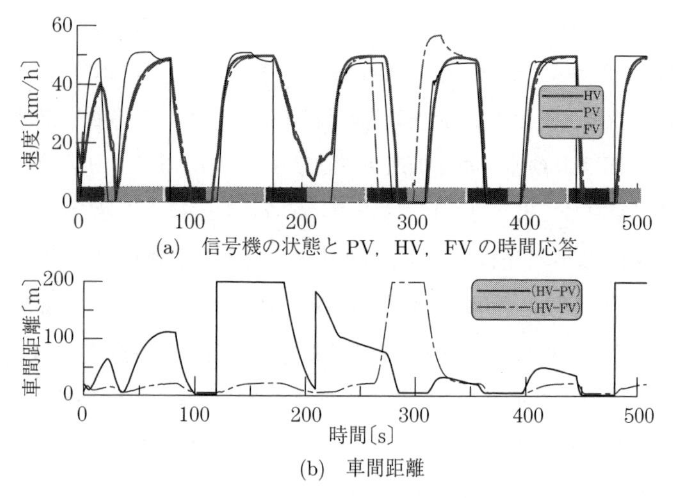

図 5.19　シミュレーション結果（先行車の停止モデルを含まないモデル予測制御）

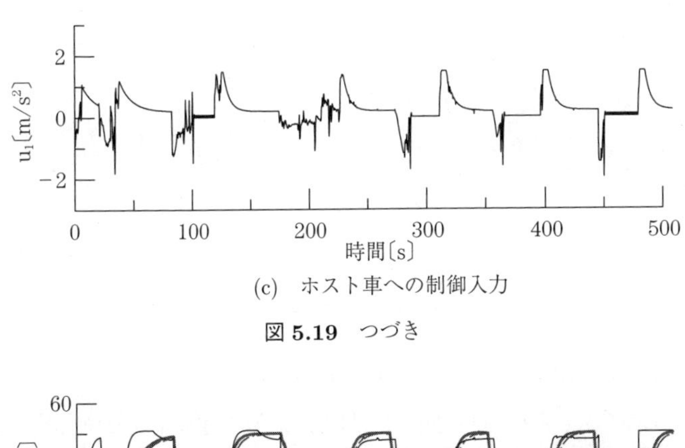

(c)　ホスト車への制御入力

図 5.19　つづき

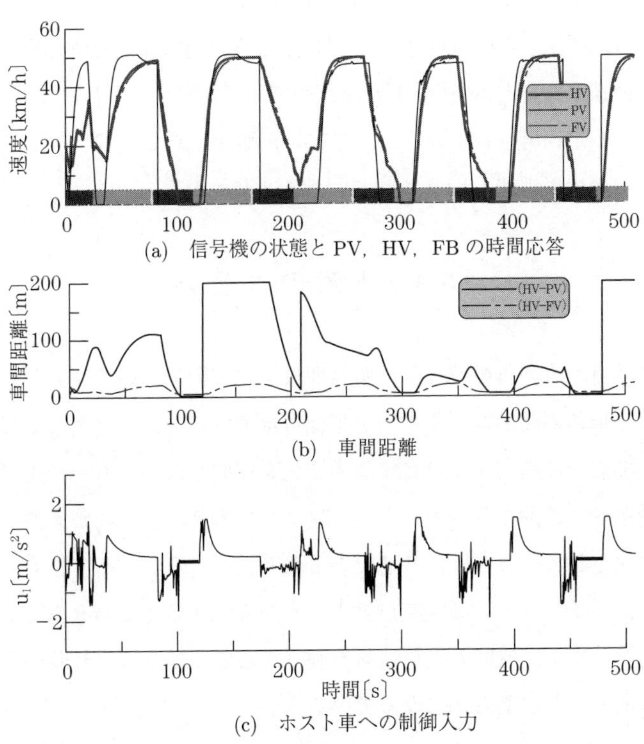

(a)　信号機の状態と PV，HV，FB の時間応答

(b)　車間距離

(c)　ホスト車への制御入力

図 5.20　シミュレーション結果（先行車の停止モデルを含むモデル予測制御）

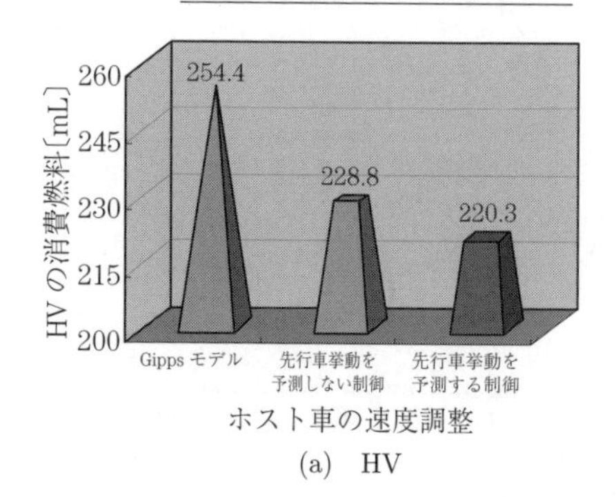

(a)　HV

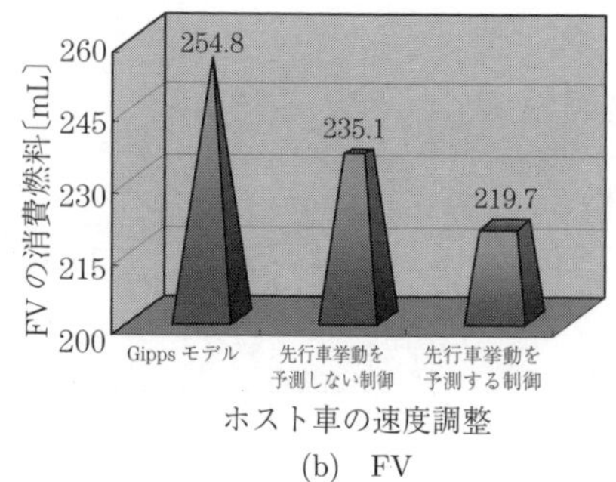

(b)　FV

図 5.21　燃費の比較

また，モデル予測制御によってHVは急激な加速や減速を避けるように制御されているため，その後続車（FV）は同じように急激な運転動作を避けるようになる。後続車（FV）の燃料消費を，図 (b) で比較する。後続車（FV）にはGipps モデルが適用されているが，モデル予測制御されたHVの影響によって，その後続車の燃料消費も削減されていることがわかる。

5.5　本章のまとめ

本章では自動車の省燃費運転の実時間最適化制御について紹介した。紹介した手法は，車体の運動エネルギーを車体自身の質量をバッファとして蓄え，必要に応じて走行に利用することで省燃費化を達成した。一方，ハイブリッド型電気自動車も，運動エネルギーをバッファである2次電池に蓄え適切に利用して省燃費化されている点では共通であると考えられる。ここで紹介した手法を拡張して，ハイブリッド型電気自動車の省燃費化が可能であることも確認されている[8),9)]。また，道路の先見情報を利用することは隊列走行時の省燃費化にも効果があることが明らかになっている[10)]。

引用・参考文献

1) R. Akcelic：Progress in Fuel Consumption Modelling for Urban Traffic Management, Australian Road Research Board Research Report ARR, No. 124 (1983)
2) AIMSUN NG User's Manual, Version 5.1.4, http://www.aimsun.com/ (2006)
3) M. A. S. Kamal, M. Mukai, J. Murata and T. Kawabe：Ecological Vehicle Control on Roads With UP-Down Slopes, IEEE Transactions on Intelligent Transportation Systems, Vol. 12, No. 3, pp. 783～794 (2011)
4) P. G. Gipps：A Behavioural Car Following Model for Computer Simulation, Transportation Research Part B: Methodological, Vol. 15, No. 2, pp. 105～111 (1981)
5) 日産自動車株式会社，マーチ諸元表，http://www.nissan.co.jp/MARCH/K119911/SPEC/syogen.html（2014 年 10 月現在）
6) M. A. S. Kamal, M. Mukai, J. Murata and T. Kawabe：Ecological Driver Assistance System using Model-based Anticipation of Vehicle-road-traffic Information, IET Intelligent Transportation Systems, Vol. 4, No. 4, pp. 244～251 (2010)
7) M. A. S. Kamal, T. Kawabe, J. Murata and M. Mukai：Ecological Driving Based on Preceding Vehicle Prediction Using MPC, Preprints of the 18th IFAC World Congress, pp. 3843～3848 (2011)
8) K. Yu, M. Mukai and T. Kawabe：A Battery Management System using Nonlinear Model Predictive Control for a Hybrid Electric Vehicle, Proceedings of the 7th IFAC Symposium on Advances in Automotive Control, pp. 301～306 (2013)
9) K. Yu, M. Mukai and T. Kawabe：Performance of an Eco-Driving Nonlinear MPC System for a Power-Split HEV during Car Following, SICE Journal of Control, Measurement, and System Integration, Vol. 7, No. 1, pp. 55～62 (2014)
10) 郭　亜南，向井正和，川邊武俊：地形情報を用いたモデル予測型隊列走行制御系の省燃費効果に関する一考察，計測自動制御学会論文集，Vol. 49, No. 7, pp. 678～687 (2013)

6 自動車の経路生成

6.1 本章の概要

自動車は，一般のユーザに自由な移動手段と人や物の輸送能力を提供するという価値を提供する一方，大型の機械システムをユーザ自身で操縦，制御することが求められるという点において，他の工業製品とは異なる商品特性を持っている。そのため，誰もが簡単に運転ができて安全に目的地まで移動できるようにすることが自動車の普及期から現在に至るまで自動車技術開発の大きな課題であり続けており，これまで数多くのドライバの**運転支援**（driving assist）のための技術が開発されてきた。

一般に自動車の運転は，ドライバの認知，判断，操作という三つの行為の反復で成立していると言われている。運転支援のためのシステムもこれら三つの行為のうちのどれを支援するかによって，整理分類することが可能である。比較的早い時期から開発と普及が進んだのは，操作の支援を提供するシステムである。例えば，ドライバが操舵操作を行う際に補助力を発生させることで小さな力でステアリングホイールの操作を可能にしたパワーステアリング[1)]や，ブレーキをかけてタイヤのロックを検知したときに，ブレーキ圧を自動で減圧することでロック状態を抑制し，車両の操縦性を確保するABS（anti-lock brake system）[1)]は，現在ではほとんどの車両に標準搭載されるまでに普及が進んでいる。また，車載可能なカメラやレーダが開発されるようになると，それらを活用して認知を支援するシステムの開発も活発化した。例えば，車両の周囲に設置した複数のカメラで撮像した画像を俯瞰画像に変換して車両の周囲状況をわかりやすく表示するシステム[2)] などが例として挙げられる。

さらに，先行車と所定の車間距離を保ちながら追従走行する ACC (adaptive cruise control)[3)] では，認知，判断，操作の各機能を一通り備えており，部分的とはいえ，ドライバとは独立した自動車の制御ループが構成されたシステムとして実用化されている。

運転支援技術の大きな目標の一つは交通事故を防止することにあるが，その実現のためにはドライバと独立した知能を持つことが大きな意味を持つ。交通事故の原因は，ドライバの認知，判断，操作のいずれかのミスであり，ミスを検出して修正するためには，ドライバとは独立した知能に基づいてドライバの行動をチェックすることが必要である。そのような知能を実現するためには車両周囲のさまざまな外界情報が必要になるが，センサ技術や信号処理・画像処理技術の進歩により利用できる情報が増えてきたこともあり，自動車の知能化とその応用システムの研究開発に大きな注目が集まるようになってきた[4)]。

実際に運転の支援に役立つ制御システムを開発するためには，少なくとも支援の対象となる場面において，一般的なドライバと遜色のない運転行動を実現し得る性能を持つ制御ロジックが必要である。自動車の運転において，その性能に影響を与える要素はさまざまであるが，その中でも将来の予測能力は重要である。道路形状や周囲車両といった自動車の走行に影響を与える環境条件はつねに変化しており，変化に迅速に対応するためには環境変化が自車の運転に及ぼす影響を予測によって早期に検知して対処行動を取ることが求められるためである。そのような要請に応えられる一般的な制御手法として，予測が定式化の中に明確に組み込まれているために，さまざまな予測モデルを扱うことができるモデル予測制御が有望な技術として注目される。実際，モデル予測制御の動作原理の説明には自動車の運転の例えがしばしば用いられており[5)]，両者はもともと相性の良い組合せといえる。モデル予測制御はその計算負荷の高さが応用上のハードルになってきたが，実時間最適化技術の登場により車載応用の可能性が現実味を帯びるようになってきた。

本章では以上のような背景に基づいて，自動車の運転支援システム，特に障害物を回避する操作を支援するシステムの検討において，その制御ロジックに実時間最適化技術の適用を試みた事例を紹介する。6.2 節では検討したシステムの狙いと構成の概要を述べ，6.3 節でシステムの状態方程式と評価関数を導入し，実時間最適化問題としての定式化方法を示す。6.4 節では，実時間最適化アルゴリズムとして C/GMRES 法を適用した場合に遭遇した課題を示し，課題を解決するためのアルゴリズムの改良方法を提案する。6.5 節で提案したアルゴリズムを車載して実験した結果の概要を紹介し，最後に 6.6 節でまとめと今後の課題について述べる。

6.2　障害物操舵回避支援システムの概要

6.2.1　研究の背景

日本における交通事故で最も多く発生している事故類型は追突事故であるが，死亡事故に限ってみると歩行者横断事故の割合が最も高くなっており[6)]，歩行者横断事故防止の技術は交通事故死者の低減に寄与することが期待される。技術的な観点で見ると，衝突事故回避の基本となる対処行動はブレーキをかけることであるが，歩行者が急に自車進路前方に出現するなどして，歩行者を発見した時点ですでにブレーキで衝突を回避することが物理的に不可能になっている条件も想定される。**図 6.1** は，横軸と縦軸にそれぞれ回避を開始する時点における車両の速度と障害物までの距離を取り，減速度約 5.9 m/s^2 でブレーキをかけて障害物の手前で停止できる条件と，操舵速度 180 deg/s の操舵回避を行った場合に障害物と接触せずにその側方を通過できる条件をプロットした図である。この結果より，40 km/h 以上の車速域では，ブレーキだけではなく操舵も用いて回避を行うことで，歩行者との衝突を防止できる場合があることがわかる。

以上の考察に基づいて，ここではおもに歩行者の飛び出し場面を想定して，飛び出してきた歩行者を操舵で回避する際のドライバの回避操作を支援するシス

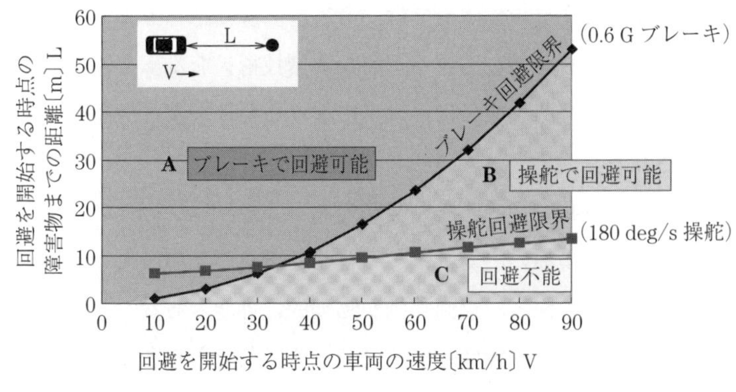

図 6.1　ブレーキと操舵による回避限界条件の比較

テムについて検討を行うことにした。

6.2.2　システムのコンセプト

ここでは，運転操作の主体となるのはドライバであるという原則に基づいて，操舵による障害物回避が必要な状況に限って，ドライバによる適切な回避操舵操作が行いやすくするような補助的な制御を実行することをシステムの基本コンセプトとした。障害物までの距離に余裕がある状況では，ブレーキだけで回避することも可能であり，操舵で回避する場合もそれほど精密な操作が要求されるわけではないので，操舵を支援する必要性は低い。また，ドライバの操作とは無関係に支援制御を開始することは，ドライバがシステムの動作意図を理解できずに強い違和感を覚えるオートメーションサプライズを引き起こすことが懸念される。そのため，障害物までの距離が所定の距離以下になっている状況で，ドライバの操舵による回避操作を検出してから支援制御を開始するという仕様が適切と考えた。具体的な操作補助の方法としては，操舵の際にドライバが感じる**操舵反力トルク**（steering reactive torque）を制御することによって，システムが算出した**障害物回避経路**（obstacle avoidance path）に沿って車両が走行するようにドライバの操舵操作を誘導することとし，それに加えて車速を下げるために補助的にブレーキをかける機能も想定した。

以上のような支援を実現する上では，障害物回避経路を生成する部分がシステムによる支援効果を直接左右する重要な要素技術になる。ここで想定するシステムの障害物回避経路生成には，以下のような要件を満たす経路を算出することが要請される。

(1) 自車両と障害物が接触しない経路であること。

(2) 自車両が道路境界の内側に留まる経路であること。

(3) 算出した経路に沿った車両移動が物理的に可能であること。

(4) ドライバが無理なく操作して追従できる経路であること。

さらに，ドライバの実際の操舵操作や障害物の挙動変化を予見することは難しいので，回避経路を実際の車両と障害物の挙動に応じて随時修正していくことも必要である。

6.2.3 検証用システムのハードウェア構成

上述したシステムコンセプトの妥当性を具体的に検証するために，実験車両を試作して，走行実験を実施した。市販されている車両をベースとして，車両に外界認識用のセンサを取り付け，制御演算を実行するコンピュータシステムを搭載することで実験用のシステムを構成している。図 **6.2** にハードウェア構

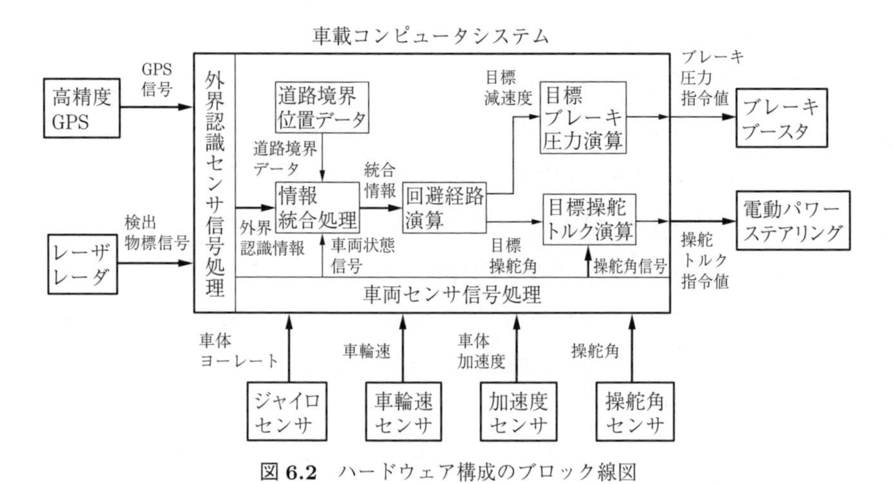

図 **6.2** ハードウェア構成のブロック線図

成のブロック線図を示す。

障害物の検出用にレーザレーダを搭載した。道路境界については，ここでは支援制御のコンセプト検証が主目的だったので，実験車両に高精度 GPS（global positioning system）を装着し，車載コンピュータ上にあらかじめ保持しておいた道路境界の位置情報と照合することで，道路境界との距離を検出する構成とした。また，外界認識用ではないが，車両の旋回運動の検出のためにジャイロセンサを，加減速運動の検出のために加速度センサを搭載した。その他，車輪速センサや操舵角センサといった市販車に搭載されているセンサ類はそのまま流用した。

アクチュエータは，操舵に関しては市販車に搭載されている**電動パワーステアリング**（electric powersteering，**EPS**）を流用し，そこに外部からの入力信号によって操舵補助力を自由に変えられるようにすることで，操舵反力トルクの制御を実現した。ブレーキに関してはブレーキブースタを実験車に搭載し，ブレーキ圧力を制御できるようにすることでブレーキがかかる構成とした。センサ信号の処理と障害物回避経路および目標操舵反力トルク，目標減速度の演算は，車載実験用のコンピュータシステムで一括して実施する構成とした。以上の実験車システムを用いることを前提として，6.3 節で具体的な回避経路演算ロジックの設計方法を説明する。

6.3 実時間最適化問題としての定式化

6.3.1 問 題 設 定

障害物の飛出しにはさまざまな形態が考えられるが，以下では説明の簡潔さも考慮して，**図 6.3** に示す場面と座標系設定に基づいて，問題の定式化と検証を行うことにする。

図は，自車が直線路上を走行している際に，その前方に障害物が出現し，それを回避する必要に迫られている場面を示している。道路は一方通行で自車の周囲に他車両は走行しておらず，回避が必要な障害物は一つだけと仮定する。

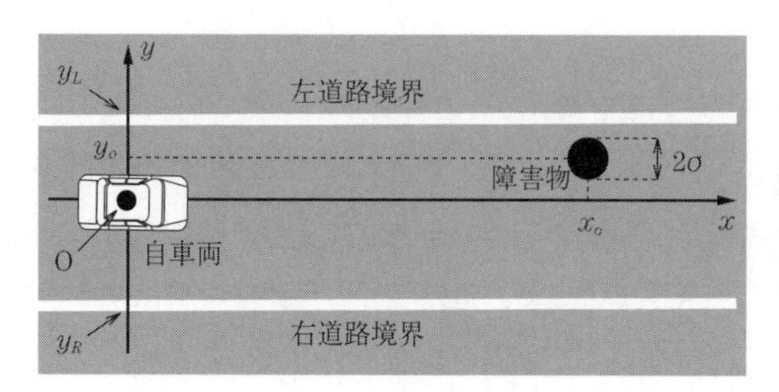

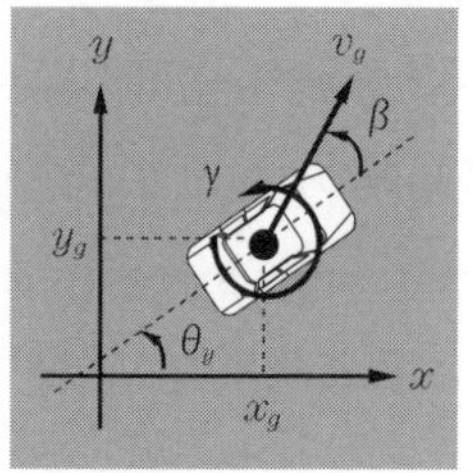

図 **6.3**　座標系と変数の定義

道路の進行方向に沿って x 軸を定義し，それと直交する方向に y 軸を設定した座標系を導入する。座標系の原点は任意に設定することができるが，以下では，車両が前方に回避すべき障害物を検出した時点を基準にして，その時点における自車の重心位置から道路の中心線に下ろした垂線の交点を原点と定義する。

車両の位置は，車両の重心点 (x_g, y_g) で表現し，車両の向き（ヨー角）を x 軸とのなす角 θ_y で表現する。車両の運動状態を表す物理量として，車両重心点における速度ベクトルの大きさを v_g，車両の向きと速度ベクトルのなす角（すべり角）を β，車両のヨーレートを γ で表す。

障害物は，半径 σ の円柱で近似的に表現されるものとし，その中心点の座標を (x_o, y_o) で表す。道路境界は，x 軸と平行な直線で表すことができるので，左側の道路境界を $y = y_L$，右側の道路境界を $y = y_R$ とする。

以上の設定の下で，障害物と接触することなく道路境界の内側に留まりながら障害物を通過する経路をたどれる操舵角指令値の時系列を算出する問題として，数学的な定式化を行う。

6.3.2　システムモデル

問題定式化のためには，車両の操作入力に対して車両がどのような経路を走行するかを記述するモデルが必要である。前節で定義した車両の状態変数を用いると，車両の移動に課せられる拘束条件は以下の微分方程式で表現できる。

$$\dot{x}_g(t) = v_g \cos(\theta_y + \beta) \tag{6.1}$$

$$\dot{y}_g(t) = v_g \sin(\theta_y + \beta) \tag{6.2}$$

$$\dot{\theta}_y(t) = \gamma \tag{6.3}$$

車両の運動状態である v_g，β，γ を算出するために，車両運動ダイナミクスのモデルを導入する。車両速度の大きさである v_g に関しては，あらかじめ用意された所定の目標減速度時系列 $a^*(t)$ を実現するようにブレーキブースターが適切に制御されるものとして，以下の式に従って変化すると仮定する。

$$\dot{v}_g(t) = a^*(t) \tag{6.4}$$

車両の旋回運動の状態を表す β，γ に関しては，車両運動の理論的な解析にしばしば用いられる簡潔な車両モデルである**二輪モデル**[7]（bicycle model）に，タイヤ摩擦力の飽和を表現するタイヤモデルを組み合わせたモデルを構成することにした。これは，実時間最適化での利用を考慮するとなるべく簡潔なモデルが求められる一方，障害物回避は急激な車両運動を含むので，物理的に実行可能な経路を算出するために，車両運動の限界を表現する要素を含める必要があると判断したためである。

二輪モデルは，以下の微分方程式で記述されるモデルである。

$$\dot{\beta}(t) = -\gamma + \frac{2}{Mv_g}(Y_f + Y_r) \tag{6.5}$$

$$\dot{\gamma}(t) = \frac{2}{I}(l_f Y_f + l_r Y_r) \tag{6.6}$$

ここで，M，I は，それぞれ車体質量，車体ヨー慣性モーメントであり，l_f，l_r は，それぞれ車体重心から前後輪軸までの距離を表す。Y_f，Y_r はそれぞれ前輪と後輪のタイヤ横力の左右平均値を表している。

タイヤ横力のモデルは，比較的精度良く実際のタイヤ力特性を近似できる実験式として知られている **Magic Formula**[8] に着目し，次式で表現されるモデルを組み込んでいる。

$$Y_i = -D_i \sin\left(C_i \tan^{-1} \theta_i\right)$$

$$\theta_i = B_i\beta_i - E_i\left(B_i\beta_i - \tan^{-1}(B_i\beta_i)\right)$$

ここで，$i \in \{f, r\}$ は前輪と後輪を区別するインデックス，B_i，C_i，D_i，E_i はタイヤ特性を決めるパラメータ，β_f，β_r はそれぞれ前後のタイヤの切れ角とタイヤの移動速度ベクトルのなす角として定義されるタイヤスリップ角を表す。タイヤスリップ角に対するタイヤ横力変化の一例を図 **6.4** に示す。スリップ角がある値よりも大きくなるとタイヤ横力が減少に転じる性質が表現されていることが確認できる。

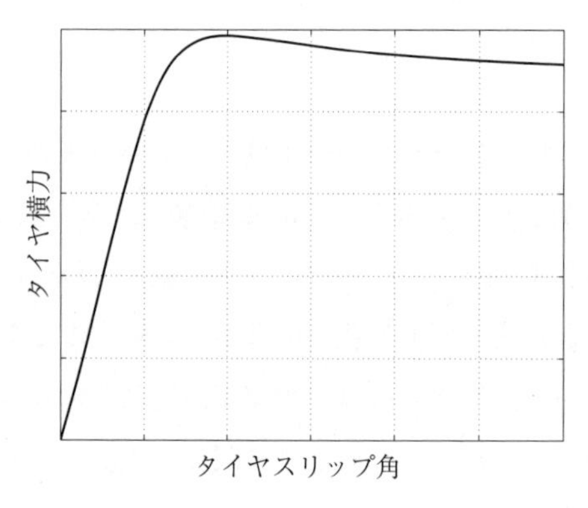

図 **6.4**　Magic Formula の数値例

前後輪のスリップ角は値が十分小さい範囲では以下のように近似できる。

$$\beta_f = \beta + \frac{l_f \gamma}{v_g} - \delta$$

$$\beta_r = \beta - \frac{l_r \gamma}{v_g}$$

ここで δ は前輪の切れ角を表している。δ はドライバの操舵と EPS の発生する補助トルクによって動くので，これらを含む操舵系のモデルを導入する。ドライバの操舵トルクを T_h，ステアリングホイールの回転角度を θ_s，操舵系全体のギア比を n_s とし，操舵系全体を二次系で近似する場合，操舵系のモデルは次式で表現することができる。

$$J\ddot{\theta}_s(t) = -C\dot{\theta}_s(t) - K\theta_s(t) + T_h \tag{6.7}$$

$$\delta(t) = \frac{1}{n_s}\theta_s(t) \tag{6.8}$$

ここで，J，C，K はそれぞれ操舵系の機構と EPS の制御則によって決まる等価慣性，等価粘性，等価剛性を表すパラメータである。式 (6.7) では，操舵反力トルクが発生しない中立点，すなわち $T_h = 0$ を入力した場合の操舵系の平衡点は $\theta_s = 0$ に存在している。これを障害物回避時には，システムが算出した目標経路に追従するようにドライバの操作を誘導するため，操舵系の中立点がシステムが算出した目標操舵角 u に移動するように EPS の制御特性を変更する。その場合，式 (6.7) は次式のように変更される。

$$J\ddot{\theta}_s(t) = -C\dot{\theta}_s(t) - K\bigl(\theta_s(t) - u(t)\bigr) + T_h$$

また，T_h は支援が効果的に働いている場合には小さくなる量なので，設計モデルの中では考慮しないことにすると，実時間最適化のための操舵系モデルは以下のようになる。

$$\dot{\theta}_s(t) = \omega_s(t) \tag{6.9}$$

$$\dot{\omega}_s(t) = -\frac{C}{J}\omega_s(t) - \frac{K}{J}\theta_s(t) + \frac{K}{J}u(t) \tag{6.10}$$

ただし，ω_s は操舵速度を表す。

以上をまとめると，システムモデルは車両の移動に関する拘束条件である式 (6.1)～(6.3)，車両運動のダイナミクスモデルを表す式 (6.5)～(6.6)，操舵系のモデルを表す式 (6.9)～(6.10) より，次式の形にまとめられる。

$$\dot{x}(t) = f\left(x(t), u(t)\right) \tag{6.11}$$

ここで，システムの状態ベクトル $x(t)$ は

$$x(t) = [x_g(t) \;\; y_g(t) \;\; \theta_g(t) \;\; v(t) \;\; \beta(t) \;\; \gamma(t) \;\; \omega_s(t) \;\; \theta_s(t)]^{\mathrm{T}}$$

で構成され，システムへの入力は目標操舵角 $u(t)$ である。なお，式 (6.4) の目標減速度 $a^*(t)$ に関しては，あらかじめ決められた目標値が設定されることにしているので，モデル予測制御のためのシステムの入力としては扱わない。

6.3.3 評価関数

障害物回避システムに求められる要件として，6.2.2 項では四つの要件を挙げた。その中で，要件 (3) については 6.3.2 項で示した物理モデルに基づく状態方程式を用いた定式化を行うことで自動的に満たすことができるので，残りの要件を評価関数として表現して組み込むことを検討する。

要件の (1) と (2) に対応する評価関数の設計には，多様な実交通環境をなるべく忠実に表現できるモデルが必要である。その一方，モデルを実時間最適化で用いる評価関数に組み込むことを考慮すると，大量のデータや複雑な計算が必要になるモデルは好ましくない。そこで，環境の表現自由度が高い一方で計算負荷は高くない**ポテンシャルフィールド**（potential field）を用いて交通環境を表現する評価関数を構成することにした。ポテンシャルフィールドは，平面上の各点にペナルティ値を割り当てる関数であり，自車が接近することが望ましくない領域に高いペナルティ値を割り当てることで，回避経路の生成をペナルティ値の最小化問題として定式化することができる。

要件 (1) の障害物に対応するポテンシャルフィールドは，自車が障害物からなるべく離れた領域を通過するような特性を持つように設計したい。障害物は，図 6.3 に示したように，半径 σ の円柱で近似的に表現するものとしていたので，障害物に対応するポテンシャルフィールドによって構成される評価項 $L_o(x_g, y_g)$ を，次式で構成した。

$$L_o\left(x_g(t), y_g(t)\right) = w_o \exp\left\{-\frac{(x_g(t)-x_o)^2+(y_g(t)-y_o)^2}{2\sigma^2}\right\} \quad (6.12)$$

ここで，w_o は評価重みパラメータである。

要件 (2) の道路境界に対応するポテンシャルフィールドは，道路の中央付近では自車の動きに影響を与えないようにする一方で，自車と道路境界が所定距離以下に接近する場合には，自車を道路の中央方向へ戻す特性を持たせたい。そのため，評価項 $L_r(y_g)$ を次式で表される井戸型のポテンシャルフィールドで構成した。

$$L_r\left(y_g(t)\right) = \begin{cases} \dfrac{w_r}{2}\left(y_g(t) - y_R - \Delta\right)^2 & (y \leqq y_R + \Delta) \\ \dfrac{w_r}{2}\left(y_g(t) - y_L + \Delta\right)^2 & (y \geqq y_L - \Delta) \\ 0 & (\text{otherwise}) \end{cases} \tag{6.13}$$

ここで，w_r は評価重みパラメータ，Δ は自車と道路境界との接近距離の許容量に応じて決まるパラメータである。

以上の二つのポテンシャルフィールドの和を x-y 平面上にプロットした図を**図 6.5** に示す。図のように，$L_o(x_g, y_g)$ は x-y 平面上でプロットすると釣鐘のような形となり，$L_r(y_g)$ は雨どいのような形になる。このようにして，図 6.3 に示したような交通環境をモデル化して評価関数の中に組み込むことができる。

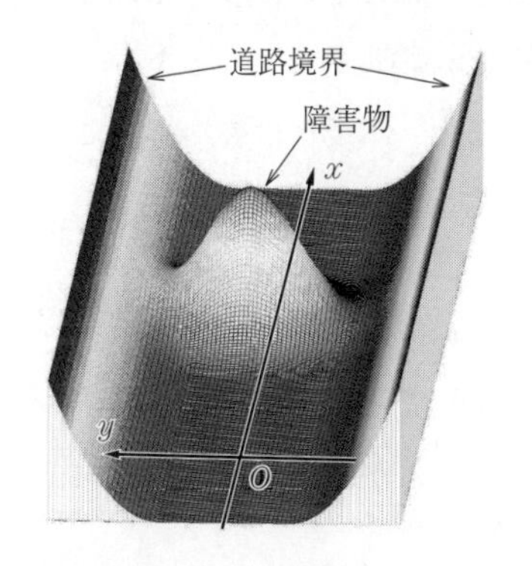

図 6.5　ポテンシャルフィールドによる交通環境モデル

要件 (4) は，より具体的には以下の二つの要件から構成されるものと解釈した。

①　操舵角目標値がドライバが容易に操舵可能な範囲に納まること。

②　回避終了時の車両姿勢が道路進行方向と大きくずれていないこと。

①は，緊急操舵回避の場面で，一般的なドライバにステアリングホイールに添えた手を持ち替えるほど大きな操舵操作を要求することは難しいと思われることから設定した要件である。この要件を表現するため，操舵角目標値はなるべく小さい値であることが望ましいとする評価項を加えた。具体的には，システムの入力である操舵角目標値 u に対するペナルティ関数 $L_u(u)$ を次式で構成した。

$$L_u\left(u(t)\right) = \frac{w_u}{2}u(t)^2 \tag{6.14}$$

w_u は評価重みパラメータである。さらに，u が確実に許容される最大の操舵角 θ_{max} を超えないことを保証するために，次式で表される不等式拘束条件も導入する。

$$-\theta_{max} \leqq u(t) \leqq \theta_{max} \tag{6.15}$$

一方，②の要件は，道路進行方向に対して大きく傾いた車両姿勢で回避操作支援が終了してしまうと，そこからドライバが自力で車両姿勢を戻す操作を行うことが必要になり，一連の回避操作の支援として完結しないことから設定した要件である。ここでは，道路の進行方向を x 軸と平行に取っているので，車両のヨー角 θ_y の値がなるべく小さくなることが物理的な要件となる。回避操作が算出される時間区間の終端時刻を t_e とすると，本要件は終端時刻における状態のコストとして，次式で表現できる。

$$\varphi_y\left(\theta_y(t_e)\right) = \frac{w_y}{2}\theta_y^2(t_e) \tag{6.16}$$

評価区間の始点を時刻 t，評価区間の長さを T とすると，式 (6.12)～(6.16) をまとめた全体の評価関数を次式で構成することができる。

$$J = \varphi\left(x(t+T)\right) + \int_t^{t+T} L\left(x(\tau), u(\tau)\right) d\tau \tag{6.17}$$

ただし，φ と L は次式のように定義される関数である。

$$\varphi\left(x(t+T)\right) \quad = \varphi_y\left(\theta_y(t+T)\right) \tag{6.18}$$

$$L\left(x(\tau), u(\tau)\right) = L_o\left(x_g(\tau), y_g(\tau)\right) + L_r\left(y_g(\tau)\right) + L_u\left(u(\tau)\right) \tag{6.19}$$

以上，障害物回避経路を算出する問題を，式 (6.11) の状態方程式，式 (6.17) の評価関数，式 (6.15) の入力不等式拘束条件から構成される最適制御問題として定式化した。これは 1 章における最適制御問題と同一の定式化になっているので，1 章で説明されている最適制御が満たすべき必要条件等の議論をそのまま適用することができる。

6.4 実時間最適化アルゴリズムの改良

6.4.1 障害物回避支援システムにおけるモデル予測制御系の構成

6.3 節で定式化した最適制御問題を解くことで，回避経路すなわち障害物回避のための操舵角目標値の時系列が得られる。周囲環境やドライバの実際の操舵角がある時刻における予測通りに変化するとは限らないので，状況の変化に対応するために回避経路を所定の時間周期ごとに最新の測定値に基づいて更新するモデル予測制御の手法が有効である。モデル予測制御では，制御周期と目標値時系列の更新周期が同一であることを想定して，算出した目標値時系列の先頭値のみを制御入力として使用するという説明がなされることが多い。しかし，実際の車載制御システムでは以下の事情を考慮する必要がある。

- 操舵系の制御周期が所定値以上に長くなると操舵感が大きく劣化する。
- 外界認識信号のサンプリング周期は操舵系への要求制御周期よりも長いことが多い。

ここでは回避経路の更新はおもに外界状況の変化に対応するために必要な機能であると考え，回避経路の更新周期を外界認識信号のサンプリング周期に合わせて設定する一方で，操舵系の制御周期はそれよりも短く設定するデュアルレート系の構成をとることにした。すなわち，算出された目標値時系列の値は先頭値だけではなく，その後の指令値も順番に読み出されて制御指令値として出力され，新たな目標値時系列が算出されると再び時系列の先頭から順に指令値が読み出される構成である。この構成により，最適化演算の周期を制御周期よりも長くすることができるので，車載コンピュータに対する要求性能を引き下げることができる。

ここでは，操舵系の制御周期を 10 ms，回避経路の更新周期を 100 ms，最適制御の評価区間長さ T を 2.5 s という仕様を達成すべき目標仕様として設定した。また，評価区間長さ 2.5 s を制御周期と等しい時間刻み 10 ms ごとに分割し，評価区間分割数は $N = 250$ が設計値となる。

6.4.2　C/GMRES 法を適用した際に遭遇した課題

以上のモデル予測制御系の構成を前提として，実時間最適化のアルゴリズムC/GMRES 法[9] の適用を試みた。C/GMRES 法については1章で解説されているので，ここでは詳細な説明を省略するが，基本的な考え方は最適解 $U(t)$ を直接算出するのではなく最適解の時間微分 $\dot{U}(t)$ を算出し，以下の式 (6.20) に従って $U(t)$ を更新していくアルゴリズムである。

$$U(t) \;=\; U(t-\Delta t) + \dot{U}(t)\;\Delta t \tag{6.20}$$

ただし，Δt は回避経路の更新周期，$U(t-\Delta t)$ は直前の回避経路更新周期で算出された最適解を表している。

実際に C/GMRES 法を用いて障害物回避経路の実時間最適化を行うシミュレーションと車両実験を実施したところ，以下の二つの不具合が確認された。

(1)　回避経路の更新周期を長くすると算出される目標値が振動的になる傾向が顕著になる。

(2)　明らかに異常な回避経路（路外へ逸脱していく経路など）が散発的に算出される場合がある。

具体的な不具合の発生事例を図 **6.6** と図 **6.7** にそれぞれ示す。

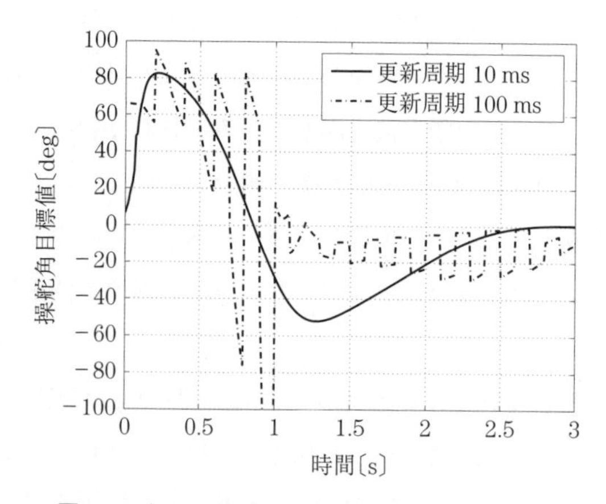

図 **6.6**　経路更新周期を変えて C/GMRES 法を適用した場合の操舵角指令値の比較

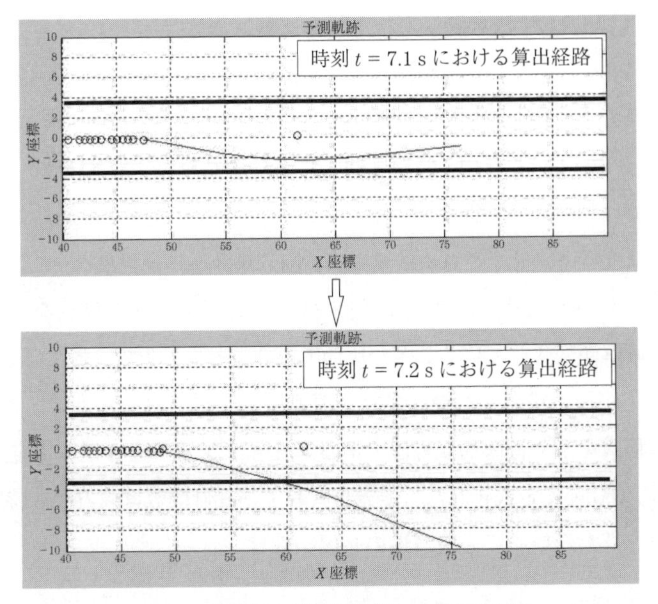

図 6.7　散発的な異常経路算出の具体的事例

図 6.6 は，回避経路の更新周期を 10 ms および 100 ms に設定した場合に，それぞれの設定で C/GMRES 法を用いて回避経路を計算し，指令値として出力された操舵角目標値 u の時間履歴を示した図である。更新周期が 10 ms の場合には良好な目標値が得られている一方，更新周期を 100 ms に設定すると目標値が大きく振動していることがわかる。これが (1) に対応する不具合事例である。

図 6.7 は，6.4.3 項で後述する (1) の対策技術を入れて回避経路の更新周期を 100 ms に設定しても図 6.6 のような振動が発生しないようにした上で，障害物回避実験を実施した際のある二つの連続する回避経路更新時刻における回避経路の算出結果の例を示した図である。時刻 $t = 7.1$ s までは正常な回避経路が算出されていたが，次の経路更新時刻 $t = 7.2$ s では特別な状況の変化や異常なセンサ信号検出値が観測されていないにも関わらず，路外に逸脱する回避経路が算出されていることがわかる。これが (2) に対応する不具合事例である。

以上の二つの問題点の原因の考察とその対策を以下で順に説明する。

6.4.3 GMRES 法を取り入れたニュートン法

まず，図 6.6 のような結果が得られた原因について考察する。C/GMRES 法は算出された $\dot{U}$ をもとに 1 次の積分公式である式 (6.20) に基づいて最適解の更新を行っている。これは，時間区間 $[t-\Delta t, t]$ において $\dot{U}$ がほぼ一定とみなせる条件では精度の良い演算になる一方，$\dot{U}$ が大きく変化する条件では算出される解の精度低下が懸念される。そこで，図 6.6 の不具合現象は，ここで扱っている問題において 100 ms という時間スパンでは $\dot{U}$ が一定とは見なせないほど大きく最適解が変化していることが原因である，という仮説を置くことにした。

解の変化が速い場合でも精度の良い演算結果を得られるようにするために，非線形方程式を解く標準的な方法である**ニュートン法**に立ち返って定式化を再検討する。6.3 節で定式化した状態方程式および評価関数は両方とも時間 t に依存する項を持たないので，最適性の必要条件は

$$F(U(t), x(t)) = 0 \tag{6.21}$$

と表現することができる。式 (6.21) を解くにあたり，最適解の近傍に適当な初期解 U_0 を構成することができると仮定する。これは，C/GMRES 法でも置いている仮定であり，直前の更新周期で得られた最適解を流用するといった方策の利用が考えられる。一般に U_0 は最適解ではないので，U_0 を用いて F を計算した場合の残差 F_0 を

$$F_0 = F(U_0, x(t)) \tag{6.22}$$

で定義する。式 (6.21) を満たすようにするための U_0 に対する修正ベクトルを ΔU とすると，解くべき方程式は

$$F(U_0 + \Delta U, x(t)) = 0 \tag{6.23}$$

となる。式 (6.22)，(6.23) より

$$F(U_0 + \Delta U, x(t)) - F(U_0, x(t)) = -F_0$$

が得られ，左辺第一項をテイラー展開すると，以下の連立 1 次方程式が得られる。

$$\frac{\partial F}{\partial U}(U_0, x(t))\,\Delta U = -F_0 \tag{6.24}$$

式 (6.24) を解くことで，解の修正ベクトル ΔU が得られる。連立 1 次方程式を解く際には，C/GMRES 法と同様に，GMRES 法を適用することで演算を効率化することができる。

以上の計算プロセスを反復実行することがニュートン法なので，そのアルゴリズムは以下の漸化式にまとめられる。

$$\begin{cases} F_i \;=\; F(U_i, x(t)) \\ U_{i+1} \;=\; U_i - \left(\dfrac{\partial F}{\partial U}(U_i, x(t))\right)^{-1} F_i \quad (i = 0, 1, \cdots, n-1) \end{cases} \tag{6.25}$$

ここで，n はニュートン法の反復回数を表し，U_n が最終的な最適化計算の結果になる。式 (6.25) のアルゴリズムには $\dot{U}$ に関する仮定は含まれていないので，最適解の変化が速い場合でも，反復回数 n を増やすことにより精度の高い解が得られることが期待できる。

C/GMRES 法とニュートン法のアルゴリズムの中で，演算時間を決める最も大きな要因は関数 F の計算回数である。C/GMRES 法のアルゴリズムは GMRES 法の部分に反復計算のループが含まれており，GMRES 法の反復計算回数を k とすると C/GMRES 法全体の F の計算回数は $k+3$ 回となる[9)]。一方，式 (6.25) に示したニュートン法では，ニュートン法の反復計算ループの中に GMRES 法の反復計算ループが存在するという二重ループの構成になっており，ニュートン法の反復計算 1 回につき F の計算が $k+1$ 回発生するので，アルゴリズム全体の F の計算回数は $n \cdot (k+1)$ 回となる。k を同じ値に固定する場合は，ニュートン法は C/GMRES 法の約 n 倍の演算が必要となり，演算時間の面でのメリットは見出しにくい。一方，k の値を変更可能なパラメータと見なせば，式 (6.25) は n と k という二つのパラメータによって，ニュートン法と GMRES 法の反復回数の配分を可変にできる自由度のあるアルゴリズムと見ることもできる。

数値シミュレーションの結果を解析すると，6.3 節で定式化した最適化問題では以下のような傾向があることがわかった。

- GMRES 法では反復回数を増やした際の残差の減少率が頭打ちになる傾向がある。
- GMRES 法の反復回数はニュートン法による残差の減少率にあまり大きな影響がない。

このような傾向に注目すると，GMRES 法よりもニュートン法の反復回数を重視したパラメータ設定とすることで，計算量を C/GMRES 法と同等レベルに保ちつつ，C/GMRES 法よりも効果的な収束性能を持つアルゴリズムを構成できる，という仮説が立てられる。そのような仮説に基づいて，以上で説明したニュートン法と GMRES 法を組み合わせたアルゴリズムを 6.4.2 項の不具合 (1) の対策として開発し，仮説の妥当性とアルゴリズムの効果を検証することにした。なお，以上のように，ニュートン法と GMRES 法を組み合わせたアルゴリズムは，**ニュートン・GMRES 法** (Newton-GMRES method) と呼ばれる[10)]。ただし，記述を簡潔にするため，本章では単にニュートン法と呼ぶ。

6.4.4 ヤコビ行列の正則化を加えたアルゴリズム

つぎに，図 6.7 の結果が得られた原因について考察する。図 6.7 における最適化計算の過程を解析した結果，異常な経路が算出される際には以下の二つの現象が発生していることがわかった。

(1) 解の修正ベクトル ΔU のノルムが正常時と比較して非常に大きい。

(2) GMRES 法で算出される残差と得られた結果に基づいて実際に F を計算して得られる残差に大きな乖離がある。

この二つの事実より，異常な回避経路が算出される主たる原因は，ヤコビ行列 $\partial F/\partial U$ の条件数の増大による連立 1 次方程式の解の精度低下にあるという仮説を置いた。

係数行列の条件数が大きい連立 1 次方程式を解くための対策はいくつか考えられるが，ここでは対策に伴う計算時間の増加を極力抑えたいという事情があるので，**ヤコビ行列の正則化**処理を GMRES 法の計算の中に組み込むことで条件数の増加を抑えるというアイディアに基づくアルゴリズムを以下に示す。

式 (6.25) のアルゴリズムにおいて，反復計算を m 回適用して，$i = m$ まで計算が進んだ状況を考える。このとき，解は U_m，その残差は F_m になるので，解を更新する際に解くべき連立 1 次方程式は次式になる。

$$A\Delta U = -F_m, \quad A = \frac{\partial F}{\partial U}(U_m, x_t) \tag{6.26}$$

式 (6.26) に，1 章での解説と同様の GMRES 法を適用する。ここでは，次式で定義される次数 k の**クリロフ部分空間** $\mathcal{K}_k$ 上で最適な解の修正量を算出する。

$$\mathcal{K}_k = \mathrm{span}\left\{F_m,\ AF_m,\ \cdots,\ A^{k-1}F_m\right\} \tag{6.27}$$

グラム・シュミットの直交化法を用いることで $\mathcal{K}_k$ の正規直交基底 $v_1, v_2, \cdots, v_k$ を構成することができる。さらに正規直交基底で構成される直交行列を $V_k = [v_1\ \ v_2\ \ \cdots\ \ v_k]$ で定義する。なお，ここでは

$$v_1 = -\frac{F_m}{\beta}, \quad \beta = \|F_m\| \tag{6.28}$$

となるようにグラム・シュミットの直交化法を適用するものとした。クリロフ部分空間の定義より，次式を満たす行列 H_k が存在する。

$$AV_k = V_{k+1}H_k \tag{6.29}$$

GMRES 法では解の修正量 ΔU を $\mathcal{K}_k$ 上に限定するので，解の修正ベクトルを

$$\Delta U = y_1v_1 + y_2v_2 + \cdots + y_kv_k = V_ky \tag{6.30}$$

$$y = [y_1\ \ y_2\ \ \cdots\ \ y_k]^{\mathrm{T}}$$

と表現することができる。このとき，式 (6.28)～(6.30) より，式 (6.26) は次式のように変形される。

$$V_{k+1}H_ky = \beta v_1$$

GMRES 法はクリロフ部分空間 $\mathcal{K}_k$ 上で最も方程式の残差が小さくなる解を

算出するアルゴリズムなので，解く問題は

$$J(y) = \|\beta v_1 - V_{k+1} H_k y\| \\ = \|V_{k+1}(\beta e_1 - H_k y)\| \\ = \|\beta e_1 - H_k y\| \tag{6.31}$$

を y に関して最小化する問題になる[11)]。ここで，e_1 は第一成分のみ値 1 を持つ k 次の単位ベクトルである。ここで，ヤコビ行列の条件数が大きい場合には，式 (6.31) の最小二乗解 y のノルムも大きな値となる。そこで，y を算出する際の評価関数に，方程式の残差だけでなく，y のノルムの評価項も加えることで，y のノルムの増大を抑制する対策を組み込む。具体的には，ある適当な正定対称行列 P を定めて，式 (6.31) の評価関数を次式のように修正する。

$$\tilde{J}(y) = \left\| \begin{bmatrix} \beta e_1 - H_k y \\ P y \end{bmatrix} \right\| \tag{6.32}$$

式 (6.32) の最小二乗解 y^* は，次式で表される。

$$y^* = \beta \left(P^{\mathrm{T}} P + H_k^{\mathrm{T}} H_k \right)^{-1} H_k^{\mathrm{T}} e_1 \tag{6.33}$$

y に対するペナルティ項の追加は，行列 $H_k^{\mathrm{T}} H_k$ に対して正則化を施すことを意味している。行列 $H_k^{\mathrm{T}} H_k$ は，式 (6.29) より，$H_k^{\mathrm{T}} H_k = V_k^T A^T A V_k$ であり，ヤコビ行列 A の転置積 $A^T A$ とクリロフ部分空間の基底行列 V_k を介して，たがいに相似な関係にあるので，行列 $H_k^{\mathrm{T}} H_k$ の正則化はヤコビ行列を正則化する処理と解釈することができる。

以上により，ニュートン法の解の更新則は

$$U_{m+1} = U_m - V_k y^* \tag{6.34}$$

のように構成される。式 (6.33) には対称行列の逆行列演算が含まれているが，前節で議論したように GMRES 法の反復回数に相当するパラメータ k は比較的小さな値に設定できるため，一般的なコレスキー分解等の手法を用いて十分に速く解ける程度の問題に留まるので，演算時間を大きく増加させる要因にはならない。以上のヤコビ行列の正則化を含むアルゴリズムを前述の不具合 (2) の対策として開発し，演算時間を増加させることなく異常な回避経路の算出現象を防止することができるかどうかの検証を行うことにした。

6.5 アルゴリズムの動作検証結果

6.5.1 ニュートン法の検証と反復演算回数の設計

6.4.3 項で示したニュートン法の効果を検証するため，コンピュータ上に図 6.3 の環境を設定し，適当な初期条件設定の下でモデル予測制御による障害物回避シミュレーションを実施した。実験車で使用する車載コンピュータの演算能力を事前に測定した結果，演算時間を 100 ms 確保できる場合，F の計算を最大 50 回程度実行できる能力があるとわかったので，F の計算回数が 30 回程度になる条件を設定して，C/GMRES 法とニュートン法の比較を行った。C/GMRES 法およびニュートン法の反復回数設定を変えて 3 秒間のシミュレーションを実施し，各時刻で得られた解の残差ノルム $\|F\|$ の最大値と，最適化演算の所要時間の最大値を**表 6.1** に示す。

表 6.1 反復演算回数設定と最適化演算精度

適用手法 種別	GMRES 法 反復回数	ニュートン法 反復回数	残差 $\|F\|$ 最大値	演算時間 最大値
C/GMRES 法	29	—	90.7	1
ニュートン法	15	2	1.19	0.70
ニュートン法	7	4	0.466	1.22
ニュートン法	3	8	0.161	1.26
ニュートン法	1	16	0.474	1.41

ただし，演算時間の最大値は C/GMRES 法における最大値を 1 とした相対値で示している。C/GMRES 法は，図 6.6 に示した結果と同様の振動的な操舵角目標値が算出されており，残差のノルムの大きさから最適解の算出に成功しているとはいえない結果である。一方，ニュートン法については残差の大きさに多少のばらつきはあるが，どの反復回数設定でも妥当な操舵角目標値が得ら

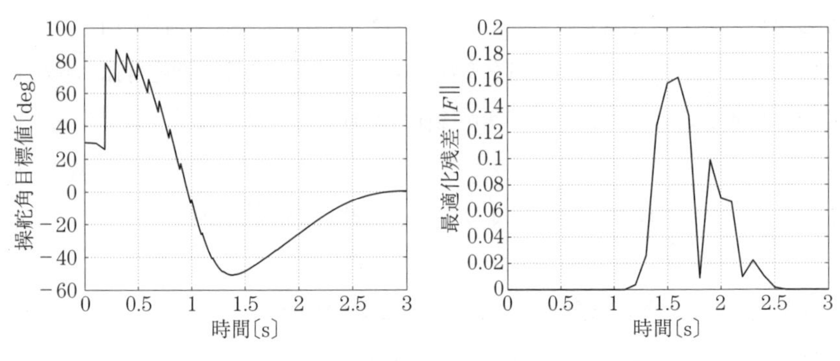

図 **6.8**　ニュートン法適用時の操舵角目標値（左）と最適化残差（右）の算出結果例

れている。**図 6.8** に，GMRES 法の反復回数を 3 回に設定した場合の操舵角目標値および各時刻における残差のノルム $\|F\|$ の時間履歴を示す。

以上の結果より，C/GMRES 法では GMRES 法の反復計算回数を増やしても最適化計算に失敗している条件においても，ニュートン法は安定して高い精度の最適化計算結果が得られていることが確認できた。最適化演算の所要時間を見ると，C/GMRES 法とニュートン法の違いはおおむね ±30%程度に留まっており，F の計算回数が同じになる設定では演算時間はほぼ同等水準にあるとみなすことができる。表 6.1 の結果より，最も高い演算精度が得られた GMRES 法の反復回数 $k = 3$，ニュートン法の反復回数 $n = 8$ を検証用のアルゴリズムの設定値として用いることにした。

6.5.2　ヤコビ行列正則化の効果検証

つぎに，実験車両で実際に障害物回避走行を実施した際に計測したデータを用いてオフラインシミュレーションを実施して，算出される目標回避経路の妥当性の検証を実施した。**図 6.9** は，時刻 $t = 2.8\,\mathrm{s}$ から障害物回避を開始したデータに対して，ヤコビ行列の正則化を含まないニュートン法を用いて最適化計算を実施した際に，時刻 $t = 3.4\,\mathrm{s}$ および $t = 3.5\,\mathrm{s}$ で算出された回避経路を示している。

6.4 節で示した例と同様に，時刻 $t = 3.4\,\mathrm{s}$ までは妥当な回避経路が算出され

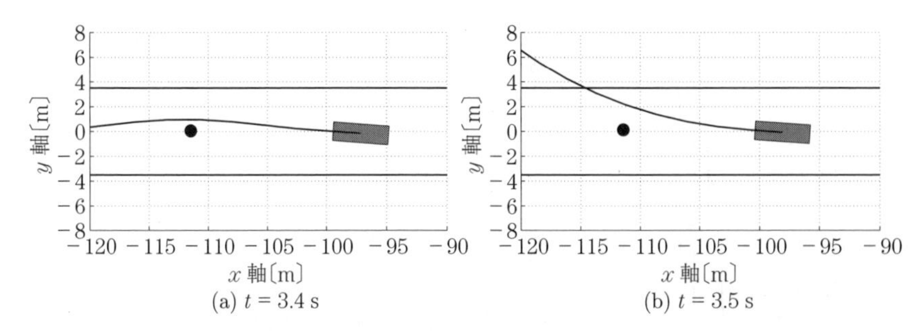

図 6.9 ヤコビ行列正則化を行わないアルゴリズムによる回避経路の計算結果例

ていたにも関わらず，時刻 $t = 3.5\,\mathrm{s}$ では，路外へ逸脱していく異常な回避経路が算出されている。このときの最適性残差 $\|F\|$ の値を調べてみると，時刻 $t = 3.4\,\mathrm{s}$ では 1.9×10^{-6} というきわめて精度の高い最適化結果が得られているが，$t = 3.5\,\mathrm{s}$ では 31.2 という値になっており，演算精度が大きく悪化していることが確認できる。これに対して，ヤコビ行列の正則化を行うアルゴリズムに切り替えて，同じデータを用いてシミュレーションした結果を**図 6.10** に示す。

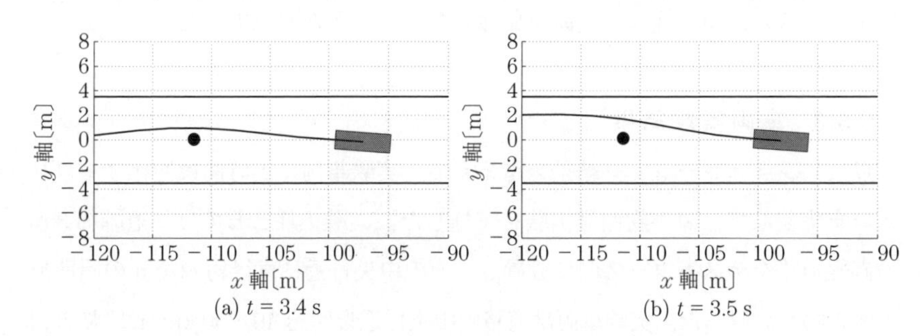

図 6.10 ヤコビ行列正則化を行うアルゴリズムによる回避経路の計算結果例

ヤコビ行列の正則化を含むアルゴリズムでは，特に問題なく回避経路の算出が行われていることが確認できる。実際，時刻 $t = 3.4\,\mathrm{s}$ における $\|F\|$ は 3.78，$t = 3.5\,\mathrm{s}$ では 6.27 となっており，極端に悪い値にはなっていない。他の時点も含めて最適化演算の精度を比較するために，**図 6.11** に同一のデータに対して二つの手法を適用した場合の $\|F\|$ の値の変化を示す。

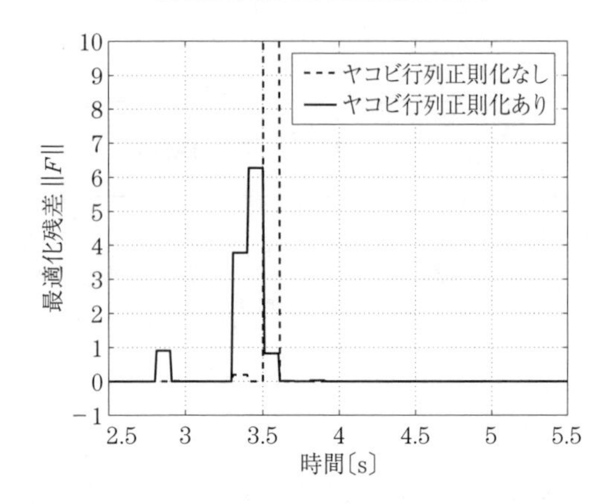

図 6.11　ヤコビ行列正則化の有無による最適化残差の大きさの比較

残差の値自体を比較すると，正則化を含まないアルゴリズムの方が良い結果を出している時間が長いが，実際に車載して動作させるアルゴリズムとしては，数値的な精度の高さよりも安定した動作の方が望ましい。正則化を含むアルゴリズムでは図 6.9 のように極端に最適化演算の精度が落ちることがなく，全体としてはより安定した結果を出している。以上の結果から，ヤコビ行列正則化アルゴリズムは狙い通りの性能を発揮していることが確認できた。

6.5.3　車両実験結果

以上のシミュレーション結果を踏まえて，実験車両に実時間最適化アルゴリズムを実装して，障害物回避実験を実施した。実験条件としては，道幅約 8 m の直線道路をテストコース内に設置し，その中央付近に直径約 80 cm の円筒形の障害物を設置した。実験車両は道路の中央付近を時速 40〜50 km/h で障害物に向かって接近する。障害物までの衝突時間（車間距離/車速）が所定の値（ここでは 2.0 s に設定）を下回った時点で支援制御が起動される条件とした。ここでは，操舵支援の開始後に約 4.9 m/s^2 程度のブレーキもかける設定とした。また，ドライバには回避開始時の操舵以外はステアリングホイールに軽く手を添えている程度で積極的な操舵操作は行わないように指示した。以上の実験条件の下で回避走行を行った際の操舵角指令値と実操舵角の変化を図 **6.12** に，車両走行軌跡と車両速度変化を図 **6.13** に示す。

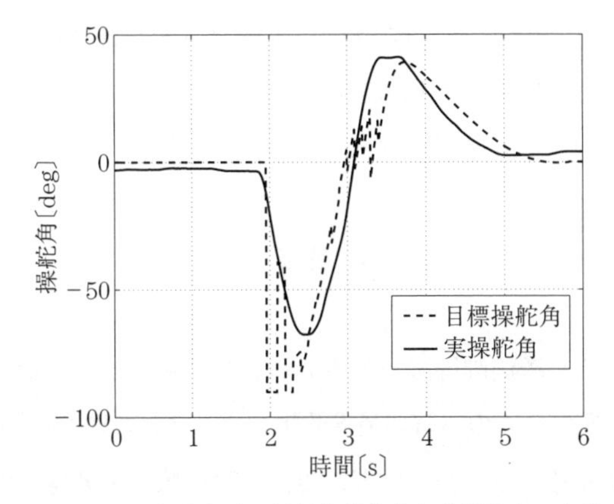

図 6.12 走行実験時の操舵角指令値と実操舵角の変化

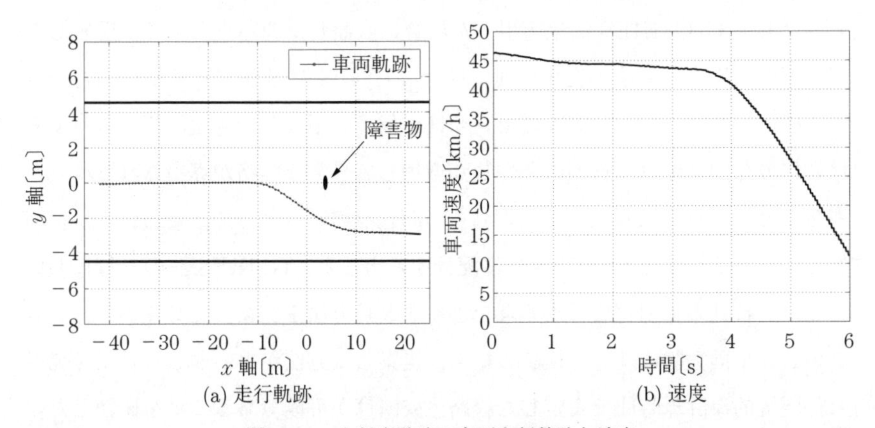

図 6.13 走行実験時の車両走行軌跡と速度

障害物までの距離が短い条件で操舵とブレーキの両方を用いるシビアな回避操作であるが，障害物を回避しつつその後も道路境界との距離を適切に保った経路に車両が誘導されていることが確認できる。図 6.12 で操舵角目標値が振動的になっているのは，車両の動きやセンサのノイズに対して実時間最適化のアルゴリズムが細かい目標値修正を行っていることを反映している。目標値の振動の高周波成分は EPS がローパスフィルタになるのでドライバに伝わることはなく，実際に操舵角信号の方は滑らかに変化していることが確認できる。車載コンピュータとしては，PowerPC 750FX（動作周波数 800 MHz）を搭載した

dSPACE 社製のシステムを使用したが，最適化演算の所要時間は最大で 60 ms 程度であり，回避経路更新周期の目標値とした 100 ms 以内で十分に実時間計算が成立していることも確認できた。

6.6 本章のまとめ

本章では，モデル予測制御の自動車の障害物回避支援システムのための経路生成への応用とそのための実時間最適化アルゴリズムの改良について説明した。モデル予測制御の考え方に基づいて，車両運動の限界を考慮しつつ，幅広い環境条件に対応できる定式化が行えることを示した。また実時間最適化アルゴリズムとして C/GMRES 法を適用した場合に直面した問題点として，想定した解の更新周期よりも解の変化が速い場合に C/GMRES 法による解の追跡がうまく機能しないことと，実際のセンサ検出信号を用いて最適化計算を実行する場合に散発的にヤコビ行列の条件数が増加して異常な経路が算出される場合があることの 2 点を取り上げた。これらの問題点の対策として，最適化の反復演算をニュートン法と GMRES 法に配分する方法と，GMRES 法の計算においてヤコビ行列の正則化を行う処理を加える改良方法を提案し，シミュレーションおよび車両実験に基づく検証の結果，提案した方法が狙いとした効果を発揮し，現実的な計算時間で安定した経路生成演算が可能であることを確認した。

障害物回避支援システムの研究では，本章で取り上げた課題以外にも，最適化初期解の設定やドライバの操舵特性を考慮した操舵角目標値の設計方法[12)]，車両の運動状態推定や複数の回避経路を生成してそれらを使い分けるロジックの設計[13)] など多くの制御課題の解決が必要であり，製品レベルでの実用化に向けた課題は数多く残されている。障害物回避支援システムに限らず，自動車の知能化をより高いレベルに進化させるためには，予測に基づいて自らの行動を計画することができる知能を実現するソフトウェアが不可欠であり，そこにはモデル予測制御の考え方と実時間最適化の技術が貢献する余地が大きい。システムや定式化が変わっても演算量の低減と演算の信頼性向上は実装時につねに問われる課題であり，今後も継続的で幅広い研究が必要になると思われる。本章で紹介した内容が類似した課題に遭遇した技術者，研究者にとって何らかの参考になれば幸いである。

引用・参考文献

1) 自動車技術ハンドブック編集委員会：自動車技術ハンドブック 改訂版 (5) 設計（シャシ）編，自動車技術会 (2005)
2) 酒井和彦：世界初アラウンドビューモニター，自動車技術，Vol. 62, No. 3, pp. 100～101 (2008)
3) 安達和孝，金井喜美雄，越智徳昌：車間距離制御システムへの二自由度制御手法の応用，計測と制御，Vol. 44, No. 7, pp. 504～509 (2005)
4) 津川定之：安全運転支援システムの現状と課題，自動車技術，Vol. 63, No. 2, pp. 12～18 (2009)
5) J. Richalet：Why Predictive Control?, 計測と制御, Vol. 43, No. 9, pp. 654～664 (2004)
6) 警察庁交通局：平成 22 年中の交通事故発生状況, http://www.npa.go.jp/toukei/koutuu48/toukei.htm (2011 年当時)
7) 安部正人：自動車の運動と制御，東京電機大学出版局 (2008)
8) H. B. Pacejka：Tire Models for Vehicle Dynamics Analysis, Supplement to Vehicle System Dynamics, Vol. 21 (1991)
9) T. Ohtsuka：A Continuation/GMRES Method for Fast Computation of Nonlinear Receding Horizon Control, Automatica, Vol. 40, No. 4, pp. 563～574 (2004)
10) C. T. Kelley：Iterative Methods for Linear and Nonlinear Equations, SIAM (1995)
11) 藤野清次，張　紹良：反復法の数理，朝倉書店 (1996)
12) 西羅　光，高木良貴，出口欣高：ドライバーとの協調制御のための回避経路算出手法の研究，第 10 回計測自動制御学会制御部門大会予稿集，164-2-1 (2010)
13) 西羅　光，高木良貴，出口欣高：自動車の知能化を支える制御技術とその課題について，第 13 回計測自動制御学会制御部門大会予稿集，7D2-1 (2013)

7 衝突現象を含むロボットの制御

7.1 本章の概要

本章ではモデル予測制御のロボットシステムへの応用を考える。フルアクチュエート（自由度とアクチュエータの数が同じもの）のロボットシステムに対する制御に対しては種々の手法が開発されており，高速化計算手法も議論されている。そのため，ここではアンダーアクチュエート（自由度よりアクチュエータの数が少ないもの）な場合や，衝突現象によって状態がジャンプし，システムの切替えがある場合の応用について紹介する[1),2)]。

7.2 状態ジャンプを含むモデル予測制御問題

7.2.1 モデル予測制御問題

制御対象として次のような非線形システムを考える。

$$\dot{x} = f(x(t), u(t)) \tag{7.1}$$

ただし，$x(t) \in \mathbb{R}^n$ は状態ベクトル，$u(t) \in \mathbb{R}^{m_u}$ は制御入力ベクトルを表す。ここで仮想時間 τ 軸上に現在の時刻 t から T だけ未来までの有限区間 $(0 \leqq \tau \leqq T)$ を考えると，その区間上での状態遷移は次式で表される。

$$\frac{\partial x^*}{\partial \tau}(\tau, t) = f(x^*(\tau, t), u^*(\tau, t)) \tag{7.2}$$

$$x^*(0, t) = x(t) \tag{7.3}$$

ここで新しく定義された状態ベクトル $x^*(\tau, t)$ は $\tau = 0$ のときに $x(t)$ から始まる有限区間上の状態の軌跡を意味する。そして，実時間での変数と区別し，仮想時間での変数であることを示すために * を付けることにする。また，評価区間長さ T は一般に $T = T(t)$ のように時間に依存する関数である。一般のモデル予測制御問題とは，各時刻 t においてこの有限区間を評価区間とする以下の評価関数 J を最小化する最適制御問題を解き，得られた最適制御入力 $u^*(\tau, t)$ からその初期値 $u^*(0, t)$ のみを現時刻における制御入力 $u(t)$ として与えるものである。

$$J = \varphi(x^*(T, t)) + \int_0^T L(x^*(\tau, t), u^*(\tau, t))d\tau \tag{7.4}$$

7.2.2 状態ジャンプを伴う拘束条件付き非線形モデル予測制御の最適性条件

つぎに，非線形モデル予測制御において状態ジャンプを伴う場合を考える。既知の「ジャンプ時刻 t_j」において状態ジャンプが起きたとする。ここで，状態ジャンプとは $x(t_{j-}) \neq x(t_{j+})$ のように状態が不連続的に変化することを意味する。例えば，ロボットシステムの場合，人型ロボットの足裏が地面に着地して，速度が不連続に変化する場合などが状態ジャンプに相当する。$t_j = t + \tau_j$ を満たす τ_j が存在すれば，評価区間上では τ_j で状態ジャンプが起きる。そこで，内点 τ_j での状態ジャンプによってシステムが切り替わる次のような対象を考える（状態ジャンプが状態や制御入力によって起こる場合には，ジャンプ時刻の最適化も考える必要があるが，本章では簡単のためジャンプ時刻はあらかじめ与えられる場合を考える）。

$$\begin{cases} x^*_\tau(\tau, t) = f^{(1)}(x^*(\tau, t), u^*(\tau, t)) & (\tau < \tau_j) \\ x^*_\tau(\tau, t) = f^{(2)}(x^*(\tau, t), u^*(\tau, t)) & (\tau \geqq \tau_j) \end{cases} \tag{7.5}$$

以下では，上記同様に状態ジャンプによるシステムの切替え前と後でのシステムを厳密に区別する必要があるときにそれぞれ $^{(1)}$ と $^{(2)}$ の上添字を用いる。また，ここでは1回のシステムの切替えしか想定していないが，複数回存在する場合も同様に扱うことが可能である。

また，状態ジャンプが起きる直前と直後の時刻を τ_{j-}，τ_{j+} とする。このとき，$x^*(\tau_{j-},t)$ と $x^*(\tau_{j+},t)$ は次のような**内点拘束条件**（interior constraint）を満たさなければならない。

$$\psi(x^*(\tau_{j-},t),x^*(\tau_{j+},t))=0 \tag{7.6}$$

ここで ψ は q 次元 $(q \leqq n)$ のベクトル値関数である。評価区間上で状態ジャンプが起きた場合 $(0<\tau_j \leqq T)$ を考えると，式 (7.4) の評価関数は次式のように書き直せる。

$$\begin{aligned} J = \varphi(x^*(T,t)) &+ \int_0^{\tau_{j-}} L^{(1)}(x^*(\tau,t),u^*(\tau,t))d\tau \\ &+ \int_{\tau_{j+}}^{T} L^{(2)}(x^*(\tau,t),u^*(\tau,t))d\tau \end{aligned} \tag{7.7}$$

さらに，次式で表される制御入力と状態に関する等式拘束条件を考える。

$$C(x^*(\tau,t),u^*(\tau,t))=0 \tag{7.8}$$

ここで C は m_c 次元のベクトル値関数である。不等式拘束条件の場合はダミー変数などを用いれば等式拘束条件として扱える。拘束条件に対するラグランジュ乗数 $\mu(\cdot) \in \mathbb{R}^{m_c}$，状態変数 $x(\cdot)$ に対する随伴変数 $\lambda(\cdot) \in \mathbb{R}^n$ と内点拘束条件に対するラグランジュ乗数 $\nu(\cdot) \in \mathbb{R}^q$ を導入する。以後，これらの時間引数は文脈により t または τ をとる。さらに次式で定義されるハミルトン関数

$$\begin{cases} H^{(1)} = L^{(1)}(x,u) + \lambda^{\mathrm{T}} f^{(1)}(x,u) + \mu^{\mathrm{T}} C(x,u) \\ H^{(2)} = L^{(2)}(x,u) + \lambda^{\mathrm{T}} f^{(2)}(x,u) + \mu^{\mathrm{T}} C(x,u) \end{cases} \tag{7.9}$$

を用いて次のように式 (7.7) の評価関数を $\bar{J}$ に拡張する（以下では，文脈から明らかな場合 $x^*(\tau,t)$ などを単に $x(\tau)$ などと表記する）。

$$\begin{aligned} \bar{J} = \varphi(x(T)) + \nu^{\mathrm{T}}\psi(x(\tau_{j-}),x(\tau_{j+})) &+ \int_0^{\tau_{j-}} (H^{(1)} - \lambda^{\mathrm{T}}(\tau)\dot{x}(\tau) - \mu^{\mathrm{T}}C)d\tau \\ &+ \int_{\tau_{j+}}^{T} (H^{(2)} - \lambda^{\mathrm{T}}(\tau)\dot{x}(\tau) - \mu^{\mathrm{T}}C)d\tau \end{aligned} \tag{7.10}$$

この拡張した評価関数 $\bar{J}$ の第 1 変分を考えると，拘束条件の下で評価関数を最小化する最適性の必要条件は，式 (7.5)～(7.9) に次の必要条件を加えたものになる[3)~5)]。

$$\frac{\partial H^{(1)}}{\partial u} = 0, \quad \frac{\partial H^{(2)}}{\partial u} = 0 \tag{7.11}$$

$$\dot{\lambda}^{\mathrm{T}}(\tau) = -\frac{\partial H^{(1)}}{\partial x}, \quad \dot{\lambda}^{\mathrm{T}}(\tau) = -\frac{\partial H^{(2)}}{\partial x} \tag{7.12}$$

$$\lambda^{\mathrm{T}}(T) = \frac{\partial \varphi}{\partial x}(T) \tag{7.13}$$

$$\lambda^{\mathrm{T}}(\tau_{i-}) = \nu^{\mathrm{T}} \frac{\partial \psi}{\partial x}(\tau_{i-}) \tag{7.14}$$

$$\lambda^{\mathrm{T}}(\tau_{i+}) = -\nu^{\mathrm{T}} \frac{\partial \psi}{\partial x}(\tau_{i+}) \tag{7.15}$$

7.2.3 状態ジャンプを伴う拘束条件付き非線形モデル予測制御問題に対する離散化された最適性条件

非線形モデル予測制御問題を実際に解くときは評価区間を離散近似するため，以下では離散時間システムの場合を考える。例えば，評価区間長さ $T(t)$ を N ステップに分割して解く場合を考えると次のような最適化問題となる。

$$x_{i+1}^*(t) = x_i^*(t) + f(x_i^*(t), u_i^*)\Delta\tau(t) \tag{7.16}$$

$$x_0^*(t) = x(t) \tag{7.17}$$

$$J = \varphi(x_N^*(t)) + \sum_{i=0}^{N-1} L(x_i^*(t), u_i^*(t))\Delta\tau(t) \tag{7.18}$$

ただし，$\Delta\tau(t) = T(t)/N$ で，$x_i^*(t)$ は $x(t)$ を初期状態とする i ステップ目の状態を意味し，連続時間システムの状態 $x^*(i\Delta\tau, t)$ に相当する。したがって，離散時間システムの場合も連続時間システムと同様に，評価区間の初期状態 $x_0^*(t) = x(t)$ が与えられると，各時刻 t において式 (7.18) の評価関数を最小化する最適制御入力系列 $(u_i^*(t))_{i=0}^{N-1}$ を求め，その初期値 $u_0^*(t)$ のみを現時刻での制御入力 $u(t)$ として与える問題に帰着される。

つぎに，状態ジャンプを伴う場合では，離散化された評価区間上に $t + i\Delta\tau \leq$

$t_j < t+(i+1)\Delta\tau$ を満たす $i+1$ 番目のステップが存在すれば，それを「ジャンプステップ i_j」として定義し，離散化されたシステムでのジャンプ時刻を $t+i_j\Delta\tau$ と見なす。そこで，内点 i_j での状態ジャンプによってシステムが切り替わる次のような対象を考える。

$$\begin{cases} x^*_{i+1}(t) = x^*_i(t) + f^{(1)}(x^*_i, u^*_i)\Delta\tau(t) & (i < i_j) \\ x^*_{i+1}(t) = x^*_i(t) + f^{(2)}(x^*_i, u^*_i)\Delta\tau(t) & (i \geqq i_j) \end{cases} \tag{7.19}$$

また，状態ジャンプが起きる直前と直後の時刻 t_{j-}，t_{j+} に対応する評価区間上のステップをそれぞれ i_{j-} と i_{j+} と定義する（ただし，実際の値は $i_{j-} = i_{j+} = i_j$ となる）。$x^*_{i_{j-}}$ と $x^*_{i_{j+}}$ は次のような内点拘束条件を満たすべきものである。

$$\psi(x^*_{i_{j+}}(t), x^*_{i_{j-}}(t)) = 0 \tag{7.20}$$

ここで ψ は q 次元 $(q \leqq n)$ のベクトル値関数である。評価区間上で状態ジャンプが起きた場合 $(0 < i_j\Delta\tau \leqq T)$ を考えると，式 (7.18) の評価関数は次式のように書き直せる。

$$\begin{aligned} J = \varphi(x^*_N(t)) &+ \sum_{i=0}^{i_j-1} L^{(1)}(x^*_i(t), u^*_i(t))\Delta\tau(t) \\ &+ \sum_{i=i_j}^{N-1} L^{(2)}(x^*_i(t), u^*_i(t))\Delta\tau(t) \end{aligned} \tag{7.21}$$

さらに，次式で表される制御入力と状態に関する等式拘束条件を考える。

$$C(x^*_i(t), u^*_i(t)) = 0 \tag{7.22}$$

ここで C は m_c 次元のベクトル値関数である。不等式拘束条件の場合はダミー変数などを用いれば等式拘束条件として扱える。拘束条件に対するラグランジュ乗数 $\mu \in \mathbb{R}^{m_c}$，状態変数 x に対する随伴変数 $\lambda \in \mathbb{R}^n$ と内点拘束条件に対するラグランジュ乗数 $\nu \in \mathbb{R}^q$ を導入する。さらに次式で定義されるハミルトン関数を用いる。

$$\begin{cases} H^{(1)} = L^{(1)}(x,u) + \lambda^{\mathrm{T}} f^{(1)}(x,u) + \mu^{\mathrm{T}} C(x,u) \\ H^{(2)} = L^{(2)}(x,u) + \lambda^{\mathrm{T}} f^{(2)}(x,u) + \mu^{\mathrm{T}} C(x,u) \end{cases} \tag{7.23}$$

以上より，拘束条件の下で評価関数を最小化する最適性の必要条件は，式 (7.19)，(7.20)，(7.22) に次の必要条件を加えたものになる[3)~5)]。

$$\begin{cases} \dfrac{\partial H^{(1)}}{\partial u}(x_i^*(t), \lambda_{i+1}^*(t), u_i^*(t), \mu_i^*(t)) = 0 \\ \dfrac{\partial H^{(2)}}{\partial u}(x_i^*(t), \lambda_{i+1}^*(t), u_i^*(t), \mu_i^*(t)) = 0 \end{cases} \tag{7.24}$$

$$\begin{cases} \lambda_i^{*\mathrm{T}}(t) = \lambda_{i+1}^{*\mathrm{T}}(t) \\ \qquad\qquad + \dfrac{\partial H^{(1)}}{\partial x}(x_i^*(t), \lambda_{i+1}^*(t), u_i^*(t), \mu_i^*(t))\Delta\tau(t) \\ \lambda_i^{*\mathrm{T}}(t) = \lambda_{i+1}^{*\mathrm{T}}(t) \\ \qquad\qquad + \dfrac{\partial H^{(2)}}{\partial x}(x_i^*(t), \lambda_{i+1}^*(t), u_i^*(t), \mu_i^*(t))\Delta\tau(t) \end{cases} \tag{7.25}$$

$$\lambda_N^{*\mathrm{T}}(t) = \frac{\partial \varphi}{\partial x}(x_N^*(t)) \tag{7.26}$$

$$\lambda_{i_{j-}}^{*\mathrm{T}}(t) = \nu^{*\mathrm{T}} \frac{\partial \psi}{\partial x}(x_{i_{j-}}^*(t)) \tag{7.27}$$

$$\lambda_{i_{j+}}^{*\mathrm{T}}(t) = -\nu^{*\mathrm{T}} \frac{\partial \psi}{\partial x}(x_{i_{j+}}^*(t)) \tag{7.28}$$

以下ではこの離散時間システムでの記述を用いる。

7.3 状態ジャンプを伴う拘束条件付きモデル予測制御に対する C/GMRES 法の拡張

本節では対象システムの制御入力系列の計算に用いる C/GMRES 法を不連続状態ジャンプを伴う問題に拡張するための手法について述べる。そのためにはジャンプ時刻に注目し適切な計算を行う必要がある。評価関数を最小化する，評価区間上の制御入力系列とラグランジュ乗数系列をまとめたベクトル $U(t)$ を次のように定義する。

$$U(t) = [u_0^{*\mathrm{T}}(t)\ \mu_0^{*\mathrm{T}}(t)\ \ldots\ u_{N-1}^{*\mathrm{T}}(t)\ \mu_{N-1}^{*\mathrm{T}}(t)]^{\mathrm{T}} \in \mathbb{R}^{mN} \quad (m = m_u + m_c) \tag{7.29}$$

これによって，式 (7.22) と式 (7.24) の最適性条件は次のようなベクトルとして表される。

$$F(U(t), x(t), t) = \begin{bmatrix} \left(\dfrac{\partial H^{(1)}}{\partial u}\right)^{\mathrm{T}}(x_0^*(t), \lambda_1^*(t), u_0^*(t), \mu_0^*(t)) \\ C(x_0^*(t), u_0^*(t)) \\ \vdots \\ \left(\dfrac{\partial H^{(1)}}{\partial u}\right)^{\mathrm{T}}(x_{i_j-1}^*(t), \lambda_{i_j-}^*(t), u_{i_j-1}^*(t), \mu_{i_j-1}^*(t)) \\ C(x_{i_j-1}^*(t), u_{i_j-1}^*(t)) \\ \left(\dfrac{\partial H^{(2)}}{\partial u}\right)^{\mathrm{T}}(x_{i_j+}^*(t), \lambda_{i_j+1}^*(t), u_{i_j}^*(t), \mu_{i_j}^*(t)) \\ C(x_{i_j+}^*(t), u_{i_j}^*(t)) \\ \vdots \\ \left(\dfrac{\partial H^{(2)}}{\partial u}\right)^{\mathrm{T}}(x_{N-1}^*(t), \lambda_N^*(t), u_{N-1}^*(t), \mu_{N-1}^*(t)) \\ C(x_{N-1}^*(t), u_{N-1}^*(t)) \end{bmatrix} = 0 \qquad (7.30)$$

上式を直接解く代わりに，$F(U(t), x(t), t) = 0$ が安定となり，かつその解 $U(t)$ を実時間で連続的に追従するように $U(t)$ を更新し，計算の高速化を行ったものが C/GMRES 法である[6)~8)]。ここで，$x_{i_j+}^*$ と $\lambda_{i_j-}^*$ を用いることに注意する。

C/GMRES 法を状態ジャンプを伴う問題に拡張するためには下記の二つの問題を解決する必要がある。

7.3.1　制御入力系列の更新方法

今，現時刻を t として，ジャンプ時刻とジャンプステップをそれぞれ t_j，i_j とする。最適制御入力系列を求めるためには 7.2.3 項ですでに述べたように，状態ジャンプが起きる前であるか，起きた後であるかによって最適性条件を区別して C/GMRES 法を用いる。もしも，現時刻 t と次のサンプリング時刻 $t + \Delta t$ とでジャンプステップ i_j が変わらないのであれば，式 (7.30) の最適性条件も変わらないので，通常の C/GMRES 法で得られた $(\dot{u}_i^*(t))_{i=0}^{N-1}$ を実時間で積分することで，次のサンプリング時刻 $t+\Delta t$ から始まる評価区間上での制御入力系列 $(u_i^*(t+\Delta t))_{i=0}^{N-1}$ が求まる。すなわち，制御入力系列の更新式は以下のようになる。

$$u_{i_j-2}^*(t+\Delta t) = u_{i_j-2}^*(t) + \dot{u}_{i_j-2}^*(t)\Delta t$$
$$u_{i_j-1}^*(t+\Delta t) = u_{i_j-1}^*(t) + \dot{u}_{i_j-1}^*(t)\Delta t$$
$$u_{i_j}^*(t+\Delta t) = u_{i_j}^*(t) + \dot{u}_{i_j}^*(t)\Delta t$$

ラグランジュ乗数の系列 $(\mu_i^*(t))_{i=0}^{N-1}$ に関しても同様である。

しかし，時間が進み評価区間が移動すると**図 7.1** のようにジャンプステップが現時刻 t では i_j なのに対して，次のサンプリング時刻 $t+\Delta t$ では i_j-1 となり，互いに異なるケースが生じる[†]。この場合，$u_{i_j-1}^*(t)$ から更新された制御入力を $u_{i_j-1}^*(t+\Delta t)$ で用いるのは，それぞれのシステムが異なるため適切でない。したがって，$t+\Delta t$ でのジャンプステップにおける制御入力 $u_{i_j-1}^*(t+\Delta t)$ と制御入力の微分値 $\dot{u}_{i_j-1}^*(t+\Delta t)$ を適切に初期化しなければならない。

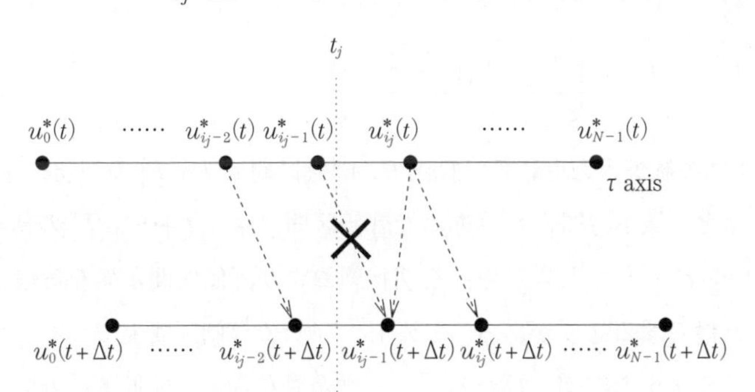

図 7.1 評価区間上の制御入力の初期化

この問題を解決するために，ウォームスタートを用いることとし，現時刻のジャンプステップでの制御入力を C/GMRES 法で更新せずに，次の時刻のジャンプステップでの初期値として与えることにする。また制御入力の微分値に関

† サンプリング周期 Δt は十分小さく，ジャンプステップが 1 より大きく変化することはないとする。

しては C/GMRES 法で更新を行った後の値を初期値として与える（したがって，この場合 $\dot{u}^*_{i_j-1}(t+\Delta t)$ と $\dot{u}^*_{i_j}(t+\Delta t)$ は同じ値となる）。具体的には，以下のようにして制御入力系列を更新する。

$$u^*_{i_j-2}(t+\Delta t) = u^*_{i_j-2}(t) + \dot{u}^*_{i_j-2}(t)\Delta t$$
$$u^*_{i_j-1}(t+\Delta t) = u^*_{i_j}(t) \neq u^*_{i_j-1}(t) + \dot{u}^*_{i_j-1}(t)\Delta t$$
$$u^*_{i_j}(t+\Delta t) = u^*_{i_j}(t) + \dot{u}^*_{i_j}(t)\Delta t$$
$$\dot{u}^*_{i_j-1}(t+\Delta t) = \dot{u}^*_{i_j}(t+\Delta t)$$

ここで，評価区間は離散化されているため，サンプリング周期や評価区間上の時間刻みによっては，毎時刻この初期化を行う必要があるとは限らないことに注意する。

7.3.2 前進差分近似における問題

また，C/GMRES 法では $(\dot{u}^*_i(t))_{i=0}^{N-1}$ を求める過程の中で次のように前進差分近似を行っている。

$$\frac{F(U, x+h\dot{x}, t+h) - F(U, x, t)}{h} \tag{7.31}$$

つまり，1 回の制御入力更新の計算内で，評価区間 $[t, t+T]$ の初期状態を $x^*_0(t)$ としたときと，微小時間 h だけ進めた評価区間 $[t+h, t+h+T]$ の初期状態を $x^*_0(t) + h\dot{x}^*_0(t)$ としたときとの，初期状態および評価区間が異なる最適性条件をそれぞれ計算する必要がある。しかし，二つの評価区間上でジャンプステップが違い，システムが切り替わるステップが異なると，前進差分近似の前提となる F の微分可能性が成り立たない。したがって，1 回の制御入力更新の計算内では，前進差分近似で評価区間を h だけずらしても，同じく i_j 番目のステップで状態ジャンプが起きるための条件が必要となる。

つまり，$x^*_0(t)$ を初期状態とし，ジャンプステップが i_j である評価区間では

$$t + (i_j - 1)\Delta\tau \leqq t_j < t + i_j\Delta\tau \tag{7.32}$$

の関係式が成り立つ。ここで $\Delta\tau = T(t)/N$ である。したがって，h だけ時間をずらした評価区間でも同じく i_j 番目のステップで状態ジャンプが起きるためには次の関係式が成り立つ必要がある。

$$t + h + (i_j - 1)\Delta\tau \leqq t_j < t + h + i_j\Delta\tau \tag{7.33}$$

ただし，t と $t+h$ での評価区間長さの差 $T(t+h) - T(t)$ は非常に小さいため，その長さは同一であると仮定する。結局，次式を満たす十分小さな h をつねに用いる必要がある。

$$h \leqq t_j - t - (i_j - 1)\Delta\tau \tag{7.34}$$

7.4　状態数変化を伴うシステムの切替え

本節では不連続な状態ジャンプを伴う問題において，状態数の変化によってシステムを切り替えることで，数値的に安定な制御入力系列の計算と入力拘束の導入が同時に可能となる手法について述べる。積分器を導入することで数値的に安定に制御入力系列を得ることは可能だが，これによって入力拘束が状態拘束に変換される。この問題を解決するために，状態ジャンプ時刻において状態数変化を伴うシステムの切替えを行う。

7.4.1　積分器による制御入力の数値的安定化

7.3 節の拡張手法により，C/GMRES 法を状態ジャンプを伴う拘束条件付きモデル予測制御問題に拡張することができた。しかし，状態ジャンプを伴う問題では状態 x のみならずその随伴変数 λ がジャンプ時刻において不連続となる。さらに，内点拘束条件に対するラグランジュ乗数 ν も変動する。そのため，求められた最適制御入力系列も数値的に大きく変動しやすい傾向がある。これは機械システムへの実装に望ましくない。その解決策として，状態ジャンプが生じる評価区間の全区間にわたって，制御入力系列が連続となるように入力段の前に積分器を導入するのが最も容易な方法である。そこで，現時刻で状態ジャンプが起きる $(i_j = 0)$ 前ならば，全評価区間に積分器を導入し，状態ジャンプによる制御入力の激しい変動を抑える手法が考えられる[9)]。

例えば，状態と制御入力がそれぞれ x，u で，システムが

$$\dot{x} = f(x, u) \tag{7.35}$$

であるとする。ここで，現時刻で状態ジャンプが起きる前に積分器を導入し，新たな状態と制御入力が $x' = [x^{\mathrm{T}}\ u^{\mathrm{T}}]^{\mathrm{T}}$，$u' = \dot{u}$，またシステムが

$$\dot{x}' = \begin{bmatrix} \dot{x} \\ \dot{u} \end{bmatrix} = f'(x', u') \tag{7.36}$$

となる拡大系を考える（**図 7.2**）。図において，P は制御対象のシステムであり，C がモデル予測制御の制御器である。このような方法で制御入力を数値的に安定化させる計算方法を図示したのが**図 7.3** である。

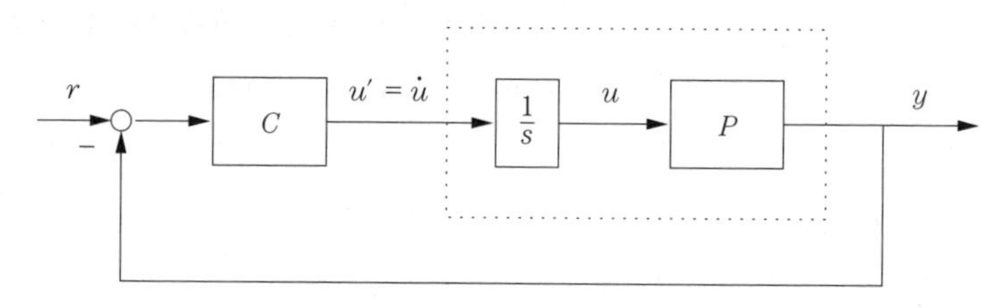

図 7.2　積分器の導入

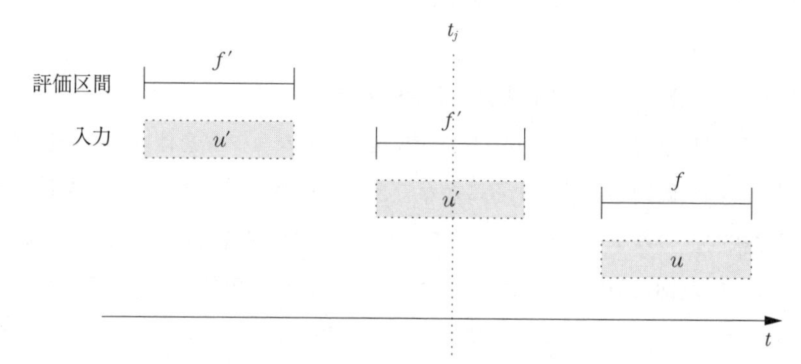

図 7.3　状態ジャンプが発生する前の全評価区間に積分器を導入する場合

7.4.2　制御入力安定化と入力拘束導入のためのシステムの切替え

しかし，式 (7.22) のような入力拘束が存在する場合，評価区間に積分器を導入すると，そこでの拘束条件は状態のみが含まれている状態拘束となる。つまり，システムに加わる実際の制御入力を拘束するためには拡大されたシステムの状態を拘束する問題を解かなければならない。

$$C(x_i^*(t), u_i^*(t)) = 0\ .\ \Leftrightarrow \quad S(x_i'^*(t)) = 0$$

しかし，一般に知られているように状態拘束は数値的に解くことが難しく計算時間がかかるため，オンラインでの適用には適していない。そこで，積分器を，評価区間上のジャンプステップ i_j の前の部分にのみ導入することを考える。これによってジャンプステップにおいて行われるシステムの切替えと同時に，状態数が変化することになる。

そのためには式 (7.20) で用いていた内点拘束条件 ψ を，状態数変化によるシステムの切替えをも含む次の ψ' に拡張する必要がある。

$$\psi'(x_{i_{j+}}^*(t), x_{i_{j-}}'^*(t)) = 0 \tag{7.37}$$

ジャンプステップによる状態数変化によってシステムが切り替わる様子を図示すると，**図 7.4** のようになる。これ以後の変数の記述には，上記と同様に状態数変化によるシステムの切替えの内容を反映させる。そのために，インデックスに

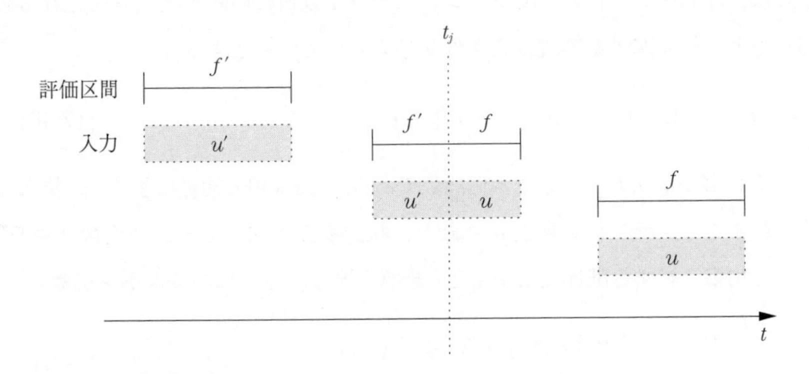

図 7.4　ジャンプステップで状態数が変化する場合

ジャンプステップ前 $(i < i_j)$ の変数には $'$ を付け，ジャンプステップ後 $(i \geqq i_j)$ のものと区別する。これによって，評価区間上に状態ジャンプが現れた以後は簡単に入力拘束としての拘束条件を用いることができる。その結果，本手法は状態ジャンプを伴う拘束付き問題，その中でもジャンプ時刻以後に制御入力に制限をかける必要がある問題において滑らかな制御入力が得られ，さらに評価区間上でも入力拘束を容易に扱えるという二つの大きな利点を持つ。

そのような問題として，例えば，内点 i_j においてシステムが切り替わる次のような対象を考えることができる。

$$\begin{cases} x'^{*}_{i+1}(t) = x'^{*}_{i}(t) + f'^{(1)}(x'^{*}_{i}, u'^{*}_{i})\Delta\tau(t) & (i < i_j) \\ x^{*}_{i+1}(t) = x^{*}_{i}(t) + f^{(2)}(x^{*}_{i}, u^{*}_{i})\Delta\tau(t) & (i \geqq i_j) \end{cases} \tag{7.38}$$

ただし，$x'_{i_{j-}}$ と $x_{i_{j+}}$ は式 (7.37) の内点拘束条件を満たさなければならない。ここで評価区間上に状態ジャンプが起きた場合 $(0 < i_j\Delta\tau \leqq T)$ は，次式の評価関数を最小化する問題を解くことになる。

$$\begin{aligned} J = \varphi(x^{*}_{N}(t)) &+ \sum_{i=0}^{i_j-1} L'^{(1)}(x'^{*}_{i}(t), u'^{*}_{i}(t))\Delta\tau(t) \\ &+ \sum_{i=i_j}^{N-1} L^{(2)}(x^{*}_{i}(t), u^{*}_{i}(t))\Delta\tau(t) \end{aligned} \tag{7.39}$$

さらに，評価区間上においてジャンプステップ以後にのみ，次式で表される制御入力と状態に関する等式拘束条件が与えられているとする。

$$C(x^{*}_{i}(t), u^{*}_{i}(t)) = 0 \qquad (i \geqq i_j) \tag{7.40}$$

ここで C は m_c 次元のベクトル値関数である。7.2.3 項と同様な手法で，拘束条件に対するラグランジュ乗数 $\mu \in \mathbb{R}^{m_c}$，状態変数 x に対する随伴変数 $\lambda \in \mathbb{R}^{n}$ と内点拘束に対する随伴変数 $\nu \in \mathbb{R}^{q}$ を導入する。さらにハミルトン関数

$$\begin{cases} H'^{(1)} = L'^{(1)}(x', u') + \lambda'^{\mathrm{T}} f'^{(1)}(x', u') \\ H^{(2)} = L^{(2)}(x, u) + \lambda^{\mathrm{T}} f^{(2)}(x, u) + \mu^{\mathrm{T}} C(x, u) \end{cases} \tag{7.41}$$

を用いて変分法を適用することで拘束条件の下で評価関数を最小化する最適性の必要条件は，式 (7.37)，(7.38)，(7.40) に次の必要条件を加えたものとして導かれる。

$$\begin{cases} \dfrac{\partial H'^{(1)}}{\partial u'}(x_i'^*(t), \lambda_{i+1}'^*(t), u_i'^*(t)) = 0 \\ \dfrac{\partial H^{(2)}}{\partial u}(x_i^*(t), \lambda_{i+1}^*(t), u_i^*(t), \mu_i^*(t)) = 0 \end{cases} \tag{7.42}$$

$$\begin{cases} \lambda_i'^*(t) = \lambda_{i+1}'^*(t) \\ \qquad\qquad + \left(\dfrac{\partial H'^{(1)}}{\partial x'}\right)^{\mathrm{T}} (x_i'^*(t), \lambda_{i+1}'^*(t), u_i'^*(t))\Delta\tau(t) \\ \lambda_i^*(t) = \lambda_{i+1}^*(t) \\ \qquad\qquad + \left(\dfrac{\partial H^{(2)}}{\partial x}\right)^{\mathrm{T}} (x_i^*(t), \lambda_{i+1}^*(t), u_i^*(t), \mu_i^*(t))\Delta\tau(t) \end{cases} \tag{7.43}$$

$$\lambda_N^*(t) = \left(\frac{\partial \varphi}{\partial x}\right)^{\mathrm{T}} (x_N^*(t)) \tag{7.44}$$

$$\lambda_{i_{j-}}'^{*\mathrm{T}}(t) = \nu^{*\mathrm{T}} \frac{\partial \psi'}{\partial x'}(x_{i_{j-}}'^*(t)) \tag{7.45}$$

$$\lambda_{i_{j+}}^{*\mathrm{T}}(t) = -\nu^{*\mathrm{T}} \frac{\partial \psi'}{\partial x}(x_{i_{j+}}^*(t)) \tag{7.46}$$

これらの必要条件にも前節の拡張手法が適用できる。

7.5 適 用 結 果

本節では 7.4 節での手法の有効性を数値シミュレーションによって検証する。また，計算時間の面においても本手法の有効性を検証する。

7.5.1 着地制御問題

状態ジャンプを伴う問題として，ここでは人型ロボットの着地制御問題を扱う。着地制御問題を実現させる対象として，**図 7.5** に示す KHR-1（近藤科学(株)）を用いる。簡単のため，腰部と足首以外を拘束した**図 7.6** のような 2 リンクシステムとして考える。ただし，質量のない足が 1 リンク目の先端に付いて

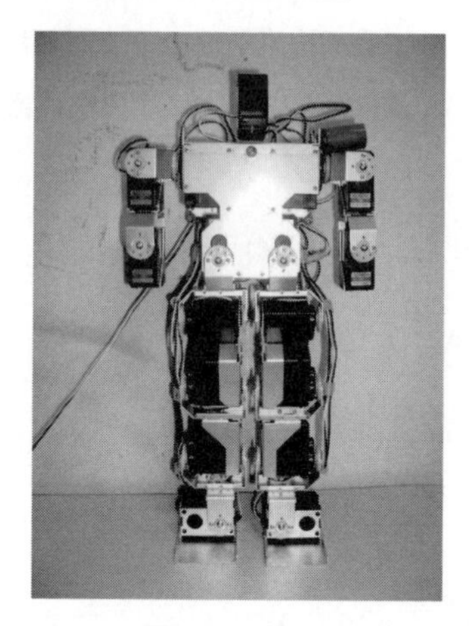

図 **7.5**　KHR-1

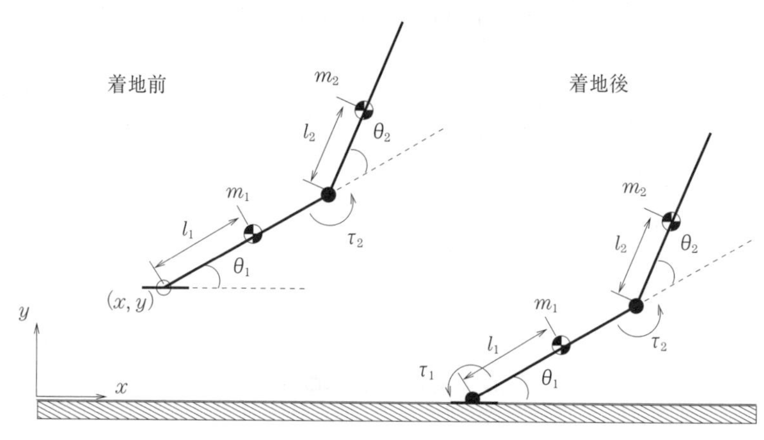

図 **7.6**　2 リンク着地モデル

いて，空中でもつねに地面と平行であると仮定する。また，モデルパラメータは実際のロボットの値から $m_1 = 0.43\,\mathrm{kg}$，$m_2 = 1\,\mathrm{kg}$，$l_1 = 0.17\,\mathrm{m}$，$l_2 = 0.20\,\mathrm{m}$ とした。

このモデルは空中にいるときは腰のジョイント部のみに制御トルクが与えられる 1 入力のアンダーアクチュエートなシステムとなっているが，着地後は 1 リンク目の先端が足首であると想定して，2 入力のフルアクチュエートなシステムとなる。そのため，モデルが空中から落下して時間が経ち評価区間上に状態ジャンプが生じると，評価区間上ではジャンプステップ以後は制御入力の数を1から2に増やして最適制御問題を解く必要がある。したがって，**図7.7**で示すような，評価区間上のジャンプステップにおいてシステムの切替えのみならず入力数の変化も考慮しなければならない特殊な問題となる。

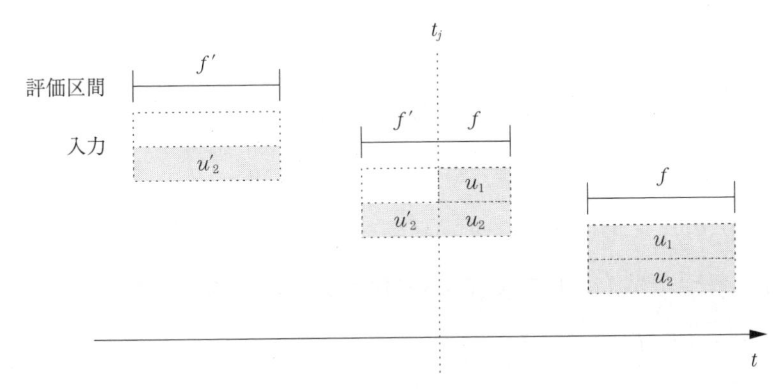

図 7.7　入力数が変化する場合

一般化座標を $q = [x\ y\ \theta_1\ \theta_2]^{\mathrm{T}}$ として，$x = [q^{\mathrm{T}}\ \dot{q}^{\mathrm{T}}]^{\mathrm{T}}$ にとると，運動方程式は次式のように表される[10)]。

$$M(q)\ddot{q} + C(q,\dot{q})\dot{q} + G(q) = \tau - J_c^{\mathrm{T}}\hat{\lambda} \tag{7.47}$$

$$J_c\ddot{q} = -\dot{J}_c\dot{q} \tag{7.48}$$

ここで J_c は衝突時に速度が拘束される自由度を表す行列を意味する。したがって着地前は $J_c = 0$ であり，着地の瞬間以後のみ値が存在し，着地時に発生する**撃力**（impact force）が $\hat{\lambda}$ である。完全非弾性衝突を仮定すると，次式を満たすべきである。

$$J_c(q)\dot{q}_+ = 0 \tag{7.49}$$

ただし，$\dot{q}_+$ は衝突直後の一般化速度である。そして t_{j-} と t_{j+} の間でデルタ関数的な拘束力が働くと仮定して，撃力を次式のように表す。

$$f_c = J_c^{\mathrm{T}}\hat{\lambda}\delta(t) \tag{7.50}$$

これにより，拘束力を加えた運動方程式は次のようになる。

$$M(q)\ddot{q} + C(q,\dot{q})\dot{q} + G(q) = \tau - J_c^{\mathrm{T}}\hat{\lambda}\delta(t) \tag{7.51}$$

このように拘束条件が切り替わることで，状態が不連続に変化する状態ジャンプが生じ，システムが切り替わるものを制御対象とする。

再び式 (7.51) において，両辺を t_{j-} から t_{j+} まで積分すると

$$\int_{t_{j-}}^{t_{j+}} (M(q)\ddot{q} + C(q,\dot{q})\dot{q} + G(q))dt = \int_{t_{j-}}^{t_{j+}} (\tau - J_c^{\mathrm{T}}\hat{\lambda}\delta(t))dt \tag{7.52}$$

となり，ここで $q_+ = q_-$ を考えると

$$M(q)\dot{q}_+ - M(q)\dot{q}_- = -J_c^{\mathrm{T}}\hat{\lambda} \tag{7.53}$$

を得る。そして式 (7.49) を式 (7.53) に代入し $\hat{\lambda}$ について解くと

$$\hat{\lambda} = (J_c M^{-1} J_c^{\mathrm{T}})^{-1} J_c \dot{q}_- \tag{7.54}$$

となり，衝撃時の力積が求まる。これを再び運動方程式の式 (7.53) に代入して整理すると

$$\dot{q}_+ = P\dot{q}_- \tag{7.55}$$

を得る。ただし，$P = I - M^{-1}J_c^{\mathrm{T}}(J_c M^{-1} J_c^{\mathrm{T}})^{-1}J_c$ であり，状態ジャンプの係数と定義する。

着地時に地面から離れないという拘束と状態（速度）の不連続変化に対する拘束を含む式 (7.20) の内点拘束条件は，次式のようになる。

$$\psi(x_{i_j+}^*(t), x_{i_j-}'^*(t)) := x_{i_j+}^*(t) - \begin{bmatrix} I_4 & 0_4 \\ 0_4 & P \end{bmatrix} x_{i_j-}'^*(t) = 0 \tag{7.56}$$

ただし，$P \in \mathbb{R}^{4\times4}$ である。さらに，7.4 節で述べたように状態数変化によるシステムの切替えを考慮した新しい内点拘束条件 (7.37) は

$$\psi'(x_{i_j+}^*(t), x_{i_j-}'^*(t)) := x_{i_j+}^*(t) - \begin{bmatrix} I & 0 & 0_{4\times2} \\ 0 & P & 0_{4\times2} \end{bmatrix} x_{i_j-}'^*(t) = 0 \tag{7.57}$$

となる。

7.5.2 シミュレーション結果

状態ベクトル $x = [x\ y\ \theta_1\ \theta_2\ \dot{x}\ \dot{y}, \dot{\theta}_1\ \dot{\theta}_2]^{\mathrm{T}}$ の初期状態は $x_0 = [0\ 0.5\ \pi/2 + 0.2\ 0\ 1.5\ 0\ 0\ 0]^{\mathrm{T}}$，目標状態は $x_f = [0\ 0\ \pi/2\ 0\ 0\ 0\ 0\ 0]^{\mathrm{T}}$ と与え，プログラム **MaTX**[11) 上でシミュレーションを行なった。上記の初期状態は，リンク全体が斜めになった状態から横方向にのみ速度をもって飛び出すような初期姿勢である。このような初期状態を与えるのは，制御入力による着地前後でのモデルの動きがわかりやすいためである。そして，評価区間長さを表す時間依存の関数 $T(t)$ は $T(0) = 0$ かつ，$t \to \infty$ のとき $T(t) \to T_f$ となるもの $T(t) = T_f(1 - e^{-\alpha t})$ と定義する。ただし，$T_f = 0.5\,\mathrm{s}$，$\alpha = 1.0$ を用いた。また，評価区間の分割数 N は 5 ステップにし，サンプリング周期 Δt は 2 ms で行った。

はじめに，7.3 節で説明した，C/GMRES 法を状態ジャンプを伴う問題に拡張するための手法を用い，その手法の有効性を示す。また，7.4 節で提案した手法を用いることで，安定な制御入力と同時に入力拘束の導入が可能であることを示す。さらに，計算時間を解析し，本手法のオンラインでの適用可能性について検討する。

(1) 不連続状態ジャンプ問題と積分器の導入　まず，入力拘束条件のない，不連続状態ジャンプを伴う問題について考える。拡張された C/GMRES 法を積分器を用いないシステムに適用した結果が**図 7.8** である。また，評価区間上でジャンプステップの前の部分にのみ積分器を用いる場合の結果が**図 7.9** である。評価区間上でのジャンプステップ後に関しては，両方ともに積分器がない同一の評価関数を用いた。

重みに関しては，着地前は目標姿勢へのペナルティをなるべく小さくし自由に運動させ，着地後には素早く目標姿勢に収束するようなものを与えた。また，ここでは積分器がある場合とない場合との結果の比較をしやすくするために，x と u にかかる重みがなるべく同じであるように，そして積分器がある場合は制御入力の値がある程度大きく入るように $\dot{u}$ の重みを選定した。具体的にはそれぞれの場合の評価関数とパラメータを次のように設定した。

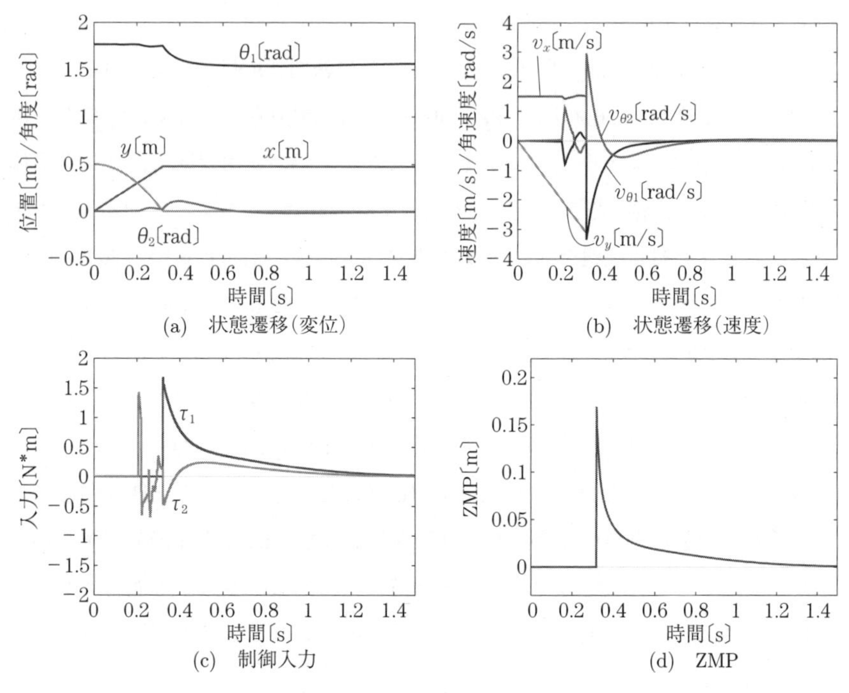

(a)　状態遷移（変位）　　(b)　状態遷移（速度）

(c)　制御入力　　(d)　ZMP

図 7.8　不連続状態ジャンプ

- 積分器なし

$$J = \frac{1}{2}\left(x_N^*(t) - x_f\right)^{\mathrm{T}} S^{(2)} \left(x_N^*(t) - x_f\right) + \frac{1}{2}\sum_{i=0}^{i_j-1}\left\{u_i^{*\mathrm{T}}(t) R^{(1)} u_i^*(t) + \left(x_i^*(t) - x_f\right)^{\mathrm{T}} Q^{(1)} \left(x_i^*(t) - x_f\right)\right\}\Delta\tau(t) + \frac{1}{2}\sum_{i=i_j}^{N-1}\left\{u_i^{*\mathrm{T}}(t) R^{(2)} u_i^*(t) + \left(x_i^*(t) - x_f\right)^{\mathrm{T}} Q^{(2)} \left(x_i^*(t) - x_f\right)\right\}\Delta\tau(t)$$

- 積分器あり

$$J = \frac{1}{2}\left(x_N^*(t) - x_f\right)^{\mathrm{T}} S^{(2)} \left(x_N^*(t) - x_f\right) + \frac{1}{2}\sum_{i=0}^{i_j-1}\left\{u_i'^{*\mathrm{T}}(t) R'^{(1)} u_i'^*(t) + \left(x_i'^*(t) - x_f'\right)^{\mathrm{T}} Q'^{(1)} \left(x_i'^*(t) - x_f'\right)\right\}\Delta\tau(t)$$

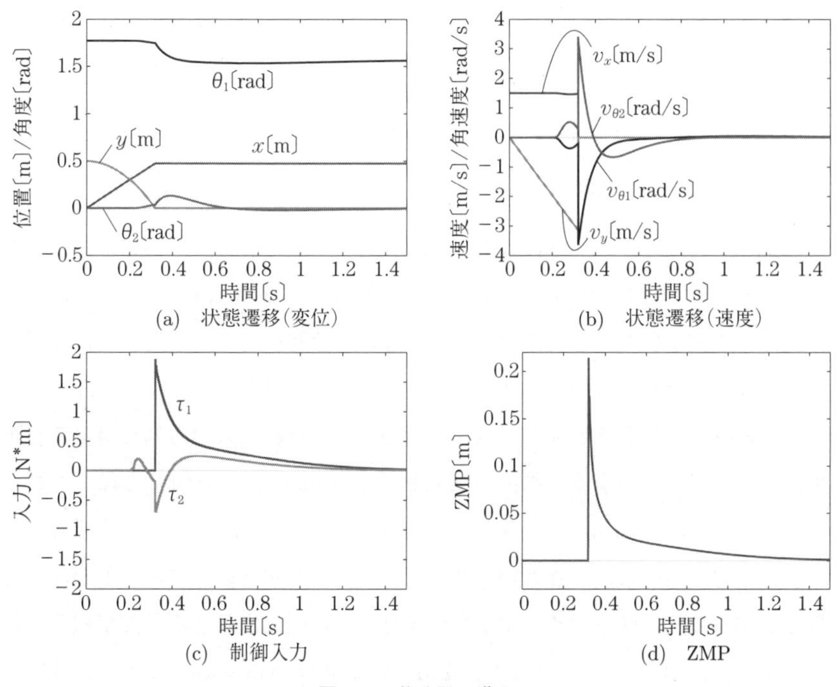

図 **7.9** 積分器の導入

$$+\frac{1}{2}\sum_{i=i_j}^{N-1}\left\{u_i^{*\mathrm{T}}(t)R^{(2)}u_i^*(t)+\left(x_i^*(t)-x_f\right)^{\mathrm{T}}Q^{(2)}\left(x_i^*(t)-x_f\right)\right\}\Delta\tau(t)$$

- 状態重み

$$\begin{aligned}
Q^{(1)} &= \mathrm{diag}(0,0,0.000\,1,0.000\,1,0,0,0.000\,1,0.000\,1)\\
Q'^{(1)} &= \text{block-diag}(q^{(1)},R^{(1)})\\
Q^{(2)} &= \mathrm{diag}(0,0,0.1,0.1,0,0,0.01,0.01)
\end{aligned}$$

- 終端重み

$$\begin{aligned}
S^{(1)} &= \mathrm{diag}(0,0,0.001,0.001,0,0,0.000\,1,0.000\,1)\\
S'^{(1)} &= \text{block-diag}(S^{(1)},\mathrm{diag}(0.1,0.1))\\
S^{(2)} &= \mathrm{diag}(0,0,1,1,0,0,0.1,0.1)
\end{aligned}$$

- 入力重み

$$
\begin{aligned}
R^{(1)} &= \mathrm{diag}(0.1, 0.1)\\
R'^{(1)} &= \mathrm{diag}(0.1, 0.1)\\
R^{(2)} &= \mathrm{diag}(0.5, 0.5)
\end{aligned}
$$

図7.8のグラフから，C/GMRES法が状態ジャンプを伴う問題に拡張されたことがわかるが，この場合は特にジャンプ時刻前の制御入力の変動が激しい。そのため，図7.9のように積分器を用いることで制御入力の変動を抑えながらも状態遷移に関しては予測動作を含め，良い結果が得られた。よって評価区間の一部のみに積分器を導入しても，数値的に安定な制御入力系列を得ることが可能であることがわかる。図中の**ZMP**（zero moment point）とは，ブコブラトビッチ（Vukobratović）ら[12]によって提案された概念で，足裏を浮かせようとする力が発生しない点という意味である。したがって，ロボットが着地後に転倒することを防ぐためにはZMPが足裏の範囲内に収まる必要がある。しかしながら，図7.8，図7.9ともにZMPの値は0.15 mを超えており，想定しているロボットの足裏から逸脱している。その対策については次に述べる。

（2） 入力拘束の導入　　前のシミュレーション結果から，積分器を用いた場合でも制御入力は滑らかになるものの，ZMPの値は依然大きく非現実的である。したがって，ロボットが着地後に転倒することを防ぐためには，ZMPが足裏の範囲内に収まるような入力拘束条件を与える必要がある。

状態 x と制御入力 u の関数として表される $\mathrm{ZMP}(x, u)$ は次式のように表される。

$$\mathrm{ZMP}(x, u) = \frac{u_1}{R_y(x, u)} \tag{7.58}$$

ただし，R_y は床反力の垂直成分である。これにより，不等式拘束条件は次式で表される。

$$|\,\mathrm{ZMP}(x, u)| \leqq \mathrm{ZMP}_{max} \tag{7.59}$$

ここで，ダミー変数 u_3 を導入すると，不等式拘束条件は次のような等式拘束条件に変換される。

$$C(x,u) := \mathrm{ZMP}(x,u)^2 + u_3^2 - \mathrm{ZMP}_{max}^2 = 0 \tag{7.60}$$

この拘束条件の下で，前節の積分器を導入したときと同じパラメータ条件でシミュレーションを行った結果が**図 7.10** である。ただし，着地後の $R^{(2)} = \mathrm{diag}(0.5, 0.5)$ のみをダミー変数の分を考慮して $R^{(2)} = \mathrm{diag}(0.5, 0.5, 0.01)$ と置き換えた。そして，拘束条件での閾値 ZMP_{max} は 0.04 m と与えた。

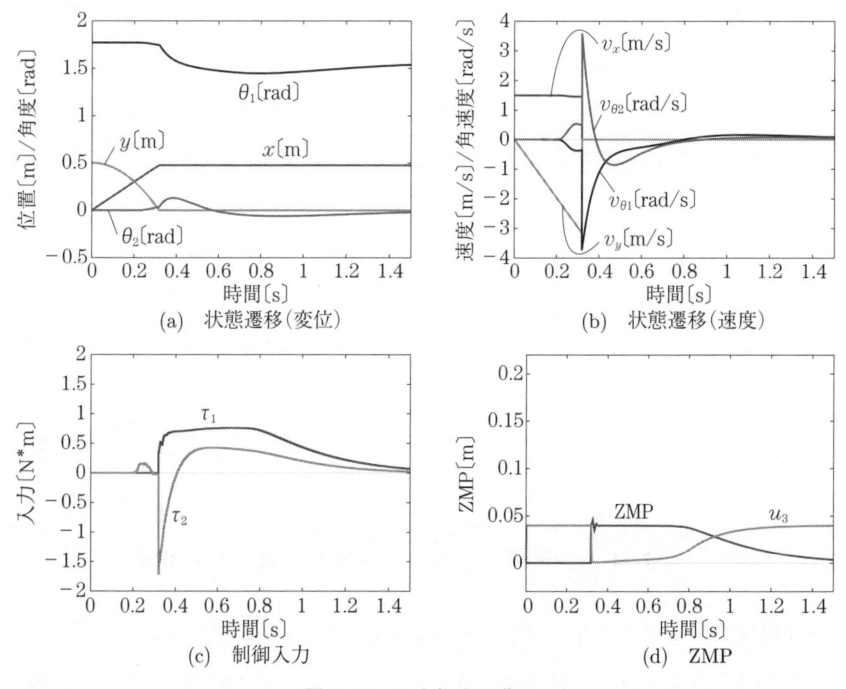

図 7.10　入力拘束の導入

拘束条件の閾値として厳しい条件を与えているのと，拘束条件が制御入力と状態に同時に影響されるものになっているため，C/GMRES 法の計算における GMRES 法の反復回数を少し増やす必要があった。そのため計算時間は少し延びるものの，滑らかな制御入力と同時に入力拘束の導入が可能であることが確認できた。

このように着地後の制御入力が大きな誤差なく拘束されるのは評価区間上で状態ジャンプが起きた瞬間からすでに入力拘束条件が働いてるためである。これを確認するために状態ジャンプが現れる各評価区間での ZMP の値に注目する。**図 7.11** は入力拘束条件を用いていない場合と用いた場合それぞれについて，評価区間上のジャンプ時刻 $t+i_j\Delta\tau$ における ZMP の値をプロットしたものである。評価区間上の一番端 $(i_j = N-1)$ で状態ジャンプが起きた時刻 0.222 s（評価区間長さ $T(t)$ は約 0.1 s）から入力拘束がすでに働いていることが確認できる。さらに，入力拘束を加えたときのシミュレーション結果の静止画を**図 7.12** に示す。評価区間の端で状態ジャンプが初めて起きる時刻 t は 0.22 s であり，この時刻から空中でも腰に制御入力が入るため，腰を曲げていることが確認できる。0.32 s が着地時刻であり，最も前に倒れ込んだ時刻が 0.80 s である。

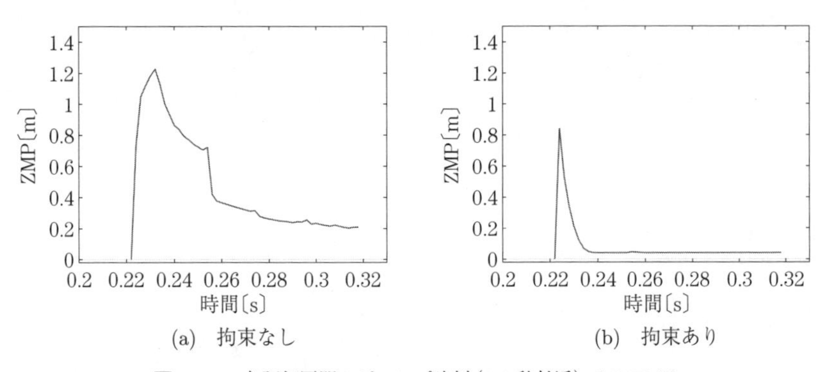

(a)　拘束なし　　(b)　拘束あり

図 7.11　各評価区間のジャンプ時刻（0.3 秒付近）での ZMP

評価区間上で状態ジャンプが現れると制御入力が入るが，シミュレーション結果では大きな予測動作は確認できない。これは実験で実際にロボットに加えられる範囲（2 N·m）内の制御入力が得られるように初期値と重み行列を設定したためである。しかし，例えば最大トルクを 2 倍の 2 N·m にし，重み行列の制御入力に関する項を 0.1 倍すると，着地前に腰を大きく曲げるなどの予測動作が現れる。

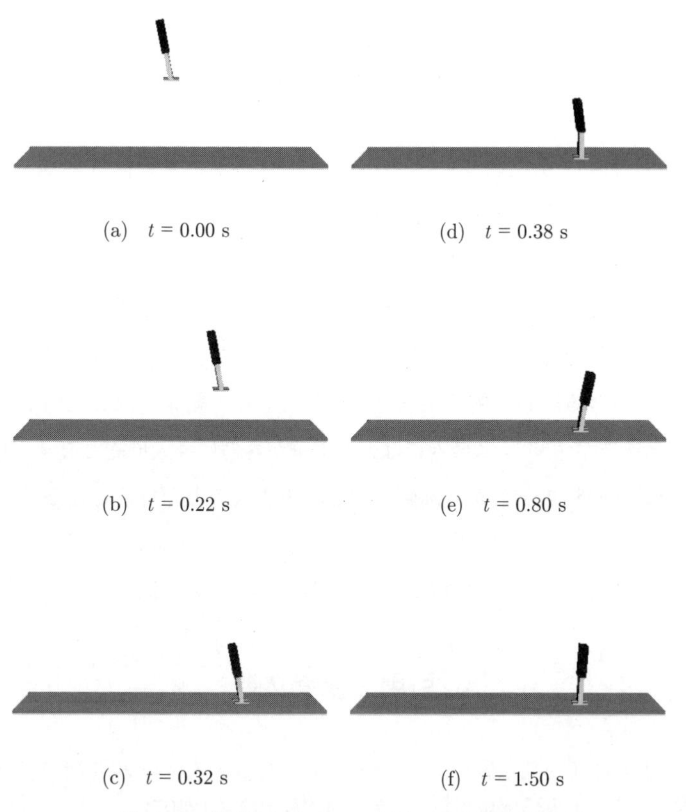

(a) $t = 0.00$ s　(d) $t = 0.38$ s

(b) $t = 0.22$ s　(e) $t = 0.80$ s

(c) $t = 0.32$ s　(f) $t = 1.50$ s

図 7.12　拘束 $\mathrm{ZMP}_{max} = 0.04\,\mathrm{m}$ での静止画像

(3)　制御入力の計算時間　　ここでのシミュレーションに用いたコンピュータの CPU は Athlon 2.2 GHz であった。拘束条件を入れていないとき，1 回の制御入力計算に要する時間は，積分器を導入していない場合，導入した場合ともに約 9 ms がかかった。これは一般のメカニカルシステムならば，大きな問題なく実時間での実装が可能な計算時間だと考えられる。また，入力拘束を考慮したときは未知変数ベクトルの次元の倍増と今回用いた拘束条件がやや厳しいものであったため最適性誤差を減らすために反復計算が増え，1 回の制御入力計算に 75 ms がかかった。入力拘束付き問題は，システムのダイナミクスが非常に速い場合は制御入力をオフラインで計算しておいて実装することも考えられる。

7.6　本章のまとめ

本章ではまず，衝突現象による不連続状態ジャンプを伴う問題において，C/GMRES 法を用いて最適制御入力系列を与えるために必要な項目を整理，アルゴリズムの拡張を行った。つぎに，制御則を実装することを想定すると，より数値的に安定で振動的でない制御入力系列を与える必要があるため，積分器を導入した。そして，ジャンプステップにおいて状態数の変化によってシステムが切り替わる問題を解く手法を説明した。その結果，評価区間上でも状態ジャンプが起きた後のシステムには入力拘束が容易に導入可能となり，実時間で状態ジャンプが起きる前から制御入力を拘束することが可能となることを示した。また，入力拘束として着地制御問題における ZMP 拘束を考え，シミュレーションによりこれらの手法の有効性と制御入力の計算時間について検証した。

引用・参考文献

1）李　俊黙：不連続状態ジャンプを伴う拘束付きシステムの非線形モデル予測制御，東京工業大学機械制御システム専攻修士論文 (2007)

2）J. Lee and M. Yamakita：Nonlinear Model Predictive Control for Constrained Mechanical Systems with State Jump, Proceedings of the 2006 International Conference on Control Applications, pp. 585～590 (2006)

3）A. E. Bryson Jr. and Y.-C. Ho：Applied Optimal Control, Hemisphere (1975)

4）加藤寛一郎：工学的最適制御，東京大学出版会 (1988)

5）嘉納秀明：システムの最適理論と最適化（コンピュータ制御機械シリーズ），コロナ社 (1987)

6）R. Barrett, M. Berry, T. F. Chan, J. Demmel, J. Donato, J. Dongarra, V. Eijkhout, R. Pozo, C. Romine and H. V. der Vorst：Templates for the Solution of Linear Systems: Building Blocks for Iterative Methods, SIAM (1994)

7) C. T. Kelley：Iterative Methods for Linear and Nonlinear Equations, SIAM (1995)

8) Y. Saad and M. H. Schultz：GMRES: A Generalized Minimal Residual Algorithm for Solving Nonsymmetric Linear Systems, SIAM Journal on Scientific and Statistical Computing, Vol. 7, No. 3, pp. 856～869 (1986)

9) Y. Onodera and M. Yamakita：An Extension of Nonlinear Receding Horizon Control for Switched System with State Jump, Proceedings of the 2005 IEEE/RSJ International Conference on Intelligent Robots and Systems, pp. 984～989 (2005)

10) 美多　勉：非線形制御入門，昭晃堂 (2000)

11) 古賀雅伸：Linux・Windows でできる MaTX による数値計算，東京電機大学出版局 (2000)

12) M. Vukobratović and J. Stepanenko：On the Stability of Anthropomorphic Systems, Mathematical Biosciences, Vol. 15, pp. 1～37 (1972)

13) M. Cannon：Efficient Nonlinear Model Predictive Control Algorithms, Annual Reviews in Control, Vol. 28, No. 2, pp. 229～237 (2004)

14) H. Michalska and D. Q. Mayne：Robust Receding Horizon Control of Constrained Nonlinear Systems, IEEE Transactions on Automatic Control, Vol. 38, No. 11, pp. 1623～1633 (1993)

15) T. Ohtsuka：Continuation/GMRES Method for Fast Algorithm of Nonlinear Receding Horizon Control, Proceedings of the 39th IEEE Conference on Decision and Control, pp. 766～771 (2000)

16) C. V. Rao and J. B. Rawlings：Steady States and Constraints in Model Predictive Control, AlChE Journal, Vol. 45, No. 6, pp. 1266～1278 (1999)

17) J. B. Rawlings：Tutorial Overview of Model Predictive Control, IEEE Control Systems Magazine, Vol. 20, No. 3, pp. 38～52 (2000)

18) S. L. Richter and R. A. DeCarlo：Continuation methods: Theory and applications, IEEE Transactions on Automatic Control, Vol. AC-28, No. 6, pp. 660～665 (1983)

19) H. Seguchi and T. Ohtsuka：Nonlinear Receding Horizon Control of an RC Hovercraft, Proceedings of 2002 International Conference on Control Applications, Vol. 2, pp. 1076～1081 (2002)

20) 大塚敏之：非線形最適フィードバック制御のための実時間最適化手法，計測と制御，Vol. 36，No. 11，pp. 776～783 (1997)

8 熱流体システムの制御

8.1 本章の概要

本章では，偏微分方程式で記述されるシステムに対するモデル予測制御系設計問題の一例として，熱流体システムのモデル予測制御を考える。熱流体現象を記述する基礎方程式として知られているナビエ・ストークス方程式のブシネスク近似式を制御対象のシステムモデルとして考え，そのモデル予測制御問題の定式化および数値解法について述べる。本最適化問題を解くための数値アルゴリズムを構築するためには，流体計算と最適化計算の両方の知識が必要になる。本章では，おのおのの数値計算手法に関して基礎的な解説を述べ，各計算手法が全体としてどのように用いられるのかを概観できるように解説する。その後，数値シミュレーションにより本手法の有効性を検証する。

8.2 熱流体システムの概要

物質の状態は，固体，液体，気体の三態に分類される。流体とはこれらの形態のうち，液体と気体の総称である。流体の解析をする際に重要な物性として，粘性と圧縮性が挙げられる。粘性とは流体の粘り気を表す尺度である。粘性係数が一定であり，流体内部のせん断応力が速度勾配に比例する場合，そのような流体は**ニュートン流体** (Newtonian fluid) と呼ばれる。一方で，圧力の変化に応じて体積や密度が変化する性質を圧縮性という。圧力が変化しても，体積と密度が影響を受けず一定である場合，そのような流体は**非圧縮性流体**（incompressible fluid）と呼ばれる。

本章では，非圧縮性ニュートン流体について考える。一方で，熱輸送を伴う流れにおいて，流体を非圧縮性と仮定するが，熱膨張による密度変化から生じる浮力の影響を考慮する場合がある。その際，密度変化は温度変化に比例するものと近似し，重力と温度変化に比例した浮力が流体の運動に影響を及ぼすものと仮定される1)。この近似手法は**ブシネスク近似**（Boussinesq approximation）と呼ばれる。

本章で考える熱流体の数理モデルとして，温度変化に伴う密度変化とその浮力の影響を考慮して，非圧縮性ニュートン流体の挙動を記述するナビエ・ストークス方程式のブシネスク近似式を考える。

本章では，簡単のため 2 次元正方領域上の熱流体のダイナミクスを考える。ここで，$s = [s_1 \ s_2]^{\mathrm{T}}$ は空間ベクトル変数を表すものとする。空間領域を表す Ω を $\Omega := \{s | 0 \leqq s_i \leqq l \ (i = 1, 2)\}$ で定義する。続いて，物理変数を定義する。$v(t,s) = [v_1(t,s) \ v_2(t,s)]^{\mathrm{T}} \in \mathbb{R}^2$ は流速，$\theta(t,s) \in \mathbb{R}$ は温度，$p(t,s) \in \mathbb{R}$ は圧力をおのおの表すものとする。さらに，物理定数を定義する。$\rho \in \mathbb{R}$ は密度，$\nu \in \mathbb{R}$ は動粘性係数，$g \in \mathbb{R}$ は重力加速度，$\alpha \in \mathbb{R}$ は熱拡散係数，$\beta \in \mathbb{R}$ は体積膨張係数，$\gamma \in \mathbb{R}$ は基準温度をおのおの表すものとする。

熱流体の速度場は，質量保存則から導かれる連続の式と，運動量保存則から導かれるナビエ・ストークス方程式で記述され，温度場は，エネルギー方程式で記述される。本章で考える熱流体の支配方程式は，連続の式とナビエ・ストークス方程式とエネルギー方程式を連立させて記述されるものであり，以下に示される。

- 連続の式

$$\frac{\partial v_1}{\partial s_1}(t,s) + \frac{\partial v_2}{\partial s_2}(t,s) = 0 \tag{8.1a}$$

- ナビエ・ストークス方程式

$$\frac{\partial v_1}{\partial t}(t,s) = -\left(v_1\frac{\partial v_1}{\partial s_1}(t,s) + v_2\frac{\partial v_1}{\partial s_2}(t,s) + \frac{1}{\rho}\frac{\partial p}{\partial s_1}(t,s)\right) + \nu\left(\frac{\partial^2 v_1}{\partial s_1^2}(t,s) + \frac{\partial^2 v_1}{\partial s_2^2}(t,s)\right) \tag{8.1b}$$

$$\frac{\partial v_2}{\partial t}(t,s) = -\left(v_1\frac{\partial v_2}{\partial s_1}(t,s) + v_2\frac{\partial v_2}{\partial s_2}(t,s) + \frac{1}{\rho}\frac{\partial p}{\partial s_2}(t,s)\right) + \nu\left(\frac{\partial^2 v_2}{\partial s_1^2}(t,s) + \frac{\partial^2 v_2}{\partial s_2^2}(t,s)\right) + g\beta\left(\theta(t,s) - \gamma\right) \tag{8.1c}$$

- エネルギー方程式

$$\frac{\partial \theta}{\partial t}(t,s) = -\left(v_1\frac{\partial \theta}{\partial s_1}(t,s) + v_2\frac{\partial \theta}{\partial s_2}(t,s)\right) + \alpha\left(\frac{\partial^2 \theta}{\partial s_1^2}(t,s) + \frac{\partial^2 \theta}{\partial s_2^2}(t,s)\right) \tag{8.1d}$$

式 (8.1a) は流速の発散が 0 であることを示しており，空間中の任意の点で流速の湧き出しおよび吸い込み量が 0 であることを意味している。これは，原因もなく物質が突然現れたり消えたりすることはないという質量保存則に基づいている。式 (8.1b)～(8.1d) の右辺第一項目～第二項目は，物質の移流現象を記述する項であり，式 (8.1b)～(8.1c) の右辺第四項目～第五項目と式 (8.1d) の右辺第三項目～第四項目は，物質の拡散現象を記述する項である。式 (8.1b)～(8.1c) の右辺第三項目は，圧力勾配による流速の変化を表している。

流速 v と温度 θ の時間変化は発展方程式 (8.1b)～(8.1d) で定められるが，圧力 p の発展方程式は与えられていない。そのため，圧力 p の時間変化は，流速 v が時間発展とともに静的な拘束条件 (8.1a) を満足するように調整されることによって定められるものであることに注意する。

ここで，初期時刻 t_0 における初期状態を以下のように定める。

$$v(t_0,s) = 0,\ \ p(t_0,s) = 0,\ \ \theta(t_0,s) = \theta_0(s) \quad \text{for all } s \in \Omega \tag{8.2}$$

ただし，$\theta_0(s)$ は初期温度分布を表す関数とする。一方で，境界条件を以下のように定める。任意の時刻 $t > t_0$ に対して

$$v(t,s)=0,\ \frac{\partial p}{\partial s_1}(t,s)=0,\ \frac{\partial \theta}{\partial s_1}(t,s)=u_1(t,s)\quad \text{for } s_1=0 \tag{8.3a}$$

$$v(t,s)=0,\ \frac{\partial p}{\partial s_1}(t,s)=0,\ \frac{\partial \theta}{\partial s_1}(t,s)=u_2(t,s)\quad \text{for } s_1=l \tag{8.3b}$$

$$v(t,s)=0,\ \frac{\partial p}{\partial s_2}(t,s)=0,\ \frac{\partial \theta}{\partial s_2}(t,s)=u_3(t,s)\quad \text{for } s_2=0 \tag{8.3c}$$

$$v(t,s)=0,\ \frac{\partial p}{\partial s_2}(t,s)=0,\ \frac{\partial \theta}{\partial s_2}(t,s)=u_4(t,s)\quad \text{for } s_2=l \tag{8.3d}$$

ただし，$u(t,s)=[u_1(t,s)\ u_2(t,s)\ u_3(t,s)\ u_4(t,s)]^{\mathrm{T}}$ は制御入力を表す変数とする。つまり，空間境界上の温度勾配を自由に操作できるという問題設定である。この入力変数をある評価関数が最小となるように決定する最適化問題を次節以降で考える。

以上で述べたシステムの概略は図 **8.1** に示される。平面正方領域内に閉じ込められた流体の流速，圧力，温度が，外部からの熱入力操作により動的に変化する。その振る舞いを所望の通りに整定させることが目的である。

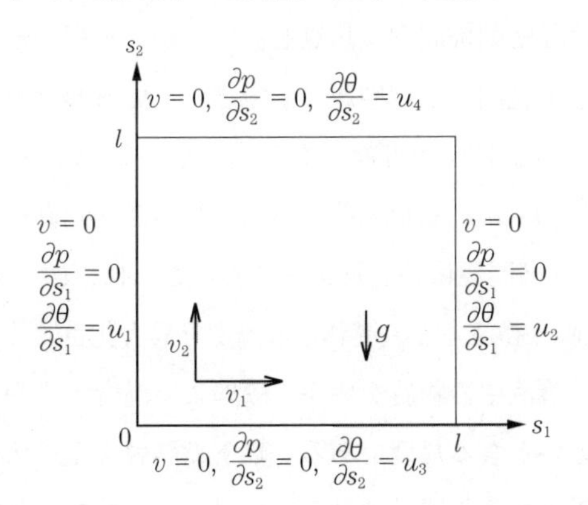

図 **8.1** システムの概略図

8.3 熱流体システムの最適制御問題

本節では，熱流体システムに対する最適制御問題の定式化を行う。問題設定に応じて，適切に評価関数を選定することが重要である。ここでは，具体的に熱流体の空間温度分布を境界制御入力により，一様な目標温度に整定させる制御問題を考える。そのため，以下のように評価関数を設定する。

$$J = \int_0^l \int_0^l \varphi\left(\theta(t+T,s)\right) ds_1 ds_2 + \int_t^{t+T} \int_0^l \int_0^l L\left(\theta(\tau,s), u(\tau,s)\right) ds_1 ds_2 d\tau$$

$$\varphi := \frac{w_1}{2}\left(\theta(t+T,s) - \theta_f\right)^2 \tag{8.4a}$$

$$L := \frac{w_2}{2}\left(\theta(\tau,s) - \theta_f\right)^2 + \frac{w_3}{2} u^{\mathrm{T}}(\tau,s) u(\tau,s) \tag{8.4b}$$

ここで，φ は終端コストを，L はステージコストを表す関数である。また，$\tau \in \mathbb{R}$ は評価区間上の時間を表す変数であり，$T \in \mathbb{R}$ は評価区間の長さを表している。$\theta_f \in \mathbb{R}$ は目標温度を表す定数であり，$w_1, w_2, w_3 \in \mathbb{R}$ は重み係数を表している。この重み係数を調整することにより，目標温度への収束の速さと消費する入力量の間でトレードオフの設計が可能となる。制御対象が空間的な分布を持つため，評価関数も空間変数での積分を含むことに注意されたい。

ここでは，熱流体システムの温度制御問題に焦点を置いたが，本章で述べるモデル予測制御系設計手法は適用範囲が上記問題に限定されているわけではなく，その他にもさまざまな問題設定に応用可能である[2)]。例えば，式 (8.4) において，$(\theta - \theta_f)^2$ を $(v - v_f)^{\mathrm{T}}(v - v_f)$ に置き換えると，境界温度制御により目標の流れ場 v_f を実現させる制御問題に書き換えられる。さらに，$(\theta - \theta_f)^2$ を $-(\partial v_2/\partial s_1 - \partial v_1/\partial s_2)^2$ に置き換えると，流れ場の渦度を最大化させる問題に書き換えられる。渦度とは，溶液中の物質をいかに効率よく混合するかというミキシング問題でしばしば重要となる尺度である。以下で詳説するモデル予測制御系設計手法では，さまざまな評価関数の選び方に対して系統的な制御系設計が可能であり，汎用性が高く，拘束条件の取り扱いも比較的容易であるといったさまざまな利点が挙げられる。

ここで，熱流体システムの支配方程式を最適化問題における等式拘束条件と見なす。つまり，システムの状態方程式 (8.1) が成り立つ下で，評価関数 (8.4) を最小にするような制御入力 u を決定する問題を考える。8.2 節で述べたとおり，熱流体システムの支配方程式 (8.1) は，流速 v と温度 θ の時間発展方程式に対応する動的な拘束条件 (8.1b)～(8.1d) と，流速 v に関する静的な拘束条件 (8.1a) に分類することが可能である。

表記の便宜上，変数 $x(t,s)$ を $x := [v_1\ v_2\ \theta]^{\mathrm{T}} \in \mathbb{R}^3$ と定義し，式 (8.1b)～(8.1d) の右辺をまとめて $f(x,p)$ と書き表す。つまり，$f \in \mathbb{R}^3$ は以下で定義されるベクトル値関数である。

$$
f(x,p) := \begin{bmatrix} (8.1\mathrm{b})\ \text{の右辺} \\ (8.1\mathrm{c})\ \text{の右辺} \\ (8.1\mathrm{d})\ \text{の右辺} \end{bmatrix} \tag{8.5}
$$

ここでは，$x(t,s)$ と $p(t,s)$ の総称を状態と呼ぶ。それに対応して，随伴変数と呼ばれる変数 $\lambda(t,s) := [\lambda_1\ \lambda_2\ \lambda_3]^{\mathrm{T}} \in \mathbb{R}^3$ と $\eta(t,s) \in \mathbb{R}$ を導入する。$\lambda_1, \lambda_2, \lambda_3$ はおのおの v_1, v_2, θ に対応する随伴変数であり，η は p に対応する随伴変数である。発展方程式を有する v_1, v_2, θ と，発展方程式がない p とを区別しやすいように変数 x の割当てを決めている。以上より，考慮すべき等式拘束条件は静的な拘束条件 (8.1a) と以下のように書き表される動的な拘束条件 (8.6) である。

$$
f(x,p) - \frac{\partial x}{\partial t}(t,s) = 0 \tag{8.6}
$$

ここでは，簡単のため状態や入力に関する上下限拘束は考えないものとする。参考までに，入力拘束を考慮した場合の設計方法は文献3) で示されている。

等式拘束条件付き最適化問題は，ラグランジュ乗数を導入することにより，等式拘束が無い最適化問題に帰着できることが知られている[4)]。ここでは，等式拘束条件 (8.1a), (8.6) を伴う評価関数 (8.4) の最適化問題を考えるため，以下で定義される評価関数 $\bar{J}$ を導入する。

$$
\begin{aligned}
\bar{J} &= \int_0^l \int_0^l \phi\left(x_3(t+T,s)\right) ds_1 ds_2 \\
&+ \int_t^{t+T} \int_0^l \int_0^l \Biggl\{ L\left(x_3(\tau,s), u(\tau,s)\right) + \lambda^{\mathrm{T}}(\tau,s) \left(f(x,p) - \frac{\partial x}{\partial \tau}(\tau,s) \right) \\
&+ \eta(\tau,s) \left(\frac{\partial x_1}{\partial s_1}(\tau,s) + \frac{\partial x_2}{\partial s_2}(\tau,s) \right) \Biggr\} ds_1 ds_2 d\tau
\end{aligned} \tag{8.7}
$$

ここで，随伴変数 λ と η が，拘束条件 (8.6) と拘束条件 (8.1a) におのおの対応するラグランジュ乗数であることに注意する。式 (8.7) の第 2 行目と第 3 行目の項を評価関数 J に付け加えることにより，等式拘束付き最適化問題を等式拘束がない最適化問題に帰着することができる。以下では，変分法を適用して停留条件と呼ばれる評価関数 $\bar{J}$ が最小となるために満たすべき必要条件を導出する[4)]。$\bar{J}$ の変分（微小変化）を $\delta\bar{J}$ で表す。同様に，x, p, λ, η, u などの他の変数についても，各変数の変分を表すものとして δ を用いる。

今後の大まかな指針について述べる。まず，$\delta\bar{J}$ を $\delta x, \delta p, \delta\lambda, \delta\eta, \delta u$ の 1 次関数で記述することを目的とする。つまり，各変数が微小変化した際，$\bar{J}$ に与える影響を $\delta x, \delta p, \delta\lambda, \delta\eta, \delta u$ の 1 次結合で記述することを目的とする。例えば，$\bar{J}(x+\delta x)$ の x 点におけるテイラー展開を施し，δx の 2 次以上の項を無視することにより，x の微小変化が $\bar{J}$ に与える影響 $\bar{J}(x+\delta x)-\bar{J}(x)$ を，δx の 1 次式で表現できる。これを他の変数 p, λ, η, u についても同様の計算を適用することで，$\delta\bar{J}$ を $\delta x, \delta p, \delta\lambda, \delta\eta, \delta u$ の 1 次関数で記述することができる。

つぎに，任意の $\delta x, \delta p, \delta\lambda, \delta\eta, \delta u$ に対して $\delta\bar{J}=0$ であるためには，$\delta x, \delta p, \delta\lambda, \delta\eta, \delta u$ の各係数がつねに 0 である必要がある。これは**変分原理**（variational principle）と呼ばれる。したがって，各係数が 0 であるという関係から，停留条件が導出される。

式 (8.7) より，$\delta\bar{J}$ の計算には，δx の導関数 $\partial\delta x/\partial\tau$ や $\partial\delta x/\partial s_j$ $(j=1,2)$ が含まれていることが容易にわかる。よって，単純には $\delta\bar{J}$ を $\delta x, \delta p, \delta\lambda, \delta\eta, \delta u$ の 1 次関数で記述することができない。そこで，部分積分を活用する。以下に示す部分積分は停留条件の導出に関して，重要なテクニックである。

まず，時間に関する積分に関して以下の部分積分を適用する。

$$\begin{aligned}&\int_t^{t+T} -\lambda^{\mathrm{T}}(\tau,s)\frac{\partial\delta x(\tau,s)}{\partial\tau}d\tau\\&=\left[-\lambda^{\mathrm{T}}(\tau,s)\delta x(\tau,s)\right]_t^{t+T}+\int_t^{t+T}\left(\frac{\partial\lambda(\tau,s)}{\partial\tau}\right)^{\mathrm{T}}\delta x(\tau,s)d\tau\\&=-\lambda^{\mathrm{T}}(t+T,s)\delta x(t+T,s)+\int_t^{t+T}\left(\frac{\partial\lambda(\tau,s)}{\partial\tau}\right)^{\mathrm{T}}\delta x(\tau,s)d\tau \qquad (8.8)\end{aligned}$$

上式の第 2 行目から第 3 行目への計算では，現在の時刻 t における状態 $x(t,s)$

は固定されているので，$\delta x(t,s)=0$ という関係を用いている。

ここで，表記の便宜上，ハミルトン関数と呼ばれる関数 H を定義する。

$$H=L\left(x_3(\tau,s),u(\tau,s)\right)+\lambda^{\mathrm{T}}(\tau,s)f(x,p)+\eta(\tau,s)\left(\frac{\partial x_1}{\partial s_1}(\tau,s)+\frac{\partial x_2}{\partial s_2}(\tau,s)\right) \tag{8.9}$$

また，導関数 $\partial x_i/\partial s_j$, $\partial^2 x_i/\partial s_j^2$ $(i=1,2,3, j=1,2)$ を新たな独立変数とみなすため，以下のような記号を定義する。

$$x_s(i,j):=\frac{\partial x_i}{\partial s_j}(\tau,s)\in\mathbb{R},\quad x_{ss}(i,j):=\frac{\partial^2 x_i}{\partial s_j^2}(\tau,s)\in\mathbb{R} \tag{8.10}$$

ハミルトン関数 H を $x_s(i,j)$ と $x_{ss}(i,j)$ でおのおの偏微分することを考える。それによって得られるスカラー値関数を，以下のように表記する。

$$H_{x_s(i,j)}:=\frac{\partial H}{\partial x_s(i,j)}(x,p,\lambda,\eta),\quad H_{x_{ss}(i,j)}:=\frac{\partial H}{\partial x_{ss}(i,j)}(x,p,\lambda,\eta) \tag{8.11}$$

つぎに, 空間に関する積分に関して以下の部分積分を適用する。任意の $i=1,2,3$, $j=1,2$ に対して

$$\begin{aligned}&\int_0^l\int_0^l\left(H_{x_s(i,j)}\frac{\partial\delta x_i}{\partial s_j}(\tau,s)\right)ds_1ds_2\\&=\int_0^l\left[H_{x_s(i,j)}\delta x_i(\tau,s)\right]_0^l ds_{\{1,2\}\backslash\{j\}}-\int_0^l\int_0^l\left(\frac{\partial H_{x_s(i,j)}}{\partial s_j}\delta x_i(\tau,s)\right)ds_1ds_2\end{aligned} \tag{8.12}$$

が成り立つ。ただし，$ds_{\{1,2\}\backslash\{j\}}$ は $j=1$ のときは ds_2 を意味し，$j=2$ のときは ds_1 を意味することに注意する。さらに，部分積分を 2 回適用することにより，以下の関係式を得る。

$$\begin{aligned}&\int_0^l\int_0^l\left(H_{x_{ss}(i,j)}\frac{\partial^2\delta x_i}{\partial s_j^2}(\tau,s)\right)ds_1ds_2\\&=\int_0^l\left[H_{x_{ss}(i,j)}\frac{\partial\delta x_i}{\partial s_j}(\tau,s)-\frac{\partial H_{x_{ss}(i,j)}}{\partial s_j}\delta x_i(\tau,s)\right]_0^l ds_{\{1,2\}\backslash\{j\}}\\&\quad+\int_0^l\int_0^l\left(\frac{\partial^2 H_{x_{ss}(i,j)}}{\partial s_j^2}\delta x_i(\tau,s)\right)ds_1ds_2\end{aligned} \tag{8.13}$$

ここで，境界条件 (8.3) から以下の関係式が得られることに着目する。

$$\begin{bmatrix} \delta x_1(\tau,s) \\ \delta x_2(\tau,s) \end{bmatrix} = 0,\quad \frac{\partial p}{\partial s_j}(\tau,s) = 0 \ \text{ for } \ s_j = 0, l,\ \ j = 1,2 \tag{8.14a}$$

$$\frac{\partial \delta x_3}{\partial s_1}(\tau,s) = \delta u_1(\tau,s) \ \text{ for } \ s_1 = 0 \tag{8.14b}$$

$$\frac{\partial \delta x_3}{\partial s_1}(\tau,s) = \delta u_2(\tau,s) \ \text{ for } \ s_1 = l \tag{8.14c}$$

$$\frac{\partial \delta x_3}{\partial s_2}(\tau,s) = \delta u_3(\tau,s) \ \text{ for } \ s_2 = 0 \tag{8.14d}$$

$$\frac{\partial \delta x_3}{\partial s_2}(\tau,s) = \delta u_4(\tau,s) \ \text{ for } \ s_2 = l \tag{8.14e}$$

$\delta\bar{J}$ の計算に，部分積分 (8.8), (8.12), (8.13) を適用し，式 (8.14) を代入して整理することで，$\delta\bar{J}$ を $\delta x, \delta p, \delta\lambda, \delta\eta, \delta u$ の 1 次関数で記述することが可能である。ただし，境界領域上では $\partial\delta x_i/\partial s_j$ のような導関数の変分が残っている。実際は，この係数が 0 という関係から，随伴変数 λ, η の境界条件が定められる。

上記に基づいて導出された停留条件を以下に示す。評価関数 $\bar{J}$ が最小であるためには，以下の条件式をすべて満たす必要がある。

- 状態 x と p の支配方程式

$$\frac{\partial x}{\partial t}(\tau,s) = f(x,p) \tag{8.15a}$$

$$\frac{\partial x_1}{\partial s_1}(\tau,s) + \frac{\partial x_2}{\partial s_2}(\tau,s) = 0 \tag{8.15b}$$

- 終端条件

$$\lambda(t+T,s) = \begin{bmatrix} 0 \\ 0 \\ w_1\left(x_3(t+T,s) - \theta_f\right) \end{bmatrix} \tag{8.16}$$

- 随伴変数 λ と η の支配方程式

$$\frac{\partial \lambda_1}{\partial \tau}(\tau,s) = -\nu\left(\frac{\partial^2 \lambda_1}{\partial s_1^2}(\tau,s) + \frac{\partial^2 \lambda_1}{\partial s_2^2}(\tau,s)\right) + \lambda_1\frac{\partial x_1}{\partial s_1}(\tau,s) + \lambda_2\frac{\partial x_2}{\partial s_1}(\tau,s) - \left(x_1\frac{\partial \lambda_1}{\partial s_1}(\tau,s) + x_2\frac{\partial \lambda_1}{\partial s_2}(\tau,s)\right) + \lambda_3\frac{\partial x_3}{\partial s_1}(\tau,s) + \frac{\partial \eta}{\partial s_1}(\tau,s) \tag{8.17a}$$

$$\frac{\partial \lambda_2}{\partial \tau}(\tau,s) = -\nu\left(\frac{\partial^2 \lambda_2}{\partial s_1^2}(\tau,s) + \frac{\partial^2 \lambda_2}{\partial s_2^2}(\tau,s)\right) + \lambda_1\frac{\partial x_1}{\partial s_2}(\tau,s) + \lambda_2\frac{\partial x_2}{\partial s_2}(\tau,s) - \left(x_1\frac{\partial \lambda_2}{\partial s_1}(\tau,s) + x_2\frac{\partial \lambda_2}{\partial s_2}(\tau,s)\right) + \lambda_3\frac{\partial x_3}{\partial s_2}(\tau,s) + \frac{\partial \eta}{\partial s_2}(\tau,s) \tag{8.17b}$$

$$\frac{\partial \lambda_3}{\partial \tau}(\tau,s) = -\alpha\left(\frac{\partial^2 \lambda_3}{\partial s_1^2}(\tau,s) + \frac{\partial^2 \lambda_3}{\partial s_2^2}(\tau,s)\right) - \left(x_1\frac{\partial \lambda_3}{\partial s_1}(\tau,s) + x_2\frac{\partial \lambda_3}{\partial s_2}(\tau,s)\right) - g\beta\lambda_2(\tau,s) - w_2\left(x_3(\tau,s) - \theta_f\right) \tag{8.17c}$$

$$\frac{\partial \lambda_1}{\partial s_1}(\tau,s) + \frac{\partial \lambda_2}{\partial s_2}(\tau,s) = 0 \tag{8.17d}$$

- 随伴変数 λ と η の境界条件

$$\lambda(\tau,s) = 0,\quad \frac{\partial \eta}{\partial s_j}(\tau,s) = 0 \ \ \text{for} \ \ s_j = 0, l,\quad j = 1,2 \tag{8.17e}$$

- 最適性条件

$$w_3u_1(\tau,s) - \alpha\lambda_3 = 0,\ \ \text{for} \ \ s_1 = 0 \tag{8.18a}$$

$$w_3u_2(\tau,s) + \alpha\lambda_3 = 0,\ \ \text{for} \ \ s_1 = l \tag{8.18b}$$

$$w_3u_3(\tau,s) - \alpha\lambda_3 = 0,\ \ \text{for} \ \ s_2 = 0 \tag{8.18c}$$

$$w_3u_4(\tau,s) + \alpha\lambda_3 = 0,\ \ \text{for} \ \ s_2 = l \tag{8.18d}$$

一般に，各停留条件式は四つのグループに分類される。状態の時間発展を定める式，終端条件，随伴変数の時間発展を定める式，最適性条件である。

式 (8.15) がシステムの支配方程式そのものであり，状態 x, p の時間発展を定める方程式である。式 (8.16) は終端条件と呼ばれ，評価区間上の終端時刻 $t+T$ における状態と随伴変数の関係式を表している。終端条件は，終端時刻の状態から終端時刻の随伴変数を定めるために用いることができる。ここで，式 (8.16) から終端時刻における $\eta(t+T,s)$ そのものは定まらないが，式 (8.17a)〜

(8.17b) を用いることにより $\partial\eta(t+T,s)/\partial s_j = 0$ $(j=1,2)$ が定められることに注意する。実際に，$\eta(t+T,s)$ が不定であっても，式 (8.17) の解の一意性は $\eta(t+T,s)$ の選び方に依存しないので，便宜上 $\eta(t+T,s)=0$ として差し障りない。式 (8.17) は随伴変数 λ, η の時間発展を定める方程式である。ここで，状態の発展方程式の係数 ν, α と随伴変数の発展方程式の係数 ν, α の符号が正負逆になっていることに着目する。これは，状態の発展方程式を順時間方向に積分して解を求める計算と，随伴変数の発展方程式を逆時間方向に積分して解を求める計算の間に共通性があることを意味している。式 (8.18) は最適性条件と呼ばれており，状態の発展方程式，終端条件，随伴変数の発展方程式以外の停留条件はこのグループに分類される。

一般に，非線形システムの最適制御問題において導出された停留条件を解析的に解くことは困難である。したがって，数値解法に頼らざるを得ない。次節では，導出された停留条件の数値解法について述べる。

8.4　停留条件の数値解法

従来は，非線形最適制御問題に対する停留条件の数値解法として，勾配法[5] などの反復法を用いることが主流であった。しかしながら，モデル予測制御では評価区間が 1 ステップ移動するごとに停留条件の数値解法を繰り返す必要があり，従来の反復法では実時間での最適化が困難であり，計算負荷の低減が必要とされていた。そこで，連続変形法[6] という考え方に基づいたモデル予測制御問題の高速数値解法が近年いくつか提案されている。本節では，その中でも縮小写像法[7] と呼ばれる数値解法を熱流体システムのモデル予測制御問題に適用する。また，停留条件の計算に必要な流体計算手法として **SMAC 法** (simplified marker and cell method)[8] と呼ばれる差分法を適用する。おのおののアルゴリズムの詳細は後述する。

以下では，停留条件 (8.15)～(8.18) の大まかな数値解法手順について述べる (**図 8.2**)。

1) 初期推定解として $u(\tau,s), (t \leqq \tau \leqq t+T)$ を適当に与える。
2) 現時刻 t における状態 $x(t,s)$, $p(t,s)$ から順時間方向に，式 (8.15) と既定の $u(\tau,s)$ を用いて，状態 $x(\tau,s)$, $p(\tau,s)$ の区間 $(t \leqq \tau \leqq t+T)$ の解軌道を定める。
3) 終端時刻の状態 $x(t+T,s)$, $p(t+T,s)$ から，式 (8.16) を用いて終端時刻の随伴変数 $\lambda(t+T,s)$, $\eta(t+T,s)$ を定める。
4) 終端時刻の随伴変数 $\lambda(t+T,s)$, $\eta(t+T,s)$ から逆時間方向に，式 (8.17) と既知の $x(\tau,s)$, $p(\tau,s)$, $u(\tau,s)$ を用いて，随伴変数 $\lambda(\tau,s)$, $\eta(\tau,s)$ の区間 $(t \leqq \tau \leqq t+T)$ の解軌道を定める。
5) 以上で定まった $x(\tau,s)$, $p(\tau,s)$, $\lambda(\tau,s)$, $\eta(\tau,s)$, $u(\tau,s)$ が式 (8.18) を満足するか確認する。満足しない場合，解の候補 $u(\tau,s), (t \leqq \tau \leqq t+T)$ を適切に更新する。

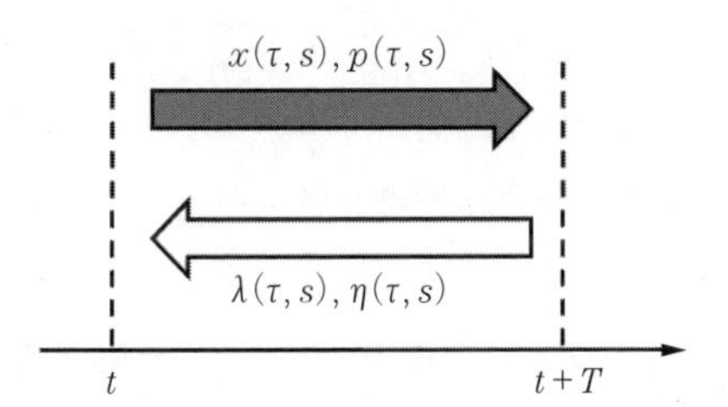

図 8.2　停留条件の数値解法手順

以下では，各項目についてより詳しい説明を述べる。

8.4.1　数値流体計算と SMAC 法

偏微分方程式の数値解法として，差分法[8)]，スペクトル法[9)]，有限要素法[10)]などが挙げられる。差分法とは，計算領域を直方体の格子で区切り，微分を単純に差分で近似することにより隣り合う格子に出入りする物質量の計算を差分演算で行う手法である。スペクトル法とは，関数展開によって空間領域の離散近似を行い，展開係数に関する常微分方程式の解を計算し，それらの重ね合わせで本来の解を求める手法である。有限要素法とは，計算領域内に任意の節点を設定し，節点で囲まれた領域要素ごとに近似方程式を立てて，それをもとに全体としての方程式を組み立てて，その解を求める手法である。スペクトル法は，滑らかな展開関数を用いることにより高精度な解が得られるという長所があるが，境界条件や空間領域が複雑な場合は，展開関数系が簡単に構成できないという欠点がある。有限要素法は，複雑な空間形状に対して柔軟に適用できるという長所があるが，計算能率が悪く計算量と記憶容量に対する負荷が大きいという欠点がある。差分法は，物理的な直観に基づいた近似式を用いており，プログラミングが容易であるとともに計算時間や記憶容量の点で優れているが，計算精度や空間形状表現能力に関してはおのおのスペクトル法や有限要素法に比べて劣っている。いずれの手法にも一長一短があるが，ここでは簡単のため差分法を用いる。

計算領域を格子で分割することにより，各変数の離散化を行う。まず，評価区間上の時間軸 $t \leqq \tau \leqq t+T$ を N ステップに均等に分割する。これに伴い，$x(\tau,s)$, $p(\tau,s)$ を $x(i,s)$, $p(i,s)$ $(i=1,2,\cdots,N \in \mathbb{N})$ と表すことができる。$\lambda(\tau,s)$, $\eta(\tau,s)$, $u(\tau,s)$ などの他の変数に対しても，時間離散化に関して同様の表記を適用するものとする。以下では，式 (8.15) の差分解法の一つとして知られている SMAC 法について述べる。

ここで，発展方程式 (8.15a) の $\partial x(\tau,s)/\partial\tau$ に前進差分（オイラー陽解法）を適用する。また，$\chi(i,s)$ を以下のように定義する。

$$\chi(i,s) := x(i,s) + \Delta\tau f\left(x(i,s), p(i,s)\right) \tag{8.19a}$$

ただし，$\Delta\tau$ は時間刻みを表す定数である。$\chi(i,s)$ は拘束条件 (8.15b) を無視した前進差分計算から得られる $x(i+1,s)$ に対応している。したがって，圧力 $p(i,s)$ に誤差が含まれている場合，$\chi(i,s)$ は連続の式 (8.15b) を満足しない。そのため，圧力を以下のように修正することを考える。

$$p(i+1,s) = p(i,s) + \tilde{p}(i,s) \tag{8.19b}$$

$\tilde{p}(i,s)$ は補正項を表している。そこで，$x(i+1,s)$ が連続の式 (8.15b) を満足するように $\tilde{p}(i,s)$ を決定することを考える。$\tilde{p}(i,s)$ を用いて圧力を修正した後，以下のように $x(i+1,s)$ を計算することで，静的な拘束条件 (8.15b) を満足するような発展方程式 (8.15a) の解軌道の決定が可能となる。

$$x(i+1,s) = x(i,s) + \Delta\tau f\left(x(i,s), p(i+1,s)\right) \tag{8.19c}$$

以下では，圧力の補正項 $\tilde{p}(i,s)$ の求め方について述べる。まず，式 (8.19c) から式 (8.19a) を両辺引くことにより，$x(i,s)$ を消去することで次式を得る。

$$x(i+1,s) = \chi(i,s) - \frac{\Delta\tau}{\rho}\begin{bmatrix} \partial\tilde{p}(i,s)/\partial s_1 \\ \partial\tilde{p}(i,s)/\partial s_2 \\ 0 \end{bmatrix} \tag{8.19d}$$

つぎに，式 (8.19d) の両辺の発散をとることで，以下の関係式を得る。

$$\begin{aligned}\frac{\partial x_1(i+1,s)}{\partial s_1} + \frac{\partial x_2(i+1,s)}{\partial s_1} &= \frac{\partial \chi_1(i,s)}{\partial s_1} + \frac{\partial \chi_2(i,s)}{\partial s_1} \\ &\quad - \frac{\Delta\tau}{\rho}\left(\frac{\partial^2\tilde{p}(i,s)}{\partial s_1^2} + \frac{\partial^2\tilde{p}(i,s)}{\partial s_2^2}\right)\end{aligned}$$

上式の左辺に，連続の式 (8.15b) を適用することで次式を得る。

$$\left(\frac{\partial^2\tilde{p}(i,s)}{\partial s_1^2} + \frac{\partial^2\tilde{p}(i,s)}{\partial s_2^2}\right) = \frac{\rho}{\Delta\tau}\left(\frac{\partial \chi_1(i,s)}{\partial s_1} + \frac{\partial \chi_2(i,s)}{\partial s_1}\right) \tag{8.19e}$$

上式の右辺は $x(i,s)$ と $p(i,s)$ からすでに定まっている項であることに注意する。上式はポアソン方程式と呼ばれ，空間微分に差分法を適用し，連立方程式を解くことによって解 $\tilde{p}(i,s)$ を求めることが可能である[8)]。ただし，$\tilde{p}(i,s)$ の境界条件として $\tilde{p}(i,s) = 0$ を用いることに注意する。

以上より，SMAC 法の計算手順をまとめると以下のとおりである。

1) $x(i,s)$, $p(i,s)$ が与えられる。
2) 式 (8.19a) を用いて，$\chi(i,s)$ を求める。
3) 式 (8.19e) を用いて，$\tilde{p}(i,s)$ を求める。
4) 式 (8.19b) を用いて，$p(i+1,s)$ を求める。
5) 式 (8.19d) を用いて，$x(i+1,s)$ を求める。

上記の計算を行う際，実際には空間領域の離散化を行う必要がある。空間領域の分割に対して，ここでは，**図 8.3** に示される**スタッガード格子**（staggered grid）と呼ばれる分割手法を用いる。流速 v と圧力 p の定義点をずらすことにより誤差の累積を低減する効果があり，圧力勾配と流速の物理的対応関係に整合性があるという特徴がある。

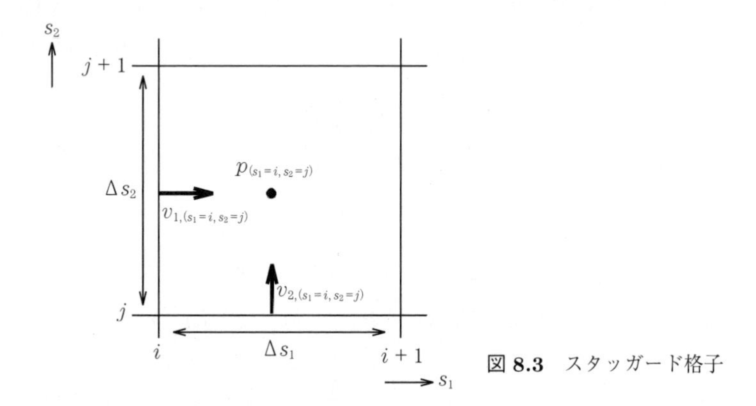

図 **8.3**　スタッガード格子

ここで，簡単のため，空間変数 s_1, s_2 をともに M 個の離散点に均等分割する。さらに，表記の便宜上，合計 $M \times M$ 個の分割点に新たに通し番号 $j = 1, 2, \cdots, M^2 \in \mathbb{N}$ を割り振る。したがって，$x(i,s)$, $p(i,s)$ を $x(i,j)$, $p(i,j)$ $(j = 1, 2, \cdots, M^2)$ と表すことができる。以上により，$x(\tau,s)$, $p(\tau,s)$ に対して，時間と空間ともに離散化された変数の表記が $x(i,j)$, $p(i,j)$ で与えられる。$\lambda(\tau,s)$, $\eta(\tau,s)$, $u(\tau,s)$ などの他の変数に対しても，空間離散化に関して同様の表記を適用するものとする。

ここで，離散化された変数 $x(i,j)$ のある時刻 i に対して，異なる空間要素 $j = 1, 2, \cdots, M^2$ をすべて一つのベクトルにまとめた変数を以下のように定義する。

$$\hat{x}(i) = \begin{bmatrix} x(i,1) \\ x(i,2) \\ \vdots \\ x(i,M^2) \end{bmatrix} \in \mathbb{R}^{M^2} \tag{8.20}$$

$p(i,j)$, $\lambda(i,j)$, $\eta(i,j)$, $u(i,j)$ に対しても，同様に $\hat{p}(i)$, $\hat{\lambda}(i)$, $\hat{\eta}(i)$, $\hat{u}(i)$ が定義されているものとする。

式 (8.19) における空間偏微分に対して差分法を適用し整理すると，発展方程式 (8.15) の解を求めるための差分方程式は以下のようにまとめられる。

$$\hat{p}(i+1) = \bar{f}\left(\hat{x}(i), \hat{p}(i), \hat{u}(i)\right) \tag{8.21a}$$

$$\hat{x}(i+1) = \hat{f}\left(\hat{x}(i), \hat{p}(i+1), \hat{u}(i)\right) \tag{8.21b}$$

ただし，$\bar{f}$, $\hat{f}$ は差分演算から定まる適当な関数であり，便宜上，一般的な表記を用いている。また，境界条件 (8.3) から導かれる離散空間領域上の境界に関する条件が，上記差分方程式に統合されていることに注意する。そのため，境界の制御入力変数が式 (8.21) 右辺の関数の引数に含まれている。

以上より，現時刻 t の状態 $x(t,s)$, $p(t,s)$ が与えられると，式 (8.21) を用いて $x(\tau,s)$, $p(\tau,s)$ $(t \leqq \tau \leqq t+T, s \in \Omega)$ の解軌道が計算できる。つまり，式 (8.21) を $i=1$ から $i=N$ まで反復計算することにより，$x(i,j)$, $p(i,j)$, $(i=1,\cdots,N; j=1,2,\cdots,M^2)$ が定められる。

8.4.2 最適解の更新と縮小写像法

8.4.1 項では，停留条件 (8.15) を解くための数値流体計算法である SMAC 法について詳説した。境界条件 (8.3) と連続の式 (8.15b) を満たすような発展方程式 (8.15a) の解を求める問題を，差分方程式 (8.21) を解く問題に近似できることを示した。

8.3 節のおわりで述べたように，状態 x, p の支配方程式 (8.15) と随伴変数 λ, η の支配方程式 (8.17) はおたがいに非常に類似した構造を持っている。状態 x の拘束条件 (8.15b) に対応して，随伴変数の拘束条件が式 (8.17d) で与えられている。したがって，状態 p に対応する随伴変数 η は，λ の発展方程式 (8.17a)〜(8.17c) の解軌道が拘束条件 (8.17d) を満足するように定められる必要がある。つまり，x と p の関係は，λ と η の関係と共通している。また，x と λ の発展方程式の拡散係数は符号が逆転していることから，x の発展方程式の順時間方向

の計算と λ の発展方程式の逆時間方向の計算に共通性がある。したがって，式 (8.15) の解を順時間方向に求める計算手法を，式 (8.17) の解を逆時間方向に求める問題にそのまま適用することが可能である。つまり，随伴変数 λ, η の解を求める問題に対しても，同様に 8.4.1 項で述べた SMAC 法が適用可能である。

以上より，停留条件 (8.16)～(8.18) を，8.4.1 項と同様にして計算領域の離散化および差分法を適用することにより，以下のような差分方程式で近似することが可能である。

- 終端条件

$$\hat{\lambda}(N) = \begin{bmatrix} 0 \\ 0 \\ w_1\left(\hat{x}_3(N) - \theta_f\right) \end{bmatrix} \tag{8.22a}$$

$$\hat{\eta}(N) = 0 \tag{8.22b}$$

- 随伴変数の支配方程式

$$\hat{\eta}(i-1) = \bar{g}\left(\hat{x}(i), \hat{\lambda}(i), \hat{\eta}(i)\right) \tag{8.23a}$$

$$\hat{\lambda}(i-1) = \hat{g}\left(\hat{x}(i), \hat{\lambda}(i), \hat{\eta}(i-1)\right) \tag{8.23b}$$

- 最適性条件

$$w_3\hat{u}(i) \pm \alpha\hat{\lambda}_3(i) = 0 \tag{8.24}$$

ただし，$\bar{g}, \hat{g}$ は差分演算から定まる適当な関数である。さらに，表記の便宜上，現時刻 t から $t+T$ までの評価区間上の入力時系列をまとめたものをベクトル $U \in \mathbb{R}^{4MN}$ で表す。

$$U(t) := \begin{bmatrix} \hat{u}(1) \\ \hat{u}(2) \\ \vdots \\ \hat{u}(N) \end{bmatrix} \tag{8.25}$$

さらに，最適性条件式 (8.24) を $i=1$ から $i=N$ まで一つにまとめた条件を以下のような一般的なベクトル値関数 $F \in \mathbb{R}^{4MN}$ を用いて表記する。

$$F := \begin{bmatrix} w_3\hat{u}(1) \pm \alpha\hat{\lambda}_3(1) \\ \vdots \\ w_3\hat{u}(N) \pm \alpha\hat{\lambda}_3(N) \end{bmatrix} = 0 \tag{8.26}$$

以下では，離散化された停留条件 (8.21)～(8.24) を満たす $\hat{x}$, $\hat{p}$, $\hat{\lambda}$, $\hat{\eta}$, $\hat{u}$ の求め方について述べる。

1) 初期推定解として $U(t)$ を適当に決める。

2) 現時刻 t における状態 $\hat{x}(1)$, $\hat{p}(1)$ と既定の $U(t)$ から，式 (8.21) を $i=1$ から $i=N$ まで反復計算することにより，状態 $\hat{x}(i)$, $\hat{p}(i)$, $(i=1,\cdots,N)$ の解軌道を定める。

3) 終端時刻の状態 $\hat{x}(N)$, $\hat{p}(N)$ から，式 (8.22) を用いて終端時刻の随伴変数 $\hat{\lambda}(N)$, $\hat{\eta}(N)$ を定める。

4) 終端時刻の随伴変数 $\hat{\lambda}(N)$, $\hat{\eta}(N)$ と既定の $\hat{x}(N)$ から，式 (8.23) を $i=N$ から $i=1$ まで反復計算することにより，随伴変数 $\hat{\lambda}(i)$, $\hat{\eta}(i)$, $(i=1,\cdots,N)$ の解軌道を定める。

5) 以上で定まった $\hat{x}(i)$, $\hat{p}(i)$, $\hat{\lambda}(i)$, $\hat{\eta}(i)$, $(i=1,\cdots,N)$, $U(t)$ が式 (8.26) を満足するか確認する。満足しない場合，解の候補 $U(t)$ を適切に更新する。

上記の 4) までの計算で，初期状態 $\hat{x}(1)$, $\hat{p}(1)$ と $U(t)$ から停留条件 (8.21)～(8.23) を満たす $\hat{x}$, $\hat{p}$, $\hat{\lambda}$, $\hat{\eta}$, $\hat{u}$ が一意に定まるが，$U(t)$ を適当に選んでいるため最適性条件 (8.26) を満たすとは限らない。したがって，$F \neq 0$ である場合，$\|F\|$ が減少するように U を修正する必要がある。ただし，U を修正すると先ほどの計算で求まっていた $\hat{x}$, $\hat{p}$, $\hat{\lambda}$, $\hat{\eta}$ では停留条件 (8.21)～(8.23) が満たされなくなる。よって，U を更新した後，再度，2) から 4) までの計算をやり直してから $F=0$ を満足するか確認する必要がある。この手順を $\|F\|$ が十分小さくなるまで繰り返して最適解 $U(t)$ を求める方法が「反復法」である。$\|F\|$ が最適性の指標として用いられるため，式 (8.24) は最適性条件と呼ばれている。

反復法の一つとして「勾配法」[5] と呼ばれる手法がある。勾配法では $U(t)$ を以下のように更新する。

$$U \leftarrow U - a\frac{\partial J}{\partial U} \tag{8.27}$$

ただし，$a \in \mathbb{R}$ は十分小さな正の定数である。式 (8.27) のように解を更新することにより，勾配が $(\partial J/\partial U) = 0$ になるまで，評価関数が減少する，つまり，U が最適解に近づくことが保証されている。

停留条件の数値計算で，実際に計算負荷が大きいのは状態と随伴変数の発展方程式の数値積分である。つまり，上記計算手順における 2) と 4) の計算負荷が著しく大きい。勾配法のような反復計算では，2) と 4) の計算を繰り返す必要があるため，その計算負荷が問題となる。モデル予測制御では，評価区間があるサンプリング周期ずつ時々刻々と移動していくため，サンプリング周期内に 2) と 4) の計算を繰り返す手法は，実時間最適化を達成するためには非現実的と考えられてきた。

一方で，評価区間が時々刻々と移動するというモデル予測制御特有の性質を利用したアルゴリズムが開発されている。それらの手法では，評価区間が移動するごとに最適性誤差 $\|F\|$ が減少していくように，最適解の更新則が与えられている。この考え方は「連続変形法」[6] と呼ばれている。F の時間発展が 0 に収束するように $U(t)$ の時間変化量 $\dot{U}(t)$ を求め，$\dot{U}(t)$ を積分することで最適解の軌道を追跡し，2) と 4) の反復計算をすることなく解の更新を行う手法が構築されている[11]。その $\dot{U}(t)$ を求める際，前進差分近似と相性がよい連立 1 次方程式解法の一つである GMRES 法[12] を用いているため，連続変形法（continuation method）と GMRES 法を組み合わせて C/GMRES 法[11] と呼ばれている。

ここでは，$U(t)$ の更新則として，**縮小写像法**（contraction mapping method）[7] と呼ばれる手法を適用する。縮小写像法は，最適性条件 $F = 0$ がある特別な構造を有している場合に限り適用可能な手法であるが，計算方法が簡略化できるため C/GMRES 法に比べて高速計算が可能という利点が挙げられる。以下では，縮小写像法の詳細について述べる。

まず，表記の便宜上，評価区間 $(t \leqq \tau \leqq t+T)$ 上の初期状態，つまり，時刻 t における状態 $\hat{x}(1)$, $\hat{p}(1)$ をまとめて $z(t) := [\hat{x}^{\mathrm{T}}(1)\ \hat{p}^{\mathrm{T}}(1)]^{\mathrm{T}}$ で表す。一般に最適性条件は状態，随伴変数，入力変数からなる関数 F で記述されるが，初期状態 $z(t)$ と $U(t)$ が与えられると 2)〜4) の計算により状態と随伴変数が一意に定まるので，関数 F の引数を $z(t)$ と $U(t)$ とみなすことができる。そのため，最適性条件の一般的な表記として，$F(U(t), z(t), t) = 0$ と記述することができる。

つぎに，縮小写像法を適用するにあたり必要な仮定を準備する。最適性条件が次式で与えられるような特別な構造を有しているものと仮定する。

$$F\left(U(t), z(t), t\right) = AU(t) + b\left(U(t), z(t), t\right) \tag{8.28a}$$

ただし，A は正則行列であり b は以下のリプシッツ条件を満足するようなベクトル値関数であるものとする。つまり

$$\left\|b\left(U, z, t\right) - b\left(\tilde{U}, \tilde{z}, \tilde{t}\right)\right\| \leqq c_1 \left\|U - \tilde{U}\right\| + c_2 \left\|z - \tilde{z}\right\| + c_3 \left\|t - \tilde{t}\right\| \tag{8.28b}$$

を満たす定数 c_1, c_2, c_3 が存在するものとする。さらに，z が以下のリプシッツ条件を満足するものと仮定する。つまり

$$\left\|z(t) - z(\tilde{t})\right\| \leqq c_4 \left\|t - \tilde{t}\right\| \tag{8.28c}$$

を満たす定数 c_4 が存在するものとする。さらに，以下の条件が成り立つものと仮定する。

$$c_1 \left\|A^{-1}\right\| < 1 \tag{8.28d}$$

ここで，P を以下のように定義する。

$$P\left(U, z, t\right) := A^{-1} b\left(U, z, t\right) \tag{8.29}$$

また，表記の便宜上，P^k を以下のように定義する。

$$P \circ P\left(U, z, t\right) := P\left(P(u, z, t), z, t\right) \tag{8.30a}$$

$$P^k := \underbrace{P \circ \cdots \circ P}_{k}(U, z, t) \tag{8.30b}$$

上記表記を用いて，縮小写像法における $U(t)$ の更新則が以下で与えられる。

$$U(t) = P^k\left(U(t-\Delta t), z(t), t\right) \tag{8.31}$$

ただし，k は設計パラメータであり，Δt はサンプリング周期を表し，$U(t)$ の更新は t が Δt 間隔で増加するごとに行われるものとする。

仮定 (8.28) と更新則 (8.31) の下で，$\|F\|$ の時間変化に関して以下の関係式が成り立つことが証明されている[7)]。

$$\begin{aligned}&\|F\left(U(t), z(t), t\right)\| \leqq \varepsilon\\&\quad \Rightarrow \|F\left(U(t+\Delta t), z(t+\Delta t), t+\Delta t\right)\| \leqq \varepsilon\end{aligned} \tag{8.32a}$$

$$\begin{aligned}&\|F\left(U(t), z(t), t\right)\| > \varepsilon\\&\quad \Rightarrow \|F\left(U(t+\Delta t), z(t+\Delta t), t+\Delta t\right)\| < \|F\left(U(t), z(t), t\right)\|\end{aligned} \tag{8.32b}$$

ただし，ε は以下のように定義されている定数である。

$$\varepsilon = \frac{\left(c_1 \|A^{-1}\|\right)^k}{1-\left(c_1 \|A^{-1}\|\right)^k}\left(c_2c_4 + c_3\right)\Delta t \tag{8.33}$$

式 (8.32) から，$\|F\|$ は終局有界であることがわかり，$\|F\| > \varepsilon$ である場合，$\|F\|$ は時間が進むごとに単調減少することが保証されている。また，式 (8.33) から，設計パラメータ $k \to \infty$ であるとき $\varepsilon \to 0$ であることに着目すると，反復回数 k を適切に調整することにより，計算精度と計算負荷の間でトレードオフの設計が可能であることがわかる。仮定 (8.28d) より，P が U に関する縮小写像となっているため，上記手法は縮小写像法と呼ばれる。

ここで，最適性条件 (8.26) に着目する。$A = w_3 I$, $b = \pm\alpha\hat{\lambda}_3$ と選ぶことにより，式 (8.26) は式 (8.28a) で記述されているような構造条件を満足することがわかる。また，重み係数 w_3 を大きくとることにより $\left\|A^{-1}\right\|$ が小さくなるため，十分大きな w_3 に対して，仮定 (8.28d) が満たされることがわかる。リプシッツ条件 (8.28b)～(8.28c) を事前に確認することは困難であるが，自然な物

理現象を問題にしているため，十分な精度で計算すれば各変数は十分滑らかに変動し，連続性が成り立つものと期待できる。以上の観点から，熱流体システムのモデル予測制御問題における $U(t)$ の更新則として，縮小写像法の適用が可能であることがわかる。

縮小写像法では，構造に関する仮定 (8.28a)，連続性に関する仮定 (8.28b)～(8.28c)，縮小写像に関する仮定 (8.28d) をおのおの満たす必要があった。そのため，縮小写像法は C/GMRES 法に比べて高速計算が可能であるという利点があるものの，適用できる問題のクラスが限定されるという欠点がある。ここで，仮定 (8.28) がどの程度，適用できる問題のクラスを制限しているかについて述べる。

まず，構造に関する仮定 (8.28a) について考える。一般に，最適性条件は $(\partial H/\partial u)=0$ から導かれる。構造条件 (8.28a) は，$(\partial H/\partial u)$ が少なくとも入力 u に関する 1 次の項を含むことを特徴づけている。例えば，$\dot{x}(t)=f(x(t))+g(x(t))u(t)$ という入力アフィンな非線形システムに対して，状態 x と入力 u の 2 次形式から構成される評価関数を設定した場合の標準的な最適制御問題を考える。この場合，$(\partial H/\partial u)$ は構造条件 (8.28a) を満足する形で与えられる。この例からわかるように，ハミルトン関数 H に u の 2 次形式が含まれる場合は，仮定 (8.28a) が満たされることが多い。

つぎに，リプシッツ連続性に関する仮定 (8.28b)～(8.28c) について考える。関数 b の形式によっては，大域的に定数 c_1, c_2, c_3 の存在性を保証できない可能性があるが，実用上は局所的に式 (8.28b)～(8.28c) が成り立つと仮定しても支障がないと考えられる。

最後に，仮定 (8.28d) について考える。入力の 2 次形式から構成される標準的な評価関数の設定から導かれる最適性条件においては，式 (8.28a) の A は入力の重み係数で与えられる。したがって，入力の重み係数を十分大きくとれば，$\|A^{-1}\|$ が十分小さくなり，仮定 (8.28d) が満たされると期待できる。本来，評価関数の重み係数は，望ましい応答を実現するために自由に調整可能であるべきではあるが，縮小写像法を適用する際には，その自由度が奪われる場合がある。ただし，リプシッツ定数 c_1 が十分小さいと考えられる場合は，入力の重み

係数を十分大きくとる必要性はない。

8.5 数値シミュレーション

本節では，熱流体システムに対してモデル予測制御を適用し，数値シミュレーションにより，その有効性を確認する。停留条件の数値計算で用いる流体計算としてはSMAC法[8]を適用し，最適解の更新則としては縮小写像法[7]を適用する。計算領域として$t \in [0\ 50]$と$l = 0.1$つまり$s \in [0\ 0.1]^2$を設定する。また，流体の物性パラメータとして，空気の物性値を参照にして，以下のように設定する。密度$\rho = 1.25\,\mathrm{kg/m^3}$，動粘性係数$\nu = 1.38 \times 10^{-5}\,\mathrm{m^2/s}$，熱拡散係数$\alpha = 1.91 \times 10^{-5}\,\mathrm{m^2/s}$，体膨張係数$\beta = 3.33 \times 10^{-3}\,1/\mathrm{K}$。さらに，重力加速度を$g = 9.8\,\mathrm{m^2/s}$とし，基準温度を$\gamma = 300\,\mathrm{K}$とし，目標温度を$\theta_f = 310\,\mathrm{K}$と設定する。空間の分割数を$M^2 = 30 \times 30$とし，評価区間の分割数を$N = 10$とし，評価区間の長さを表す$T$を$T = 0.1(1 - e^{-0.5t})$と設定する。また，実時間の時間刻み（サンプリング周期）を$\Delta t = 0.02\,\mathrm{s}$と設定する。評価関数の重み係数を$[w_1\ w_2\ w_3] = [10^5\ 5 \times 10^8\ 1]$とおき，縮小写像法における反復回数を$k = 1$と設定する。

上記のパラメータ設定の下，数値シミュレーションを行い，その結果を以下の図に示す。**図 8.4**と**図 8.5**はおのおの，温度θと流速vの初期状態を示している。**図 8.6**〜**図 8.17**の左列（偶数番号）は，モデル予測制御を適用した場合の温度θの時間応答を示しており，右列（奇数番号）は制御入力なし（$u = 0$）の場合の温度θの自由応答を示している。一方，**図 8.18**〜**図 8.29**の左列（偶数番号）の図は，モデル予測制御を適用した場合の流速vの時間応答を示しており，右列（奇数番号）の図は制御入力なし（$u = 0$）の場合の流速vの自由応答を示している。左右の図を比較することにより，制御がある場合とない場合での応答の違いが明らかであり，制御の効果が容易に確認できる。また，**図 8.30**〜**図 8.33**は，各制御入力の時間応答を示している。

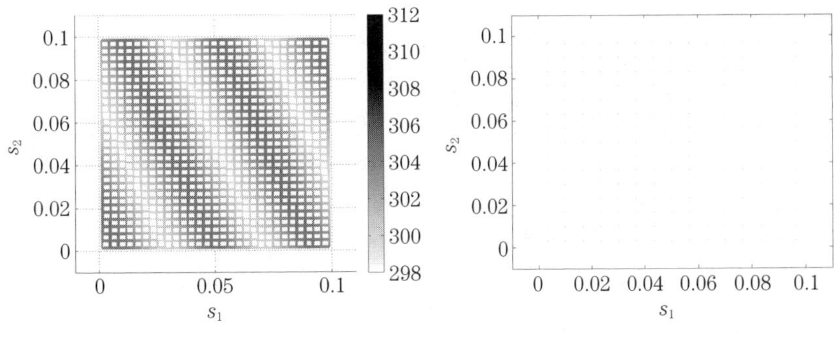

図 **8.4** 温度 θ の初期状態 $(t = 0)$

図 **8.5** 流速 v の初期状態 $(t = 0)$

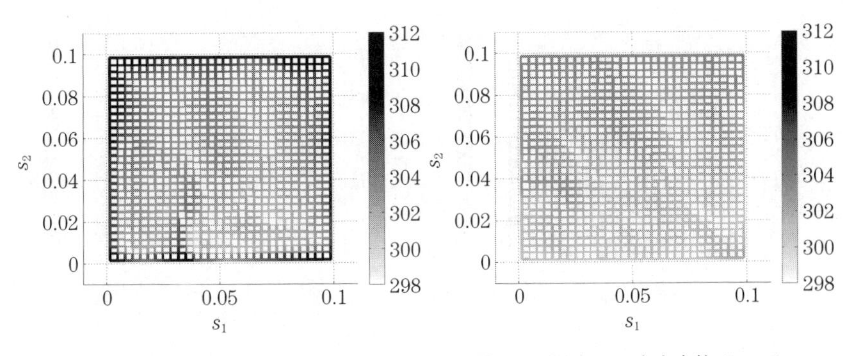

図 **8.6** 温度 θ の時間応答 $(t = 2)$

図 **8.7** 温度 θ の自由応答 $(t = 2)$

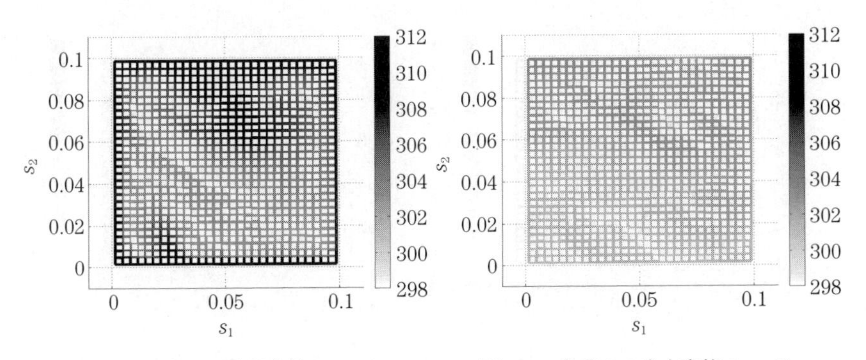

図 **8.8** 温度 θ の時間応答 $(t = 4)$

図 **8.9** 温度 θ の自由応答 $(t = 4)$

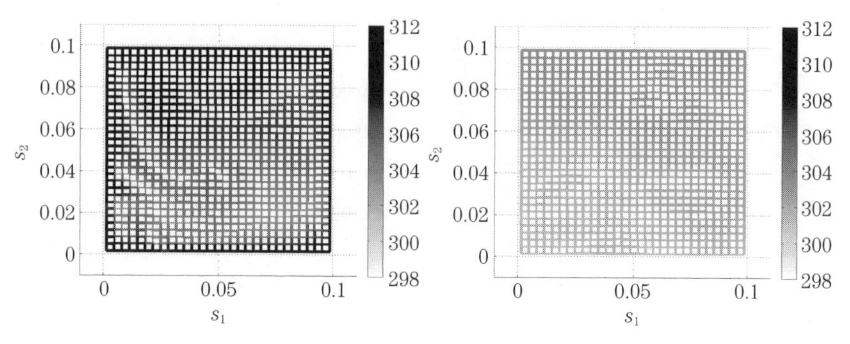

図 **8.10**　温度 θ の時間応答 ($t = 6$)

図 **8.11**　温度 θ の自由応答 ($t = 6$)

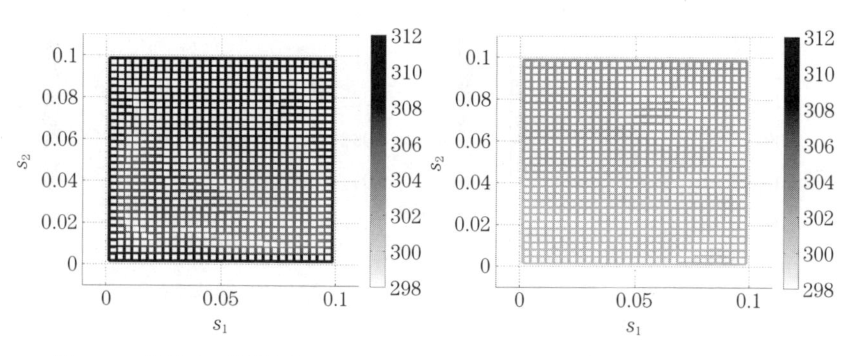

図 **8.12**　温度 θ の時間応答 ($t = 8$)

図 **8.13**　温度 θ の自由応答 ($t = 8$)

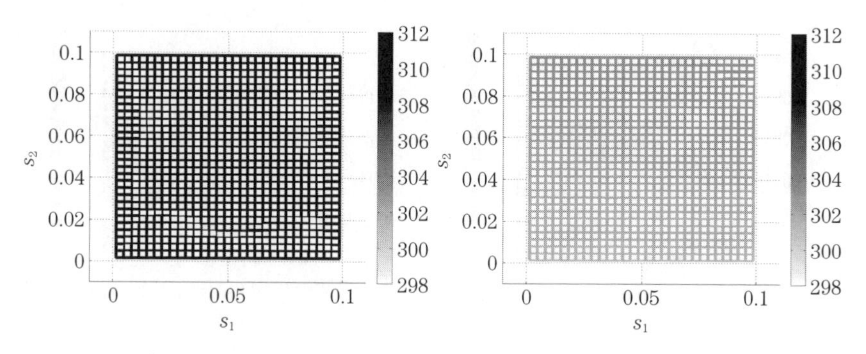

図 **8.14**　温度 θ の時間応答 ($t = 16$)

図 **8.15**　温度 θ の自由応答 ($t = 16$)

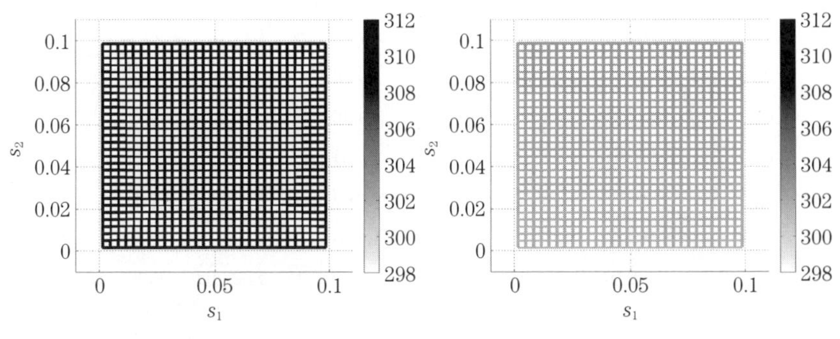

図 8.16　温度 θ の時間応答 ($t = 40$)

図 8.17　温度 θ の自由応答 ($t = 40$)

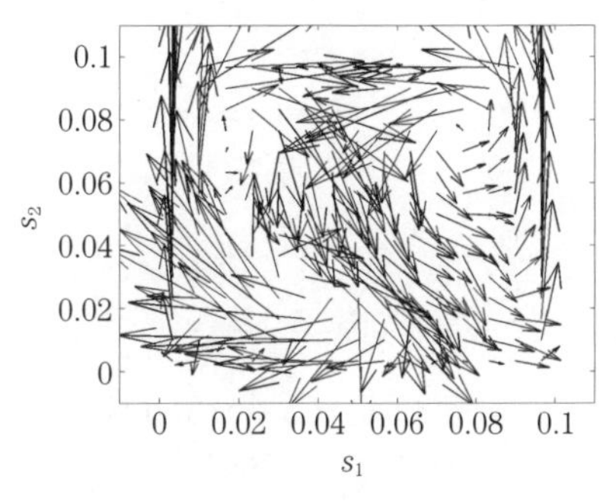

図 8.18　流速 v の時間応答 ($t = 4$)

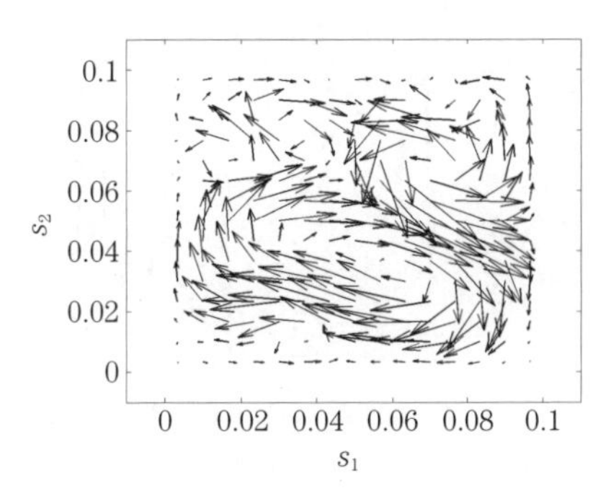

図 8.19　流速 v の自由応答 ($t = 4$)

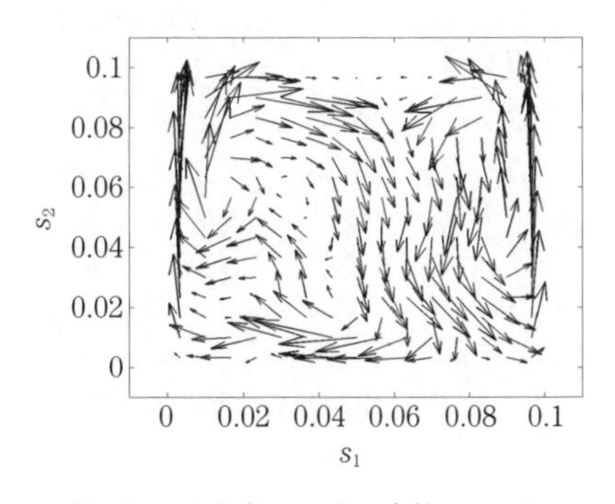

図 8.20　流速 v の時間応答 ($t = 8$)

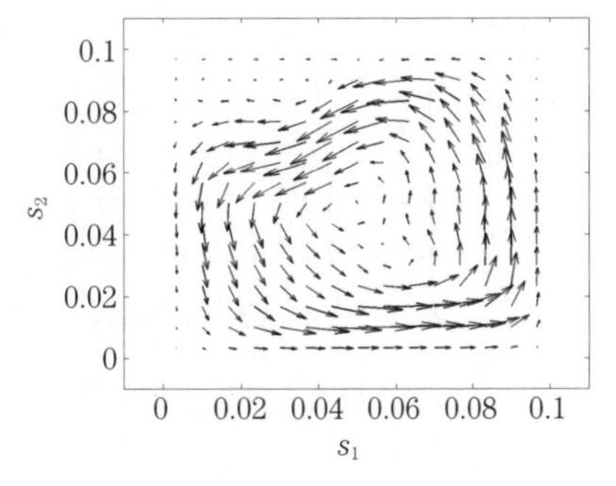

図 8.21　流速 v の自由応答 ($t = 8$)

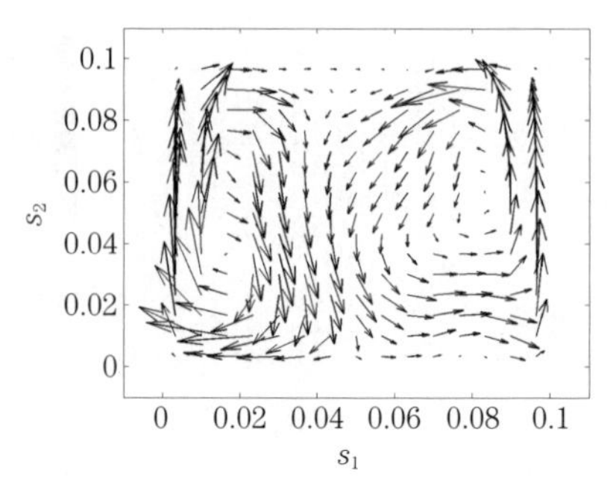

図 8.22　流速 v の時間応答 ($t=12$)

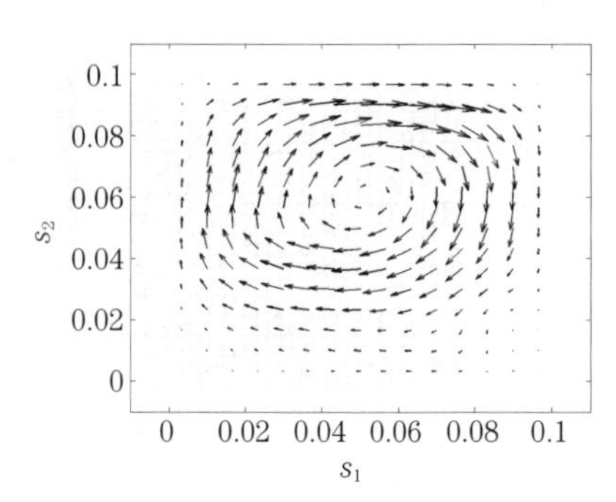

図 8.23　流速 v の自由応答 ($t=12$)

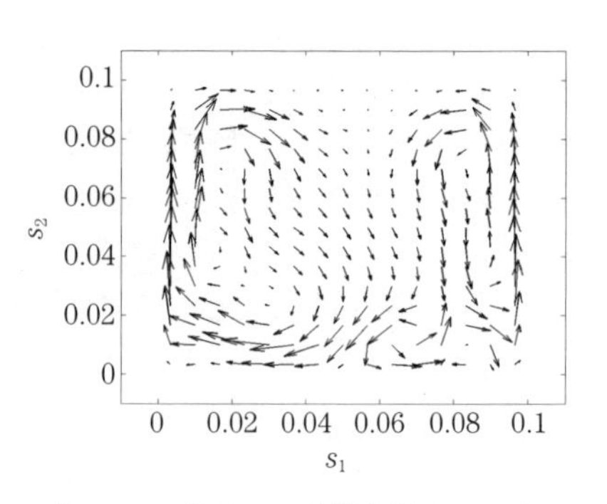

図 8.24　流速 v の時間応答 ($t=16$)

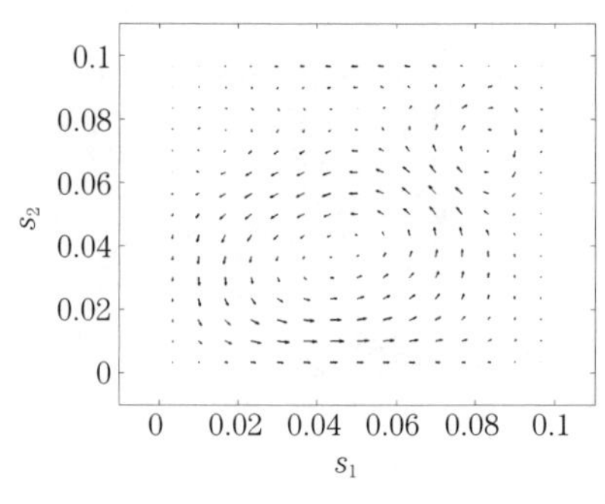

図 8.25　流速 v の自由応答 ($t=16$)

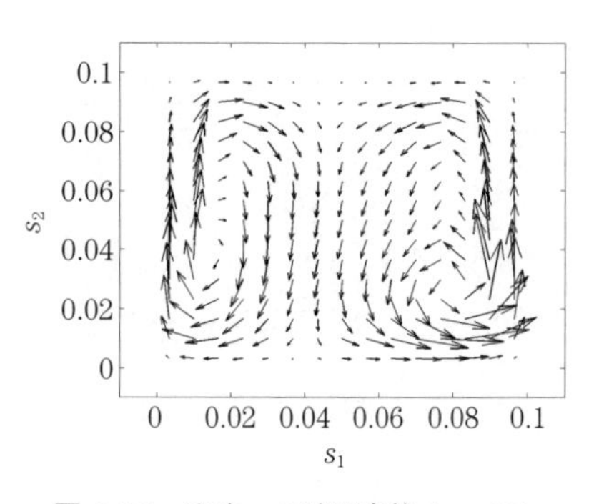

図 8.26　流速 v の時間応答 ($t=20$)

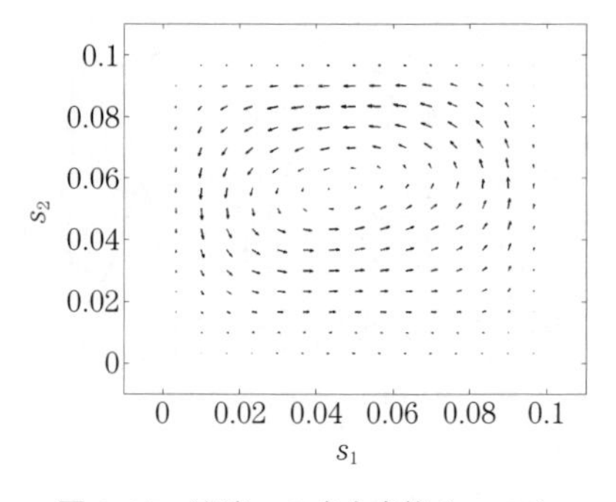

図 8.27　流速 v の自由応答 ($t=20$)

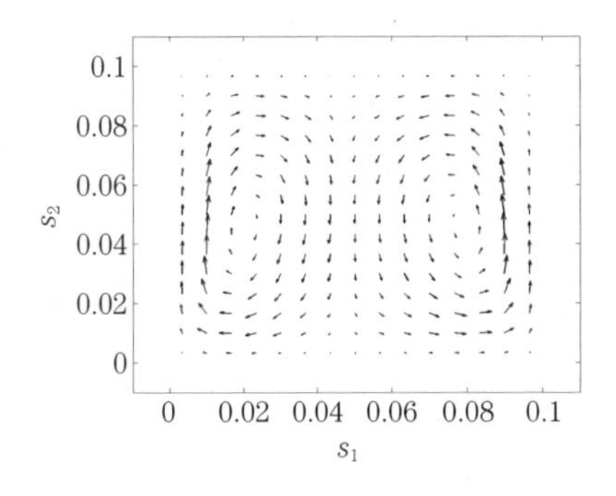

図 **8.28** 流速 v の時間応答 $(t = 40)$

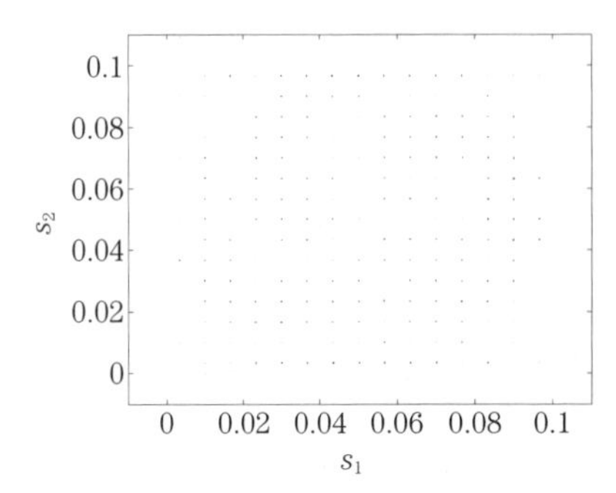

図 **8.29** 流速 v の自由応答 $(t = 40)$

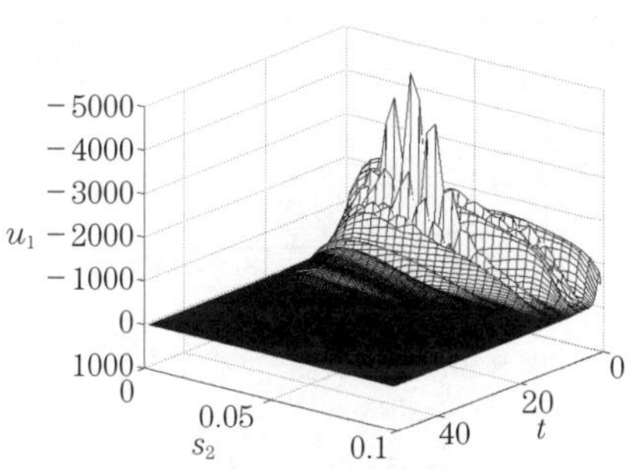

図 **8.30** 制御入力 u_1 の時間応答

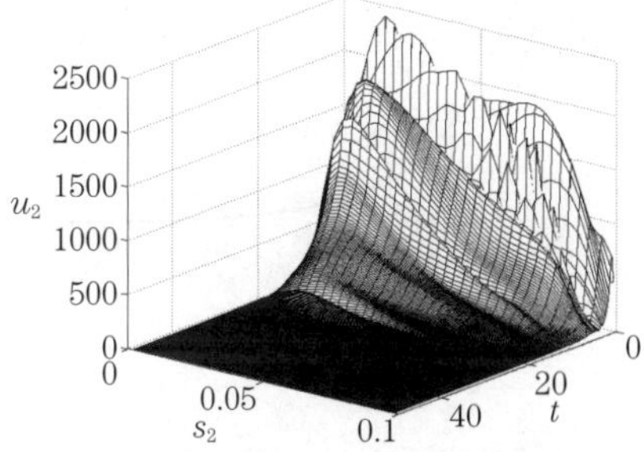

図 **8.31** 制御入力 u_2 の時間応答

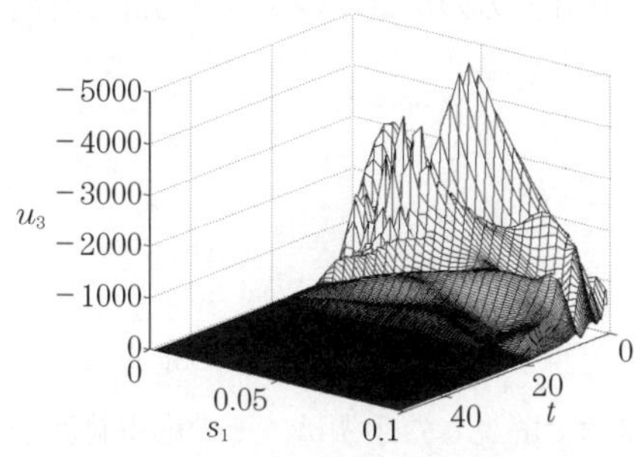

図 **8.32** 制御入力 u_3 の時間応答

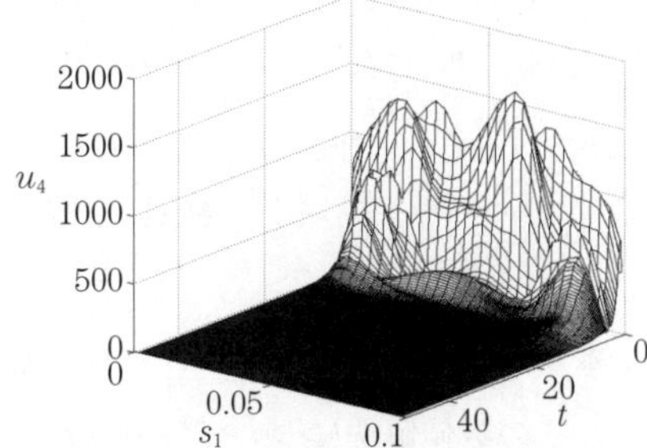

図 **8.33** 制御入力 u_4 の時間応答

図 8.34 は，目標温度との誤差の時間応答を示している。モデル予測制御を適用することにより目標誤差が 0 に収束していることが確認できる。また，**図 8.35** は，最適性誤差の指標として用いられる $\|F\|/n_F$ の時間応答を示している。ここで，$n_F = NM$ と定義されており，n_F で割ることは計算領域の分割数に対応した平均化を意味する。目標誤差と同様に，時間の経過とともに最適性誤差も 0 に収束していることが確認できる。したがって，本手法の有効性が数値シミュレーション結果により示された。

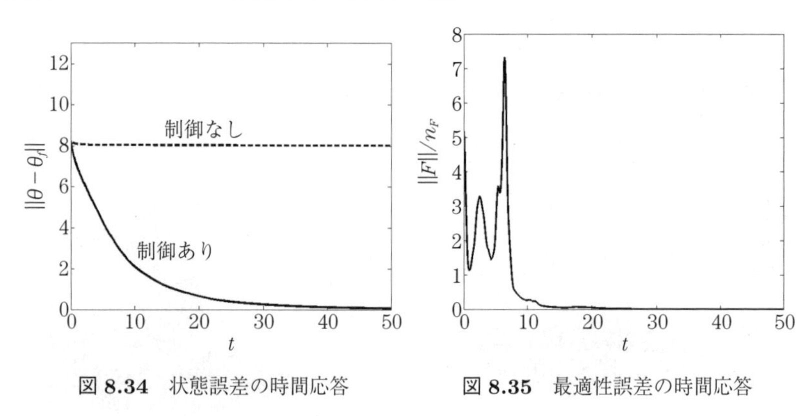

図 8.34　状態誤差の時間応答　　**図 8.35**　最適性誤差の時間応答

本数値シミュレーションのコンピュータ環境は，CPU：Core 2 Duo 2.80 GHz，メモリ：2.96 GB, OS：Windows XP, ソフトウェア：Matlab であった。その際，1 制御周期（サンプリング周期）で制御入力の決定に要する平均計算時間は 1.6 s であった。

8.6　本章のまとめ

本章では，熱流体システムに対するモデル予測制御系設計手法の定式化および，その数値解法について解説した。本章で解説した手法は，その応用範囲が熱流体システムに限定されているわけではなく，偏微分方程式で記述される他のさまざまなシステムへの応用が可能である。評価関数を適切に設定することにより，さまざまな問題設定に応じて系統的な制御系設計が可能であるという点がモデル予測制御手法の魅力である。しかしながら，熱流体システムのような大規模複雑システムを制御対象とする場合，最適化計算に要する計算負荷の増大は避けられない問題点である。大規模複雑システムに対する実時間最適化に向けたアルゴリズムの改良は今後の課題である。

引用・参考文献

1) J. H. Ferziger and M. Perić：Computational Methods for Fluid Dynamics, Springer (2002)

2) T. Hashimoto, Y. Yoshioka and T. Ohtsuka：Receding Horizon Control with Numerical Solution for Spatiotemporal Dynamic Systems, Proceedings of the 51th IEEE Conference on Decision and Control, pp. 2920～2925 (2012)

3) T. Hashimoto, Y. Yoshioka and T. Ohtsuka：Receding Horizon Control for Hot Strip Mill Cooling Systems, IEEE/ASME Transactions on Mechatronics, Vol. 18, No. 3, pp. 998～1005 (2013)

4) 大塚敏之：非線形最適制御入門（システム制御工学シリーズ），コロナ社 (2011)

5) J. Nocedal and S. J. Wright：Numerical Optimization, Springer (2006)

6) S. L. Richter and R. A. DeCarlo：Continuation Methods: Theory and Applications, IEEE Transactions on Automatic Control, Vol. AC-28, No. 6, pp. 660～665 (1983)

7) T. Hashimoto, Y. Yoshioka and T. Ohtsuka：Receding Horizon Control with Numerical Solution for Nonlinear Parabolic Partial Differential Equations, IEEE Transactions on Automatic Control, Vol. 58, No. 3, pp. 725～730 (2013)

8) 桑原邦郎，河村哲也：流体計算と差分法，朝倉書店 (2005)

9) 石岡圭一：スペクトル法による数値計算入門，東京大学出版会 (2004)

10) T. J. Chung：Computational Fluid Dynamics, Cambridge University Press (2010)

11) T. Ohtsuka：A Continuation/GMRES Method for Fast Computation of Nonlinear Receding Horizon Control, Automatica, Vol. 40, No. 4, pp. 563～574 (2004)

12) C. T. Kelley：Iterative Methods for Linear and Nonlinear Equations, SIAM (1995)

9 他の応用と展開

9.1 本章の概要

前章までで述べた以外にも，実時間最適化による制御は，さまざまな問題に応用されており，コンピュータや数値計算アルゴリズムの進歩とともに現在も適用対象が拡がりつつある。本章では，ここまでで詳しく述べられなかった応用事例を概観する。また，実時間最適化アルゴリズムの改良や，制御以外への応用も活発に研究されており，そのような研究動向についても簡単にまとめる。

9.2 さまざまな応用

9.2.1 非線形機械システム

モデル予測制御は，もともとサンプリング周期の長いプロセス制御の分野で，線形モデルを仮定した手法が普及してきたが，1990 年代からミリ秒単位のサンプリング周期を持つ機械システムへの応用を目指した研究が始まった。例えば，初期の実装事例として二輪移動ロボットの位置姿勢制御[1)]がある。そこでは，本書で扱ったものとは異なる実時間最適化アルゴリズムがクロック周波数 16 MHz の 32 ビット CPU 386 を持つパーソナルコンピュータにサンプリング周期 33 ms で実装され，実時間でのフィードバック制御に成功している。その後，ホバークラフト模型の位置姿勢制御実験[2)]において，AMD Athlon 900 MHz CPU を持つコンピュータに C/GMRES 法が 8.3 ms のサンプリング周期で実装されている。ただし，サンプリング周期はセンサとして用いたCCDカメラのフレームレートによるもので，制御入力更新1回に必要な実際の計算時間は1.5 msのみである。また，ON/OFFの離散値しか取れない制御入力の最適化問題を，不等式拘束条件付き最適化問題で近似している。そのほか，非線形機械システムへの適用事例として，飛行船の制御実験[3),4)]，テザー衛星の回収制御シミュレーション[5)]，ヘリコプター編隊飛行制御のシミュレーション[6)]，自動車の衝突回避制御シミュレーション[7)]，アーム型倒立振子の振り上げ制御シミュレーション[8)]，独立操舵駆動車両の軌道追従制御シミュレーション[9)]，小規模飛行実験機の水平面内誘導実験[10)]などがある。

9.2.2 複雑な非線形システム

より複雑な非線形システムへの応用に関しても，数値シミュレーションが中心ではあるものの，さまざまな分野への適用が検討されている。例えば，鉄鋼プロセスで鋼板の厚さを精密に仕上げる冷間圧延と呼ばれる工程があり，従来は板を流す速度（圧延速度）一定を仮定した線形モデルに基づく制御が行われてきた。しかし，加減速などの非定常部を含めた高精度制御を実現するには，圧延速度に依存する非線形性を正確に考慮したモデルに基づいて制御を行う必要がある。そこで，冷間圧延の非線形モデルを構築し，非線形モデル予測制御を適用するシミュレーション検討がなされている[11)]。鋼板を圧延するロールと呼ばれる装置に着目すると，ロール間隙とその速度，鋼板に働く張力およびロール回転速度を状態変数に持ち板厚を出力とする4次元の状態方程式が得られるが，そこに含まれる関数は，きわめて複雑なものとなる。実際，何の工夫もせずに自動コード生成を行おうとすると，数式処理の際にメモリ不足が起きて失敗するほどである。また，出力である板厚も非常に複雑な関数となるため，板厚と目標板厚の差を評価関数として用いると，オイラー・ラグランジュ方程式もきわめて複雑となり，計算量が増えてしまう。そこで，目標板厚から目標状態を求めて，状態と目標状態の差によって評価関数を構成した。この問題に対して，Pentium 4 CPU（3.0 GHz）を持つコンピュータでC/GMRES法を実行すると，11 ms ほどの計算時間で制御入力の更新が行えた。シミュレーションのサンプリング周期が 1 ms なので，実時間での実装を実現するには，モデルの簡単化やアルゴリズムの改良を行うか，コンピュータの性能向上を待つ必要がある。しかし，モデルの複雑さを考えると，一昔前では考えられないほどの高速計算が実現できている。

他の検討例としては，欧州原子核研究機構（CERN）が建設した大型ハドロン衝突型加速器（LHC）における超伝導電磁石冷却装置の温度制御がある[12]。この冷却装置には超流動状態のヘリウムが使われており，熱交換器の中を流れながら気化するため，温度の挙動は非線形偏微分方程式で表される。そして，それに離散近似や簡単化を施しても，複雑な非線形システムとなる。また，制御入力の拘束条件のほか，温度は目標値を下回ってもよいが上回ることは望ましくない，という制御目的の非対称性がある。そこで，モデル予測制御の評価関数では，温度の超過に強くペナルティを課す非対称な関数を用いている。シミュレーションでは，2.4 GHz CPU のコンピュータで制御入力更新 1 回にかかる計算時間が 0.6 s であり，サンプリング周期 30 s に対して十分短い。したがって，より複雑なモデルや問題設定でも実時間での実装が可能だと考えられる。

9.2.3　大規模な非線形システム

大規模な非線形システムの例としては，8 章の熱流体システムがあるほか，確率密度関数の制御[13]がある。その動機は，工業製品の製造プロセスにおける品質のばらつきを状態の確率密度関数として表し，その平均と分散（標準偏差）を目標値に近づけるよう制御してばらつきを抑制するという着想である。考えるシステムは確定的であるとするが，前工程までの不確かさによって，初期状態がある確率密度関数に従って分布し，その分布がシステムのダイナミクスに従って時間発展していくものとする。そして，真の状態は計測できないものの，初期状態の確率密度関数はなんらかの統計的手法で得られるものとする。このとき，確率密度関数のダイナミクスは，**コルモゴロフの前向き方程式**（Kolmogorov's forward equation）[14] と呼ばれる偏微分方程式によって記述される。この偏微分方程式は元のシステムの状態方程式によって決まり，その中に元のシステムに対する制御入力が現れる。したがって，有限次元の制御入力によって無限次元の確率密度関数を制御する問題となる。元のシステムが有限次元確定システムであっても，制御対象は，初期状態の不確かさを反映した無限次元の確率密度関数となる。評価関数は，確率密度関数の平均と分散それぞれの目標値からのずれと制御入力の大きさとの重み付き和を時間積分したもので与える。

コルモゴロフの前向き方程式を拘束条件として評価関数を最小化するための必要条件（停留条件）は，変分法によって導くことができ，随伴変数の偏微分方程式が得られる。停留条件は，非線形偏微分方程式の2点境界値問題となり，有限次元の場合のオイラー・ラグランジュ方程式に相当する。停留条件を空間的に離散近似すれば，有限次元の2点境界値問題が得られ，それにC/GMRES法を適用することができる。ただし，偏微分方程式を離散近似した2点境界値問題の次元は，元のシステムの次元に対して指数関数的に増えるので，高い次元のシステムでは計算量が膨大になってしまう。そこで，確率密度関数を多数の実現値（粒子）で**モンテカルロ近似**（Monte Carlo approximation）し，粒子の平均と分散を制御することが考えられる。この場合，元のシステムの状態方程式を粒子の個数だけ考えて，共通の制御入力を持つ一つのシステムと見なして最適制御問題を定式化すればよい。また，確率密度関数のフィードバック制御を行うのであれば，多数の粒子に対する実時間最適化によってモデル予測制御を行うことが考えられる。そのような制御手法を**粒子モデル予測制御**（particle model predictive control，PMPC）という。

粒子モデル予測制御の応用検討として，鉄鋼プロセスにおける鋼板の冷却制御[15]がある。水流による冷却に際して，開始時の内部温度分布に不確かさがあるとして，冷却終了時の平均温度を所定の値に近づけつつ，そのばらつきも抑制する問題である。鋼板内の温度分布自体が偏微分方程式で記述され，さらにその確率密度関数を考えるので，離散近似したとしてもきわめて大規模な問題となり，モンテカルロ近似が特に有効である。それでもなお，冷却全体にわたる水量の時間履歴を最適化するのは困難であり，勾配法による解の更新が最適とはいいがたい解で実質的に止まってしまう。一方，水量の時間履歴をモデル予測制御によって最適化することで，一定水量による冷却と比較して温度のばらつきを抑えることができた。実時間での最適化はできていないものの，オフラインの最適化手法としてもモデル予測制御が有用であることを示している。

9.3　実時間最適化の展開

9.3.1　アルゴリズムの改良

応用と並行して，アルゴリズムや制御手法の展開も進んでいる。前章までで述べたいくつかの工夫以外にも，例えば，2章で説明したアルゴリズムC/GMRES法の精度を向上させるために，状態と随伴変数の系列も制御入力の系列と同様の未知変数として扱うアルゴリズムが提案されている[16)]。そこでは，状態と随伴変数の系列を制御入力の系列から計算するのではなく，状態と随伴変数の方程式も含めて離散時間2点境界値問題全体を一つの代数方程式と見なす。未知変数が増えるのに伴い，解くべき代数方程式のサイズが増えるが，状態と随伴変数の自由度が増えることにより，代数方程式全体の誤差が減少する可能性がある(ただし，理論的に保証できるわけではない)。さらに，連続変形法において解くべき連立1次方程式のサイズは，未知変数間の代数関係を使う **condensing** という手法により，元のC/GMRES法の場合と同じかそれより小さくできる。

また，実際にフィードバック制御を行う前には数値シミュレーションも行うことが普通なので，ある程度初期状態が限定される場合に，オフラインでのシミュレーション結果を利用して実時間の計算量を減らす手法も検討されている[17)]。最適制御問題の数値解法では，評価区間を一定の時間刻みで離散化した制御入力の系列を未知変数とする場合が多いが，精度を上げるために時間刻みを細かくすると未知変数の数が増えて計算量も増えてしまう。そこで，時間刻みによらず未知変数の数を減らすために，制御入力の時間履歴を少ない個数の基底関数で表し，それらの係数を各時刻で最適化することが考えられる。これは制御入力に対する線形変換であり，元の最適制御問題と同様の停留条件を導いてC/GMRES

法を適用することができる。基底関数を選ぶには，まず，元の制御入力系列 $U(t)$ を最適化したシミュレーションを行い，制御入力の成分ごとに，得られた系列を全時刻分並べた行列を**特異値分解**（singular value decomposition）する。例えば，評価区間の時間軸方向を列に，実時間の時間軸方向を行にとる。十分小さい特異値を 0 で置き換えても元の行列を精度良く近似できるので，大きい特異値に対応する右特異ベクトルを選べば，制御入力の評価区間上の時間履歴への寄与が大きい基底が得られる。基底の個数を調節することで，計算精度と計算量のトレードオフが行える。

9.3.2　問題設定の拡張

本書で扱ったのは，主として，有限時間未来までの応答を最適化するモデル予測制御を状態フィードバックによって実現する手法である。実際のフィードバック制御では，それ以外にもさまざまな状況があり得るので，問題設定に応じた実時間最適化手法を検討することも重要である。例えば，有限評価区間ではなく，無限評価区間を扱う試みとして，評価区間の時間軸を変換する方法が提案されている[18]。無限評価区間の問題が必ず解けるという保証はないが，数値例では十分よい近似ができている。

また，モデル予測制御における評価関数の調整を見通し良くするため，状態フィードバックによる**入出力線形化**（input-output linearization）[19] に基づいて構成した評価関数を利用することも提案されている[20]。ただし，必ずしも入出力線形化されたシステムが，理想的な応答を示すとは限らない。そこで，目標状態近傍で線形化されたシステムに対して，逆最適性に基づく LQ 制御設計手法である **ILQ 設計法**（ILQ design method）[21] を適用し，その結果，得られた LQ 制御の重み行列とリッカチ代数方程式の解によってモデル予測制御における評価関数の重み行列を与えることも提案されている[22]。ILQ 設計法では，最適性を保証しつつ，わずかなパラメータで状態の応答と制御入力の大きさとのトレードオフを行うことができる。たとえ線形化モデルを使ってモデル予測制御の重みを決定したとしても，実際のパラメータ調整は非線形モデルのシミュレーションによって行えばよい。

実際のシステムには，未知外乱が加わったり，未知パラメータが含まれたりする場合も多い。特に，一定値外乱やパラメータ誤差による制御量の定常偏差を抑制するのはフィードバック制御の重要な役割である。モデル予測制御の場合，評価関数で設定した目標状態と参照入力が実際のシステムの平衡状態と異なると定常偏差が生じてしまう。偏差の時間積分値を状態変数に追加することでモデル予測制御に積分動作を付加することも考えられるが，過渡応答が劣化してしまうことがある。そこで，未知外乱を**外乱オブザーバ**（disturbance observer）で推定し，その推定値に応じて目標状態を修正することで定常偏差を抑制する手法が提案されている[23]。さらに，システムの未知パラメータを推定しつつモデル予測制御を行う適応制御手法も提案されている[24]。この手法のポイントは，パラメータ推定値の更新則を I&I 適応制御手法[25] によって導く際，状態フィードバック制御則の関数が陽に求められていなくてもよい，という事実にある。したがって，制御入力を実時間最適化によって数値的に計算しても，パラメータ更新則と組み合わせて全体として**適応モデル予測制御**（adaptive model predictive control）が実現できる。

最適制御を拡張した問題設定として，評価関数を小さくしようとする制御入力に加えて，評価関数を大きくして制御目的を妨害しようとする制御入力を考える**微分ゲーム問題**（differential game problem）がある。微分ゲーム問題における制御入力は，利害の相反する 2 人のプレーヤがそれぞれ選ぶ行動と見なすことができる。各プレーヤは，相手が自分にとって最も都合の悪い行動を取ったときの評価関数を最適化することになる。例えば，自動車や飛行機の**追跡回避問題**（pursuit evasion problem）では，追跡者が回避者との距離を最小化しようとし，回避者は逆に距離を最大化しようとする。微分ゲーム問題の解（ゲーム最適解）が満たすべき必要条件は最適制御問題の停留条件と本質的に同じであり，停留条件を解くアルゴリズムがそのまま適用できる。制御を邪魔する相手がいる状況で合理的な行動をフィードバック制御によって実現する方法として，各時刻で有限時間未来までの微分ゲーム問題を解いて制御入力を決定することが考えられる。このような問題を**receding horizon 微分ゲーム問題**（receding horizon differential game problem）といい，自動車の追跡回避問題への適用検討がなされている[26]。より一般には，複数のプレーヤがそれぞれの評価関数を最適化する微分ゲーム問題も考えられ，**ナッシュ微分ゲーム問題**（Nash differential game problem）と呼ばれる。いずれのプレーヤも，自分の行動を変えることで自分の評価関数を減らすことができない状況を**ナッシュ均衡**（Nash equilibrium）という。ナッシュ微分ゲームに対するナッシュ均衡の必要条件は，最適制御問題の停留条件を拡張した形式になる。複数の評価関数を考えるため，ハミルトン関数や随伴変数がプレーヤごとに定義される点がおもな違いである。各時刻で有限時間未来までのナッシュ微分ゲームを解いて制御入力を決定する**receding horizon ナッシュ微分ゲーム問題**（receding horizon Nash differential game problem）も考えることができ，モデル予測制御と同様のアルゴリズムが適用できる[27]。

制御以外で重要な実時間最適化の応用として，**状態推定**（state estimation）がある。線形システムの状態推定は**カルマンフィルタ**（Kalman filter）や**オブザーバ**（observer）によって実現できるが，非線形システムの状態推定は一般に困難である[28),29]。状態推定は，システムのモデルと観測された出力とが最も整合するように未知の状態を決める問題ととらえることができる。システムに加わる未知の外乱と雑音とがモデルと観測データとのずれに相当すると考えれば，状態推定問題は，状態方程式および観測方程式の拘束の下で，未知の外乱と雑音とを最小化する最適化問題に帰着できる。継続的な状態推定を行うために，つねに有限時間過去から現在までの状態推定問題を解いて現在時刻の状態推定値を決定することが考えられ，そのような推定方法を**moving horizon 推定**（moving horizon estimation，**MHE**）という。モデル予測制御が有限時間未来までの応答を最適化するのに対して，MHE は評価区間が時間反転されている。状態推定問題の停留条件は，やはり変分法で導くことができ，MHE にもモデル予測制御と同様の実時間最適化アルゴリズムが適用できる[30)~32]。また，全体の最適性や安定性は保証されないものの，MHE とモデル予測制御を組み合わせることで，出力フィードバック制御や適応フィードバック制御も実現できる[33),34)]。

9.4　本章のまとめ

本章では，モデル予測制御の応用事例に関する補足と，実時間最適化アルゴリズムの改良や制御以外への応用について述べた。アルゴリズムとコンピュータの進歩が両輪となって，実時間最適化の適用範囲がますます拡がっていくことは確実である。システムが複雑になるにつれて，計算量だけでなく，状態方程式をどのように構築するかというモデリングの難しさや，制御目的をどのように評価関数として表現するかといった問題も重要になってくる。今までにないシステムを実現するためには，さまざまな分野の連携とともに，既存の枠組みにとらわれない発想がますます重要になってくると考えられる。

引用・参考文献

1）T. Ohtsuka and H. A. Fujii：Real-Time Optimization Algorithm for Nonlinear Receding-Horizon Control, Automatica, Vol. 33, No. 6, pp. 1147～1154 (1997)

2）H. Seguchi and T. Ohtsuka：Nonlinear Receding Horizon Control of an Underactuated Hovercraft, International Journal of Robust and Nonlinear Control, Vol. 13, No. 3–4, pp. 381～398 (2003)

3）Y. Kawai, H. Hirano, T. Azuma and M. Fujita：Visual Feedback Control of an Unmanned Planar Blimp System with Self-scheduling Parameter via Receding Horizon Control, Proceedings of the 2004 IEEE International Conference on Control Applications, pp. 1603～1608 (2004)

4）T. Murao, H. Kawai and M. Fujita：Visual Motion Observer-based Stabilizing Receding Horizon Control via Image Space Navigation Function, Proceedings of the 19th IEEE International Conference on Control Applications, pp. 1648～1653 (2010)

5) M. Okazaki and T. Ohtsuka：Switching Control for Guaranteeing the Safety of a Tethered Satellite, Journal of Guidance, Control, and Dynamics, Vol. 29, No. 4, pp. 822～830 (2006)

6) M. Saffarian and F. Fahimi：Non-Iterative Nonlinear Model Predictive Approach Applied to the Control of Helicopters' Group Formation, Robotics and Autonomous Systems, Vol. 57, No. 6–7, pp. 749～757 (2009)

7) M. Nanao and T. Ohtsuka：Vehicle Dynamics Control for Collision Avoidance Considering Physical Limitations, Proceedings of SICE Annual Conference 2011, pp. 688～693 (2011)

8) 大塚敏之：モデル予測制御，システム/制御/情報，Vol. 56, No. 6, pp. 310～312 (2012)

9) 萩森夕紀，野中謙一郎，関口和真：操舵角速度に可変重みを用いたモデル予測車両制御，第 58 回システム制御情報学会研究発表講演会講演論文集 [CD-ROM], 343-4 (2014)

10) 濱田吉郎，塚本太郎，石本真二：モデル予測制御による小規模飛行実験機の水平面内誘導—直線軌道追従ケースでの飛行試験結果—，計測自動制御学会論文集，Vol. 50, No. 3, pp. 235～244 (2014)

11) 尾崎昂平，大塚敏之，藤本健治，北村 章，中山万希志：板速可変な冷間圧延機における板厚と張力の非線形 Receding Horizon 制御，鉄と鋼，Vol. 96, No. 7, pp. 459～467 (2010)

12) R. Noga, T. Ohtsuka, C. de Prada, E. Blanco and J. Casas：Simulation Study on Application of Nonlinear Model Predictive Control to the Superfluid Helium Cryogenic Circuit, Reprints of the 18th IFAC World Congress, pp. 3647～3652 (2011)

13) K. Ohsumi and T. Ohtsuka：Particle Model Predictive Control for Probability Density Functions, Reprints of the 18th IFAC World Congress, pp. 7993～7998 (2011)

14) A. H. Jazwinski：Stochastic Processes and Filtering Theory, Dover (2007)

15) 大角洸平，大塚敏之，平田光男，塩谷政典：粒子モデル予測制御による鋼板温度のばらつき制御，鉄と鋼，Vol. 99, No. 4, pp. 275～282 (2013)

16) Y. Shimizu, T. Ohtsuka and M. Diehl：A Real-Time Algorithm for Nonlinear Receding Horizon Control Using Multiple Shooting and Continuation/Krylov Method, International Journal of Robust and Nonlinear Control, Vol. 19, No. 8, pp. 919～936 (2009)

17) 赤山慶太，大塚敏之：オフラインでの特異値分解に基づく拘束条件付き非線形 Receding Horizon 制御の実時間アルゴリズム，システム制御情報学会論文誌，Vol. 25, No. 5, pp. 126～133 (2012)

18) J. Marutani and T. Ohtsuka：A Real-Time Algorithm for Nonlinear Infinite Horizon Optimal Control by Time Axis Transformation Method, International Journal of Robust and Nonlinear Control, Vol. 23, No. 17, pp. 1955～1971 (2013)

19) H. J. Marquez：Nonlinear Control Systems, Wiley Interscience (2003)

20) T. Ohtsuka and K. Ozaki：Practical Issues in Nonlinear Model Predictive Control: Real-Time Optimization and Systematic Tuning, in L. Magni, D. M. Raimondo, F. Allgöwer (Eds.), Nonlinear Model Predictive Control: Towards New Challenging Applications, Lecture Notes in Control and Information Sciences, Vol. 384, Springer, pp. 447～460 (2009)

21) T. Fujii：A New Approach to the LQ Design from the Viewpoint of the Inverse Regulator Problem, IEEE Transactions on Automatic Control, Vol. 32, No. 11, pp. 995～1004 (1987)

22) F. Tahir and T. Ohtsuka：Tuning of Performance Index in Nonlinear Model Predictive Control by the Inverse Linear Quadratic Regulator Design Method, SICE Journal of Control, Measurement, and System Integration, Vol. 6, No. 6, pp. 387～395 (2013)

23) 櫻井優太，大塚敏之：外乱推定による連続時間モデル予測制御のオフセット補償，システム制御情報学会論文誌，Vol. 25, No. 7, pp. 172～180 (2012)

24) N. Fujii and T. Ohtsuka：Nonlinear Adaptive Model Predictive Control via Immersion and Invariance Stabilizability, システム制御情報学会論文誌，Vol. 25, No. 10, pp. 281～288 (2012)

25) A. Astolfi, D. Karagiannis and R. Ortega：Nonlinear and Adaptive Control with Applications, Springer-Verlag (2008)

26) 大塚敏之，石谷雅宏：非線形四輪車両モデルの Receding-Horizon 微分ゲーム，日本機械学会論文集（C 編），Vol. 66, No. 652, pp. 3962～3969 (2000)

27) Y. Azuma and T. Ohtsuka：Receding Horizon Nash Game Approach for Distributed Nonlinear Control, Proceedings of SICE Annual Conference 2011, pp. 380～384 (2011)

28) 片山　徹：新版 応用カルマンフィルタ，朝倉書店 (2000)

29) 片山　徹：非線形カルマンフィルタ，朝倉書店 (2011)

30) T. Ohtsuka and H. A. Fujii : Nonlinear Receding-Horizon State Estimation by Real-Time Optimization Technique, Journal of Guidance, Control, and Dynamics, Vol. 19, No. 4, pp. 863～870 (1996)

31) T. Ohtsuka : Nonlinear Receding-Horizon State Estimation with Unknown Disturbances, 計測自動制御学会論文集, Vol. 35, No. 10, pp. 1253～1260 (1999)

32) Y. Soneda and T. Ohtsuka : Nonlinear Moving Horizon State Estimation with Continuation/Generalized Minimum Residual Method, Journal of Guidance, Control, and Dynamics, Vol. 28, No. 5, pp. 878～884 (2005)

33) T. Ohtsuka and K. Ohata : Hardware Experiment of Nonlinear Output Feedback Control with Real-Time Optimization Algorithm, in Y. Miyake (Ed.), Theoretical and Applied Mechanics, Vol. 48, Hokusen-sha, pp. 219～224 (1999)

34) T. Ohtsuka and K. Ohata : Hardware Experiment of Nonlinear Receding Horizon Adaptive Control, Proceedings of the 38th IEEE Conference on Decision and Control, pp. 1232～1233 (1999)

索　　引

―― 編著者・著者略歴および執筆分担(執筆順) ――

大塚(おおつか)　敏之(としゆき)（1 章，2 章，9 章）

1990 年　東京都立科学技術大学工学部航空宇宙システム工学科卒業
1992 年　東京都立科学技術大学大学院工学研究科修士課程修了（力学系システム工学専攻）
1995 年　東京都立科学技術大学大学院工学研究科博士課程修了（工学システム専攻）
　　　　　博士（工学）
1995 年　筑波大学講師
1999 年　大阪大学講師
2003 年　大阪大学助教授
2007 年　大阪大学教授
2013 年　京都大学教授
　　　　　現在に至る

浜松(はままつ)　正典(まさのり)（3 章）

1991 年　大阪大学基礎工学部制御工学科卒業
1991 年　川崎重工業株式会社勤務
　　　　　現在に至る

永塚(ながつか)　満(みつる)（4 章）

1995 年　早稲田大学理工学部電気工学科卒業
1997 年　早稲田大学大学院理工学研究科修士課程修了（電気工学専攻）
1997 年　川崎重工業株式会社勤務
　　　　　現在に至る

川邊(かわべ)　武俊(たけとし)（5 章）

1982 年　早稲田大学理工学部応用物理学科卒業
1984 年　早稲田大学大学院理工学研究科修士課程修了（物理学及応用物理学専攻）
1984 年　日産自動車株式会社勤務
1994 年　工学博士（東京大学）
2005 年　九州大学大学院教授
　　　　　現在に至る

向井(むかい)　正和(まさかず)（5 章）

2000 年　金沢大学工学部電気・情報工学科卒業
2002 年　金沢大学大学院自然科学研究科博士前期課程修了（電子情報システム専攻）
2005 年　金沢大学大学院自然科学研究科博士後期課程修了（機能開発科学専攻）
　　　　　博士（工学）
2005 年　九州大学助手
2007 年　九州大学助教
2014 年　工学院大学准教授
　　　　　現在に至る

Md. Abdus Samad Kamal(モハマド アブドス サマド カマル)（5 章）

1997 年　バングラデシュ・クルナ工業大学電気電子工学科卒業
2003 年　九州大学大学院システム情報工学修士課程修了（電気電子システム工学専攻）
2006 年　九州大学大学院システム情報工学博士課程修了（電気電子システム工学専攻）
　　　　　博士（学術）
2006 年　マレーシア・国際イスラム大学助教授
2008 年　（財）福岡県産業科学技術振興財団研究員
2011 年　科学技術振興機構・東京大学生産技術研究所研究員
2014 年　株式会社豊田中央研究所客員研究員
2016 年　マレーシア・モナシュ大学講師
2019 年　群馬大学准教授
　　　　　現在に至る

西羅（にしら） **光**（ひかる）（6 章）

1997 年　東京大学工学部計数工学科卒業
1999 年　東京大学大学院工学系研究科修士課程修了（計数工学専攻）
1999 年　日産自動車株式会社勤務
2012 年　日産自動車株式会社総合研究所モビリティ・サービス研究所主任研究員
2018 年　Nissan Technical Center North America 株式会社出向
　　　　現在に至る

山北（やまきた） **昌毅**（まさき）（7 章）

1984 年　東京工業大学工学部制御工学科卒業
1986 年　東京工業大学大学院理工学研究科修士課程修了（制御工学専攻）
1989 年　東京工業大学大学院理工学研究科博士課程修了（制御工学専攻）
　　　　工学博士
1989 年　東京工業大学助手
1993 年　豊橋技術科学大学講師
1995 年　東京工業大学助教授
2000 年　東京工業大学大学院助教授
2007 年　東京工業大学大学院准教授
　　　　現在に至る

李（い） **俊黙**（じゅんむく）（7 章）

2004 年　東京工業大学工学部制御システム工学科卒業
2006 年　東京工業大学大学院理工学研究科修士課程修了（機械制御システム専攻）
2006 年　Samsung Electronics 株式会社勤務
2012 年　Hyundai Autron 株式会社勤務
　　　　現在に至る

橋本（はしもと） **智昭**（ともあき）（8 章）

2003 年　東京都立科学技術大学工学部航空宇宙システム工学科卒業
2004 年　東京都立科学技術大学大学院工学研究科博士前期課程修了（航空宇宙工学専攻）
2007 年　東京都立科学技術大学大学院工学研究科博士後期課程単位取得退学（航空宇宙工学専攻）
　　　　博士（工学）
2007 年　理化学研究所研究補助員
2008 年　信州大学助教
2009 年　大阪大学助教
2015 年　大阪工業大学講師
2020 年　大阪工業大学准教授
　　　　現在に至る

実時間最適化による制御の実応用

Practical Applications of Control by Real-Time Optimization

2015年1月26日　初版第1刷発行　★
2020年6月15日　初版第2刷発行

検印省略

編著者　大塚　敏之
著　者　浜松　正典
永塚　満
川邊　武俊
向井　正和
M. A. S. Kamal
西羅　光
山北　昌毅
李　俊黙
橋本　智昭

発行者　株式会社　コロナ社
代表者　牛来真也
印刷所　三美印刷株式会社
製本所　有限会社　愛千製本所

112–0011　東京都文京区千石 4–46–10
発行所　株式会社　コロナ社
CORONA PUBLISHING CO., LTD.
Tokyo Japan
振替 00140–8–14844・電話(03)3941–3131(代)
ホームページ　https://www.coronasha.co.jp

ISBN 978–4–339–03210–9　C3053　Printed in Japan　（森岡）